Mit digitalen Extras:
Exklusiv für Buchkäufer!

Ihre digitalen Extras zum Download:

- Checklisten & Take Aways für Marketing-Manager – Dos & Don'ts
- Literatur, die der Marke-Mensch-Beziehung auf den Grund geht
- Tipps zu Marketing-Dienstleistern, die Mensch und Marke verstehen
- Tipps zu Marketing-Stakeholdern, die Marketeers vernetzen

Den Link sowie Ihren Zugangscode finden Sie am Buchende.

Mensch – Marke – Manipulation

Prof. Dr. Meike Terstiege

Mensch – Marke – Manipulation

Wie Marken uns verführen und lenken,
wie Unternehmen uns verstehen und lieben

1. Auflage

Haufe Group
Freiburg · München · Stuttgart

Bei Personenbezeichnungen und personenbezogenen Hauptwörtern in diesem Buch wird versucht, sowohl die weibliche als auch die männliche Form gleich verteilt zu verwenden. Entsprechende Begriffe gelten im Sinne der Gleichbehandlung grundsätzlich für alle Geschlechter. Die gegebenenfalls verkürzte Sprachform hat nur redaktionelle Gründe und beinhaltet keinerlei Wertung.

Bibliografische Information der Deutschen Nationalbibliothek
Die Deutsche Nationalbibliothek verzeichnet diese Publikation in der Deutschen Nationalbibliografie; detaillierte bibliografische Daten sind im Internet über http://dnb.dnb.de/ abrufbar.

Print: ISBN 978-3-648-15831-9   Bestell-Nr. 10800-0001
ePub: ISBN 978-3-648-15832-6   Bestell-Nr. 10800-0100
ePDF: ISBN 978-3-648-15833-3   Bestell-Nr. 10800-0150

Prof. Dr. Meike Terstiege
Mensch – Marke – Manipulation
1. Auflage, November 2022

© 2022 Haufe-Lexware GmbH & Co. KG, Freiburg
www.haufe.de
info@haufe.de

Bildnachweis (Cover): Stoffers Grafik-Design, Leipzig

Produktmanagement: Kerstin Erlich
Lektorat: Juliane Sowah

Dieses Werk einschließlich aller seiner Teile ist urheberrechtlich geschützt. Alle Rechte, insbesondere die der Vervielfältigung, des auszugsweisen Nachdrucks, der Übersetzung und der Einspeicherung und Verarbeitung in elektronischen Systemen, vorbehalten. Alle Angaben/Daten nach bestem Wissen, jedoch ohne Gewähr für Vollständigkeit und Richtigkeit.

Sofern diese Publikation ein ergänzendes Online-Angebot beinhaltet, stehen die Inhalte für 12 Monate nach Einstellen bzw. Abverkauf des Buches, mindestens aber für zwei Jahre nach Erscheinen des Buches, online zur Verfügung. Ein Anspruch auf Nutzung darüber hinaus besteht nicht.

Sollte dieses Buch bzw. das Online-Angebot Links auf Webseiten Dritter enthalten, so übernehmen wir für deren Inhalte und die Verfügbarkeit keine Haftung. Wir machen uns diese Inhalte nicht zu eigen und verweisen lediglich auf deren Stand zum Zeitpunkt der Erstveröffentlichung.

Inhaltsverzeichnis

Vorwort		9
1	Manipulation von Menschen. Manipulation durch Menschen.	11
2	Mensch. Marke. Manipulation. Drei Darsteller in einem Schauspiel	19
2.1	Menschen mit Hirn. Herz. Hand.	19
2.2	Marken für Hirn. Herz. Hand.	21
2.3	Manipulation von Hirn. Herz. Hand.	26
3	Manipulation im Marketing. Das Hirn im Visier.	33
3.1	Marken nutzen psychologisches Verständnis.	33
3.2	Marken sind Lehrer.	36
3.3	Marken durchleuchten Konsumenten.	46
3.4	Marken benutzen menschelnde Avatare.	50
3.5	Marken erobern menschliche Insights.	54
3.6	Marken als Menschenkenner	57
	3.6.1 NUTELLA – der Garant für Familienfrieden	57
	3.6.2 PAMPERS – die Superpower von Mamas und Papas	61
	3.6.3 SNICKERS – das Wurstbrot im Schokoladenformat	66
4	Manipulation im Marketing. Das Herz im Visier.	71
4.1	Gefühle im Gehirn.	71
4.2	Marken als Menschen.	81
4.3	Das Selbst: Echte und gewünschte Realitäten.	85
4.4	Involvement: Sich Marken hin- und ergeben.	94
4.5	Content: Inhalt statt Informationen.	109
4.6	Storytelling: Geschichten statt Werbetexte.	113
4.7	Social Media: Verknüpfung statt Isolation.	117
4.8	Influencer: Die einfühlsamen Einflüsterer.	123
5	Manipulation im Marketing. Die Hand im Visier.	133
5.1	Marken machen ein schlechtes Gewissen.	133
5.2	Marken programmieren Menschen.	138
5.3	Marken als Heischerinnen um Aufmerksamkeit.	146
5.4	Marken als Bedürfniserfüller und Kaufentscheidungstreiber.	149
5.5	Marken als Kommunikationspartnerinnen.	153
5.6	Marken als Einstellungswandler und -nutzer.	157

5.7	Marken als Orakel, Wahrsager und Propheten.	161
5.8	Marken als neugierige Reisebegleiter.	165
5.9	Marken als eigennützige Animateure.	170
6	**Fünf Köpfe und fünf Meinungen zu Mensch. Marke. Manipulation.**	173
6.1	Prof. Dr. Tanja Zweigle (i4m) – Wie Sie Marken mit Bauch & Kopf effizient führen	173
6.2	Benjamin Pleißner (BBDO) – Die beste Manipulation ist Neugier	183
6.3	Markus Küppers (september Strategie & Forschung) – Mythos freier Wille	186
6.4	Jessica Reinbold (ReinboldRost) – Drei Thesen zur Shopper Activation	189
6.5	Patrick Lindner (Brandcom) – Employer Branding. Wenn Menschen zu Marken werden	194
6.6	Deborah Schaper – Ein Aufruf an die Branche	199
6.7	Kleines Resümee	202
7	**Die DOs & DON'Ts der Manipulation. Ein Kapitel nur für Manager.**	203
8	**FAZIT für MENSCHEN und MANAGER. Mensch und Manager lernen nie aus.**	207

Die Autorin 209
Literaturverzeichnis 211
Stichwortverzeichnis 223

Vorwort

Hand aufs Herz – Manipulation macht an. Manipulation ist sexy (Mediamanual.at, 2022). Eine Aura der Allmacht umgibt sie. Manipulation startet ein Kopfkino, wo Allmächtige Willfährige nach Lust und Laune lenken. Wo Willkür herrscht und niemand mehr Herr seiner Sinne ist. Der Tanz auf dem Vulkan, ein Tango mit dem Teufel.

Und Manipulation ist gefährlich. Manipulieren ist unehrlich und unethisch. Menschen ohne deren Wissen, ohne deren Willen und Wollen zu beeinflussen, ist unlauter (Save Society.org, 2022). Oder der Worst Case: Menschen zu etwas zwingen, was sie gar nicht wollen. So was tut man einfach nicht. So was geht gar nicht!

Kein Zweifel: Manipulation ist ein Thema, an dem sich die Geister scheiden. Beeinflussung ist sexy und strange zugleich – und dabei allzu menschlich (Planet-wissen. de, 2020). Und sie hat ein klares Imageproblem. Ihr Image war nie gut, ist nicht gut und wird vermutlich auch nie besser werden. Viele wollen manipulieren, aber natürlich will niemand manipuliert werden. Und die, die manipulieren, wollen nicht als Manipulateure oder Manipulatorinnen geoutet und gebrandmarkt werden, möchten unerkannt und unentdeckt bleiben.

Marken haben es da etwas leichter. Hier gibt es immerhin drei Wege, mit ihnen umzugehen: Man liebt sie, hasst sie oder ignoriert sie, weil sie einem schlichtweg gleichgültig sind (Qualtrics.com, 2022). Marken haben entweder ein gutes, ein schlechtes oder eben gar kein Image (was für die betreffende Marke selbst fast noch schlimmer ist, als ein mieses Image zu haben). Fast jeder Mensch hat die eine oder andere Lieblingsmarke. Fast jeder kennt Marken, über die man nur den Kopf schüttelt oder bei denen man einfach mit den Schultern zuckt.

In der Realität gehen Manipulation und Marken eine vielversprechende Verbindung ein (Hubspot.de, 2015). Um Menschen und Marken zusammenzubringen, bedarf es der kommunikativen Manipulation. Allerdings nicht der *bösen* Variante des Manipulierens, die Menschen zu willenlosen Sklaven macht, sodass sie ohne eigenen oder gar gegen ihren Willen Marken kaufen und konsumieren. Wir sprechen vielmehr von der *guten* Variante des Manipulierens, jene, die Menschen über Marken aufklärt und informiert, die offen und ehrlich die Stärken und auch Schwächen von Marken zeigt. Die Rede ist von einer Manipulation, die das sinnhafte Beeinflussen von Menschen zum Ziel hat (Werberat.de, 2022). Eine ernst gemeinte Win-win-Situation, die sowohl Menschen als auch Marken zugutekommt.

Daher vorab gesagt: Dies ist ein Plädoyer für das Manipulieren! Für den kritischen Umgang und den reflektierten Einsatz von Manipulation im Sinne von Mensch und Marke, um dem Lenken und Leiten eine Chance zu geben, sich in ein besseres Licht zu rücken und sich aus der zwielichtigen Ecke herauszuwagen, in die man es gestellt hat.

Manipulieren als *positives Beeinflussen* von Menschen, damit sie Marken kennenlernen, die ihnen das Leben ehrlich leichter machen, ist die gute Seite der (kommunikativen) Manipulation.

Daher lohnt sich ein Blick auf die Mechanismen und Möglichkeiten von Marken und Manipulation, die Managerinnen und Manager für ihre Marken nutzen können und derer sich Menschen in der Kommunikations- und Konsumwelt bewusst sein sollten.

Denn Managerinnen und Manager müssen Manipulation mit Vorsicht und Gewissen einsetzen, während Menschen die Anstrengungen von Marken kennen sollten, wenn diese sie manipulativ zu umgarnen versuchen. Jeder Mensch kann STOP sagen, wenn eine Marke ihm zu nahetritt. Und jeder Manager sollte dieses STOP erkennen, wenn er Menschen mit Marken nur noch nervt oder gar belästigt.

Manipulation bedingt Verantwortung und Verstand. Verantwortung der Marken, die proaktiv manipulieren. Und Verstand der Menschen, die sich aktiv manipulieren lassen wollen.

Wollen wir, wollen Sie einen Selbstversuch wagen? Beobachten Sie sich während der Lektüre dieses Buches: Fühlen Sie sich manipuliert oder geführt? Werden Sie durch diese Zeilen gelenkt und geleitet – und ab wann merken Sie es? Und wie fühlt es sich für Sie an?

Düsseldorf, November 2022

Meike Terstiege

1 Manipulation von Menschen. Manipulation durch Menschen.

Manipulation ist menschlich.
Sich Dinge zu kaufen, die nicht notwendig, nicht sinnvoll, nicht wirklich nützlich sind, deren Besitz sich einfach nur großartig anfühlt – das kennt vermutlich jeder von uns und ist wissenschaftlich erwiesen (Süddeutsche Zeitung.de, 2012). Wir kaufen uns einfach gerne Sachen und umgeben uns allzu gerne mit Marken, die uns (scheinbar) guttun, uns belohnen, entschädigen, trösten oder auch aufwerten. Das hundertste Paar Schuhe oder das x-te Polohemd machen objektiv keinen Sinn, aber für uns haben sie einen Wert. Die Liste der Möglichkeiten, die Marken uns als Seelentröster, Ego-Booster, Zeitvertreiber oder Erfreuer bieten, ist schier endlos. Dabei werden unsere Markenauswahl und unser Kaufverhalten immer und immens von Emotionen beeinflusst und gesteuert. Denn: Marken sind menschlich. Kaufen und Konsum sind menschlich. Fühlen ist menschlich – und führt zu Verführung. Und was ist Verführung? Nichts anderes als Manipulation (Möller, 2009). Genau das tun Marken: Sie können verführen, wissen zu verlocken, das ist ihre DNA, ihre Kernkompetenz. »Ich verführe, also bin ich!«. Dabei tut es einfach gut, Marken zu vertrauen, sich ihnen anvertrauen zu können. Denn sie geben uns Sicherheit, sind Fels in der Brandung, sorgen für Orientierung, für Freude und oft sogar für etwas wie Liebe (Fretschner & Lüdtke, 2011). Liebe!? Wem das hochgegriffen klingt, muss sich nur vor Augen führen, welche Gedanken und Gefühle einem durch den Kopf gehen, wenn beispielsweise die Lieblingsschokolade, das Lieblingsshampoo oder das Lieblingsbier im Supermarkt um die Ecke nicht vorrätig ist oder, schlimmer noch, sogar vom Markt genommen wird, nicht mehr, nie und nimmer mehr erhältlich ist. Dann ist die Enttäuschung groß, sie hat fast schon einen Touch von Trauer. Angesichts des Verlustes fühlt sich manch einer wie ein liebeskranker Verlassener. Die Beziehung zwischen Mensch und Marke kann daher wenig besser treffen als das Begriffspaar »Liebe« und »Liebling« (Yougov, 2022). Man mag »seine« Marken eben oft nicht nur – nein, man liebt sie (Langer & Kühn 2010). Wir gehen eine (oft über Jahre und Jahrzehnte dauernde) Partnerschaft mit ihnen ein, sind treu und loyal, gehen mit der Marke nicht selten durch dick und dünn (Theobald, 2021). Wir werden als Menschen von Marken begleitet, weil sie in unser Leben treten, sich dort einen Platz erobern und ihn behaupten.

Manipulation durch große Gefühle.
Marken machen Gefühle, grandi emozioni. Diese Gefühle werden allzu häufig unterschätzt. Vor allem in Deutschland, wo man sich gerne rational, vernünftig und rein vom Verstand getrieben gibt (Keller, 2021). Marken aber vernebeln unseren Geist mit Gefühlen, bringen uns mit Emotionen um den Verstand (Veigel, 2003), denn sie haben »emotional power«, sie haben die Macht, Menschen zu beeinflussen (Gatterer, 2022). Nehmen wir das Beispiel eines Autokäufers, der sich ausschließlich auf das klassische

Preis-Leistungs-Verhältnis konzentriert – oder vielmehr sich konzentrieren möchte. Selbst bei der akribischen Analyse aller Faktoren, die gemäß Preis-Leistung für oder gegen eine Automarke oder ein Modell sprechen, schwingt letztlich immer auch eine gehörige Portion an Gefühl mit (Schwarzer, 2013). Da ist zum einen das Gefühl, sich selbst oder der Familie gegenüber beim Autokauf ganz besonders gewissenhaft performen zu wollen. Oder das Gefühl, sich gegenüber anderen beim Autokauf schlauer anzustellen, einen besseren Deal abzuschließen und sich eben nicht von Gefühlen leiten zu lassen. Oder auch das (nicht unbedingt immer faktisch zu begründende) Gefühl, sich bei deutschen Automarken auf deutsche Wertarbeit verlassen zu können, die für eine verlässliche Leistung dann auch einen (vermeintlich) adäquaten Preis aufrufen. Ein K.-o.-Sieg der Gefühle gegenüber der Preis-Leistungs-Denke (Rohlwing, 2018).

Manipulation durch gefühlige Argumente.
Warum also fällt es uns schwer oder ist es uns schlichtweg meist nicht möglich, Marken rein rational, mit Vernunft und einer gewissen Distanz zu betrachten? Weil all unsere Entscheidungen und Vorlieben für Marken nie rein rational, sondern immer auch emotional sind. Wir wägen zwar mit dem Verstand ab, entscheiden aber meist aus dem Bauch (Schüller, 2006) – so simpel, so intuitiv. Bevor wir eine Pro- und Contra-Liste für Marken anlegen, hat der Bauch bereits entschieden, »Herz schlägt Hirn« (Breuer, 2010). Und Marken geben unserem Bauch und unserem Herzen mittels Marketing hierfür ausreichend und ohne Unterlass Futter, geben uns mittels Werbung stets genügend Material, damit sich die Entscheidung für eine Marke auch kontinuierlich richtig gut anfühlt. Ein weiteres prototypisches Beispiel aus der Autokaufrealität: Bei vielen Menschen sprechen zwar nahezu alle Argumente für den Kauf eines Kombis, letzten Endes steht dann aber doch ein SUV vor der Tür. Nicht etwa weil dieser vernünftiger war, sondern weil er ganz einfach gerade in ist, weil er praktischer und sicherer wirkt – und letztlich, weil er mehr hermacht und fast jeder Kollege und jede Nachbarin einen SUV fährt (Fastenmeier, 2022). Da will und kann man nicht der letzte Mohikaner der Kombi-Welt sein. Selbst der größte Vernunftmensch kann seine Gefühle nicht ausschalten und zieht gegenüber dem Bauchgefühl nicht selten den Kürzeren (Wolter, 2020). Selbst sogenannte Verkopfte geben klein bei, wenn die Emotionen anklopfen.

Manipulation durch emotionale Hoch- und Tiefphasen.
Ganz besonders emotional verführbar, lenk- und leitbar zeigen wir uns, wenn wir (überdurchschnittlich) glücklich, traurig oder gestresst sind. »Yes! Den Geschäftsabschluss habe ich heute mit Bravour hinbekommen. Dafür gönne ich mir jetzt endlich das neue Laptop.« – »Das war vielleicht ein mieser Tag. Doppelt Käse auf meiner Pizza lässt meine Wunden vielleicht etwas schneller heilen.« – »Meine To-do-Liste wird immer länger und länger. Die neuen Apps zu Yoga und Achtsamkeit sind da hoffentlich kleine Rettungsanker für mich.« Momentaufnahmen, in denen unsere Gefühle regieren. Gefühlsgetriebene Momente, in denen wir dazu tendieren, dem momentanen Glücksempfinden durch den spontanen Wochenendtrip nach Rom noch eins

oben draufzusetzen oder dem stressigen (All-)Tag mit dem Kauf von einem tollen Paar High Heels doch noch ein Happy End zu verschaffen (Grosch, 2008) – egal, ob das Sinn macht und oft auch egal, was es kostet. Jetzt handelt es sich eben nicht mehr nur um das x-te Paar High Heels. Nein, es sind DIE High Heels, die einem, als alles sich gegen einen verschworen zu haben schien, den Tag gerettet haben: »The Louboutins saved my life.« Und Rom ist eben nicht nur ein Citytrip, sondern die Krönung eines erfolgreichen Geschäftsabschlusses, den man nunmehr auf ewig mit der Stadt und mit einer steilen Karriere verbindet.

Manipulation durch Überlisten.
So lassen wir uns selbst als Kopf- und Vernunftmensch von Marken blenden und verführen (Albrecht, 2017). Und wenn wir als durch Werbung Verführte und durch Marken Geblendete die Kreditkarte so richtig haben knallen lassen, dann ereilt uns nicht selten und zeitgleich das schlechte Gewissen (Zöllner, 2021). »Ob das jetzt wirklich so richtig war, sich die komplett neue Sportausrüstung zu kaufen? Die alte hätte es doch auch noch getan.« Und dann ist es soweit: Man versucht, den Kauf zu rechtfertigen, vor sich selbst zu verargumentieren, sich schön zu reden – teils mit nachvollziehbaren, teils mit völlig aus der Luft gegriffenen Gründen. Man redet sich den Kauf nicht nur schön, sondern vernünftig (Oshikawa, 1970) und zwar so lange, bis das schlechte Gewissen ruhig ist und man im Idealfall den Kauf als das einzig Richtige verbuchen kann.

Manipulation mittels Erfahrung und Erinnerung.
Was uns Marken wert sind, hängt also vor allem von unseren Emotionen ab und nur bedingt vom Nutzen oder dem Preis eines Produktes (Leitherer, 2020). Der ideelle Wert, den wir Marken ganz persönlich und äußerst subjektiv beimessen, entsteht im Laufe unseres Lebens, im Laufe unserer Sozialisation (Diehl et al., 2009). »Mit bebe hat mich meine Oma eingecremt, als ich klein war.« Wie, wann, wo und mit wem wir aufwachsen und unser Leben verbringen, welche Werte uns wichtig sind und was uns dementsprechend begeistert – all das formt unsere Vorlieben und letztlich unsere Präferenz für bestimmt Marken. Es macht im Hinblick auf die Wahl von und die Liebe für Marken einen immens großen Unterschied, ob wir in der trubeligen Stadt oder eher in einem beschaulichen Dorf, als Geschwister- oder als Einzelkind, als Babyboomer oder Generation Z, mit oder ohne Vorbilder, mit oder ohne Großeltern und in einem fürsorglichen oder vernachlässigenden Umfeld aufgewachsen sind (Bernecker, 2017). Die Sozialisation ist die Grundlage der Markenmanipulation (Gawlowski, 2013). Die Möglichkeiten, Menschen zu beeinflussen und die konkreten Stellhebel des Beeinflussens liegen in der Geschichte jedes Individuums.

Manipulation mittels Memory.
Lassen Sie uns erkennen und akzeptieren, dass wir Marken vor allem aufgrund unserer eigenen Geschichte mögen oder ablehnen (Abb. 1). Die vergangene Kindheit und das aktuelle Erwachsensein entscheiden über unsere Zu- oder Abneigung gegenüber

Marken. Momente und Erinnerungen wie »Mit Scrabble hat mich mein Opa immer genervt. Das Spiel kann ich einfach nicht mehr sehen« oder »Die lange Wäscheleine vom Weißen Riesen fand ich schon als Kind immer toll« kennt vermutlich jeder von uns. Das Markenmanagement (er)kennt das – und erschafft Marken, die zu uns, unserer Historie und unseren Werten passen (Stern.de, 2019). Und Marken, die zu unseren Werten passen und die wir deswegen lieben, lassen uns zu häufig nur bedingt vernünftigen und oft wenig nachvollziehbaren Handlungen hinreißen.

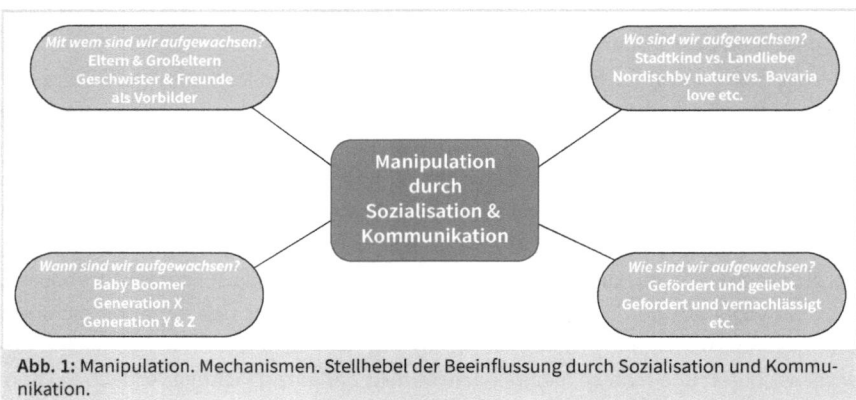

Abb. 1: Manipulation. Mechanismen. Stellhebel der Beeinflussung durch Sozialisation und Kommunikation.

Der Weg zum Schaffen von Verständnis für Zielgruppen und dem Identifizieren von Beeinflussungsmöglichkeiten durch Kommunikation beginnt mit einem Blick auf die Herkunft der Zielgruppe. In Abhängigkeit von der jeweiligen Sozialisation entwickeln sich deren Kommunikationsverhalten und -vorlieben, Konsumverhalten sowie Anforderungen und Wünsche gegenüber Marken, Produkten und Dienstleistungen. Je nachdem, wie ein Mensch aufgewachsen ist und welche damit verbundenen, gesellschaftlich bedingten Verhaltensweisen er als Individuum übernommen hat, muss er auf unterschiedliche und vor allem individuelle Weise von Marke und Marketing angesprochen werden. Zielgruppen, die beispielsweise eher im ländlichen Bereich in einer großen Familie, aber einem kleineren Freundeskreis und in einem eher traditionellen Umfeld aufgewachsen sind, sprechen erfahrungsgemäß auf andere Marken und auf eine andere Art der Kommunikation an als der typische Stadtmensch, der von Kindesbeinen an die Großstadt gewohnt ist, einen riesigen Bekanntenkreis hat und in einem eher progressiven Elternhaus aufgewachsen ist. Kommunikation ist somit im ersten Schritt abhängig von der Geschichte und von dem Hintergrund des Heranwachsens der Zielgruppe.

Menschen brauchen Marken.
Alle lieben Marken. Irgendeine Lieblingsmarke, eine Marke, die uns wirklich wichtig ist und auf die wir nie und nimmer verzichten würden, hat (fast) jeder Mensch (Gott-

schalk, 2011). Scheinbar abstruse Äußerungen wie »Ich könnte für die Fleischwurst von HERTA sterben!« oder »Für den Sirup von Grafschafter Goldsaft würde ich sonst was tun!« haben vermutlich schon viele von sich gegeben oder zumindest gedacht. Denn Menschen fühlen mittels Marken. Und einige Marken bewegen und berühren uns, wecken (alte) Gefühle in uns und schaffen es, (erneut) eine emotionale Bindung zu uns aufzubauen – »Kaufmanns Kindercreme – wenn ich die nur rieche, fühle ich mich wieder wie eine Vierjährige«, – während uns andere Marken komplett kalt lassen und für uns verzichtbar sind. »Ich weiß gar nicht, warum so viele Leute so ein Bohei um Persil machen. Ist doch nur ein Waschmittel von vielen.« So gibt es ganz einfach Marken, denen wir glauben und irgendwann auch folgen – und Marken, die uns schlichtweg egal sind. Denn Marken sind wie Mit-Menschen (Hemmer, 2021). Sie lenken, leiten und lieben uns. Und gleichzeitig »hassen« und kennen wir auch Marken, mit denen wir so gar nichts anfangen können oder die wir komplett ablehnen, die bei uns auf Unverständnis stoßen oder bei denen uns der Kamm schwillt. Klar ist damit: Marken schüren Emotionen. Die ganze Klaviatur von Liebe bis deutlicher Abneigung oder nahezu Hass. Aber wie bitte schaffen Marken es, uns derart in Begeisterung zu versetzen oder auch mal so richtig in Rage zu bringen?

Menschen wollen Verständnis.
Wie schafft eine Marke Verständnis? Ganz einfach: Indem sie unsere Emotionen weckt und schürt und vor allem, indem sie uns kennen und verstehen. Und Marken kennen uns besser als wir denken oder uns vorstellen können, weil sie beziehungsweise die Unternehmen, die hinter ihnen stecken, sich ununterbrochen mit uns beschäftigen. Unternehmen stecken viel Zeit und vor allem viel Geld in die Marktforschung, um uns zu hinterfragen und zu verstehen. In aufwendigen Studien werden Menschen detailliert durchleuchtet, um viel oder besser gesagt restlos alles zu deren Bedürfnissen zu erfahren (Freese, 2022). »Wo kauft unsere Kundin ein? Wann kauft sie? Wie viel? Warum gerade unsere Marke – und nicht eine andere?« All das sind Fragen, die sich jeder Markenmanager stellt. Wer Marken zum Erfolg bringen will, muss die Menschen kennen.

Menschen sind der Fokus von Marken.
Im Anschluss daran, wenn all unsere Bedürfnisse und Wünsche aufgedeckt sind, setzt man auf Strategien der Manipulation, auf Marken- und Marketingstrategien (Salesforce.de, 2021), um uns – auf Grundlage all dieser Forschung – zu manipulieren. Ob durch Plakate, Kino- oder Radiowerbung, ob durch Social Media oder Social Networks: Marken treten überall und jederzeit in Kontakt mit uns, sie sprechen uns an, versuchen, mit uns zu kommunizieren (Heller, 2019). Marken flüstern oder schreien schier unentwegt »Schau her, höre auf mich!«. Warum? Weil sie uns mitteilen wollen, mitteilen müssen, dass sie uns verstehen, dass sie unsere Bedürfnisse nicht nur kennen, sondern diese tatsächlich erfüllen können und auch werden. Marken rufen: »Ich bin die, die dich versteht, ich bin für dich da. Nur ich mache dein Leben (noch) besser.« Wenn wir sie nur erhören und dann bitte natürlich auch kaufen.

Menschen folgen Marken.
Marken versprechen uns ein besseres Ich: attraktiver, intelligenter, wohlhabender, glücklicher, erfolgreicher, angst- und sorgenfreier. Sie schlagen uns einen Deal vor: »Wenn du mich kaufst, wirst du dich besser fühlen, wirst ein wertvollerer Mensch, wirst eine bessere Version deines jetzigen Ich.« Und dann haben wir die Wahl: Trauen wir genau dieser Marke das zu oder sehen wir vielleicht eine andere als kompetenter an, uns schöner, schlauer, reicher, zufriedener, glücklicher zu machen? Dies Rufen und Verführen geschieht im Auftrag des Marketings (Fehrle, 2021). Hier schalten und walten Marketingstrategen, Marktforscherinnen, Kommunikations- und Werbeprofis, die 24/7 nur ein Ziel verfolgen: Marken zu machen und Menschen zu manipulieren. »Unsere Kunden müssen begreifen, dass nur unsere Marke ihre Wünsche aufgreift«, lautet ihr Auftrag. In einer abgestimmten Orchestrierung spielen sie die gesamte Klaviatur der Analyse und Beeinflussung von Menschen, um uns zu begeistern, als Kundinnen zu gewinnen und – auch wenn wir bereits einer Marke verfallen sind – uns dauerhaft an sie zu binden (Kahlus, 2020). Mal gelingt das und mal eben nicht. Denn die Flop-Rate von neuen Marken ist erschreckend hoch und die Langlebigkeit erfolgreicher Marken wird immer kürzer. Die Grundlage dieser Manipulation im Sinne und zum Vorteil der Marke bildet dabei zum einen die Marktforschung (Abb. 2), die uns komplett durchleuchtet, zum anderen die Marketingkommunikation, die uns in der analogen und der digitalen Welt ständig umgibt.

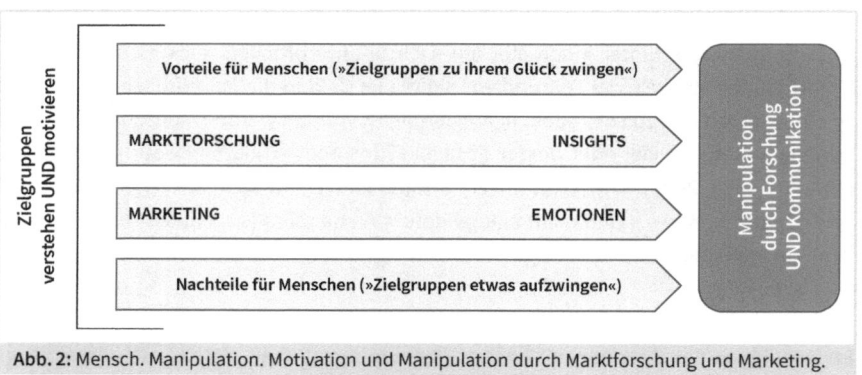

Abb. 2: Mensch. Manipulation. Motivation und Manipulation durch Marktforschung und Marketing.

Marktforschung schafft Insights. Gemeint ist damit das Schaffen von Wissen anhand von Befragungen über die innersten Beweggründe von Menschen, warum diese Marken verehren oder verachten, und über die intimen Wünsche, die Menschen von Marken erfüllt haben möchten. Wer derartige Insights identifiziert und versteht, erarbeitet sich dadurch emotionale Stellhebel zum Beeinflussen seiner Zielgruppen durch Kommunikation. Die Marktforschung hebt somit durch das Aufdecken von Insights einen Wissensschatz, während das Marketing dieses Wissen nutzt, um Zielgruppen auf einer emotionalen Ebene anzusprechen – und nicht nur auf der Vernunftebene zu erreichen. Dabei werden Zielgruppen im besten Falle mit Marken beglückt, die auf Insights basierend bislang unerfüllte Sehnsüchte ansprechen und so einen echten Mehrwert für Menschen bieten. Als Beispiele glänzen hier unter anderem die Social-Network-App Clubhouse (die das Bedürfnis nach dem kommunikativen Austausch in Netzwerken und nach dem Kontakteknüpfen in einem elitären Club-Format, dem nicht jeder beitreten kann, beantwortet) und das Angebot von YouTube (die den Wunsch nach leicht und schnell verdaulichen sowie unterhaltsamen Informationen, d. h. Infotainment, im Bewegtbildformat frühzeitig erkannt haben). Allerdings kann die Beeinflussung auf der Grundlage von Insights auch dazu führen, dass Menschen Dinge angedreht werden, die sie sich zwar im tiefsten Inneren wünschen, die sie jedoch nicht wirklich im Sinne eines echten Mehrwerts bereichern oder wirklich benötigen. So gehen beispielsweise Luxusmodemarken sehr gekonnt vor, wenn es um das Schaffen von Begehrlichkeiten sogenannter Must-haves (Modeartikel, die man heutzutage einfach haben muss, um dazuzugehören – zu einer bestimmten Gruppe, Klasse oder Schicht) geht, die man sich letztlich nicht allein aufgrund der tatsächlichen oder eventuell auch nur unterstellten besseren Qualität von Luxusartikeln kauft, sondern vielmehr, weil diese Branche die unbewussten Motive hinter dem Kauf genau kennt. Denn Kundinnen von Chanel stellen sich mit dieser Marke emanzipierter, frankophiler, classy und zugleich trendy als zum Beispiel Kundinnen des Modehauses Dior, die sich durch diese Marke der figurbetonten Designs und des Inbegriffs des Pariser Chics als mehr lady-like positionieren. Und wenn man sich die Angebote diverser Fitnesscenter anschaut, wird hier zwar auf den ersten Blick der Wunsch nach einem gesunden und/ oder attraktiven Körper gestillt. Dieser Mehrwert wird jedoch relativiert, wenn man aufgrund der Sehnsucht und auf der Suche nach einem gesund-attraktiven Körper einen Zwei-Jahresvertrag aufgeschwätzt bis aufgedrängt bekommen hat, der nie so richtig genutzt wird (da man zu wenig Zeit für Sport hat, was man allerdings vorher schon wusste) und der somit vor allem das Konto belastet. Der eigentliche Mehrwert dieser mehrjährigen Verbindung mit dem Fitnesscenter findet sich dann nur noch in dem guten Gefühl, sich selbst und anderen sagen zu können, dass man überhaupt und selbstverständlich Mitglied in einem Sportclub ist – was einen in einem sportlich(er)en Licht erscheinen lässt.

Menschen und Marken auf der großen Manipulationsbühne.

> Für Markenmanager heißt das, Marken und Menschen wie zwei gleichwertige Hauptdarsteller in einem volatilen Bühnenstück zu behandeln – für Menschen, sich der unterschiedlichen Wirkungskräfte von Marken bewusst zu werden.

Gefühle gehören zum Markenzirkus genauso wie Vernunft und Verstand. Sie sind sich mindestens ebenbürtig. Als Markenmanager ist das Identifizieren von Emotionen und Motiven ebenso von Bedeutung wie die Analyse von Daten und Zahlen. Nur die gleichzeitige und gleichgewichtige Ansprache von Zielgruppen über einerseits Gefühle und andererseits über Argumente eröffnet die gesamte Bandbreite an kommunikativen

1 Manipulation von Menschen. Manipulation durch Menschen.

Beeinflussungsmöglichkeiten. Wer allein die Preis-Leistungs-Vorteile, Datenblattfakten und sachlich-rationale Sachverhalte in den Vordergrund seiner Markenkommunikation stellt, verschenkt wertvolles Potenzial und überzeugt seine Zielgruppe zwar, begeistern und bestenfalls binden jedoch kann man damit nicht. Du willst einen neuen Toaster? SMEG ist mehr als ein Toaster, kann mehr als Brot rösten. SMEG ist die materialisierte Versinnbildlichung italienischen Designs mit einem Hook, eine Marke, die zeigt, dass man Küchengeräte nicht zu ernst nehmen und vor allem nicht im Schrank verstecken muss. Begeistern, und das noch über Jahre und Jahrzehnte, gelingt nur über die Ebene der Gefühle. Wie das Gefühligmachen von Marken funktioniert und wer beziehungsweise was hinter dem Marketing-Dreiklang Mensch – Marke – Manipulation steckt, schauen wir uns jetzt genauer an. Erlauben wir uns einen Blick hinter die Kulissen des Marketings. Wagen wir einen Einblick in die Mechanismen von Marken. Wie Marken, Marketing und Managerinnen Menschen manipulieren. Und wie daraus erfolgreiche Marken entstehen.

2 Mensch. Marke. Manipulation. Drei Darsteller in einem Schauspiel

Mensch, Marke und Manipulation sind drei Akteure auf derselben Marketingbühne. Marken dienen Menschen, sie sind dafür da, uns zu erfreuen beziehungsweise zu unterstützen. Die Manipulation ist dabei der Moderator und das Bindeglied zwischen Mensch und Marke. Die Hauptrolle jedoch spielt der Mensch, der darüber entscheidet, ob Marken eine Daseinsberechtigung haben oder überflüssig sind.

2.1 Menschen mit Hirn. Herz. Hand.

MENSCH. Konsum als ultimativer Antrieb.
Konsum treibt nicht nur Menschen, sondern die Wirtschaft und die Weltbevölkerung an (Carrasco, 2019). Aber sind wir dabei Herr unserer selbst? Haben wir die vollständige Kontrolle über alles, was wir konsumieren – gebrauchen und verbrauchen? Wohl kaum. Denn wir sind verführbar und manipulierbar. Wir meinen zwar, alles selbst zu bestimmen, ganz und gar bewusst Entscheidungen für oder gegen ein Produkt zu treffen, sind dabei jedoch oft nichts anderes als Marionetten der Marke (Wissenschaft. de, 2017). »Warum ich jetzt Pepsi statt Coca-Cola bestellt habe, ist mir ehrlich gesagt auch ein Rätsel.« Denn wir sind als Menschen zwar hochentwickelte und (vermeintlich) intelligente Wesen, lassen uns jedoch durch Mechanismen des Marketings leiten beziehungsweise manchmal von diesen sogar übertölpeln, durch Strategien, die teils äußerst clever und schier undurchschaubar, teils jedoch auch nur recht trivial und überaus durchschaubar sind.

MENSCH. Vielfalt als das höchste der Gefühle.
Die Qual der Wahl motiviert uns zu Höchstleistungen – wir wollen uns quälen, wollen Zeit vor Supermarktregalen und auf E-Commerce-Seiten verbringen, weil wir die Vielfalt lieben, auf sie nie und nimmer verzichten möchten. Die Vielfalt an Marken bietet uns Abwechslung, ermöglicht uns einen Kick im drögen Alltag und letztendlich Selbstverwirklichung. »Ist doch toll, wenn ich zwischen zig verschiedenen Mineralwasser-Marken wählen kann!« oder »Wow, unendlich viele Sneakers, das ist das Paradies!«. Wenn man sich allein die Auswahl an Schokoriegeln, Shampoos oder Salatsaucen anschaut, wird die Bedeutung von Abwechslung und Vielfalt von Marken offensichtlich. Denn mit der Entscheidung für eine Marke positionieren wir uns (Schumacher, 2014). Mittels Marken stellen wir uns gegenüber unseren Mitmenschen in einer ausgewählten Art und Weise dar. Manche Marken ermöglichen uns, endlich die zu sein, die man wirklich sein will (Abb. 3). Für jeden Geschmack und jedes Problem(chen) scheint es eine nahezu individuelle Lösung zu geben. Marken bieten uns genau das, was wir (un) bewusst wollen (Scientific Economics, 2020). Denn der Konsum, das Kaufen und Nut-

zen von Produkten und von Dienstleistungen, bietet uns neue Möglichkeiten der Ernährung und der Mobilität, der Bequemlichkeit und des Komforts, des Wohnens und des Reisens.

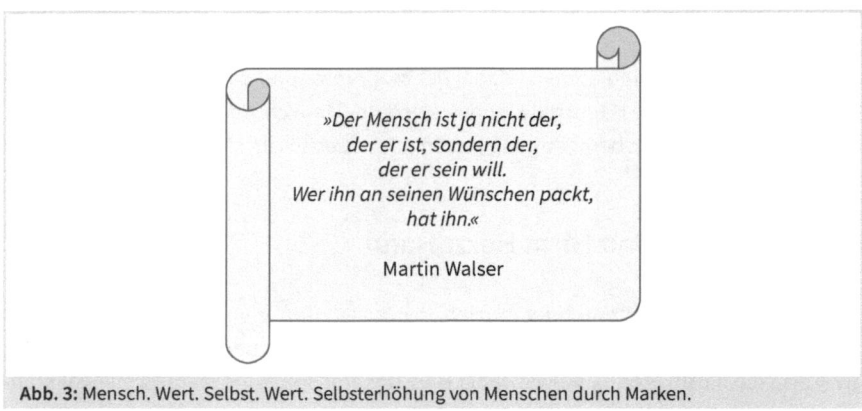

»Der Mensch ist ja nicht der, der er ist, sondern der, der er sein will. Wer ihn an seinen Wünschen packt, hat ihn.«

Martin Walser

Abb. 3: Mensch. Wert. Selbst. Wert. Selbsterhöhung von Menschen durch Marken.

Menschen kaufen Produkte und nutzen Dienstleistungen, um Probleme zu lösen. Menschen kaufen Marken, um sich nach außen zu positionieren und nach innen zu bestätigen oder zu belohnen. Man kauft eine Bohrmaschine für das (heimische) Handwerken, aber eine Bosch Bohrmaschine erwirbt man, weil man sich unter anderem als Kenner von Qualität und als Verweigerer von made in China von anderen abheben möchte. Man kauft ein Auto, um von A nach B zu gelangen, aber einen Mercedes mit Elektroantrieb leistet man sich, weil einem Nachhaltigkeit und Klimaschutz am Herzen liegen und man zugleich bei Autos auf made in Germany und einen Premiumklasse-Level Wert legt. Und um von A nach B zu kommen, buchen viele eben nicht nur den billigsten Flug, sondern lieber Lufthansa, weil diese Marke einen gehobenen Status hat, der auf den Fluggast abstrahlt – etwas, was Ryanair längst nicht zu bieten hat. Der Wunsch von Menschen, etwas anderes zu sein, als der oder die man ist, kann in dessen Relevanz für Markenpositionierung und -kommunikation vom Marketing gar nicht hoch genug bewertet werden.

MENSCH. Ich konsumiere, also bin ich.
Die Geschichte erfolgreicher Marken beginnt mit Menschen. Wir Menschen sind Konsummonster. Wir lieben den Verbrauch und die Vielfalt (Albrecht, 2018a). »Meine Mädels und ich lieben unsere gemeinsamen Shoppingtouren, die manchmal allerdings zum Exzess werden!« Wir brauchen das Kaufen (Siegle, 2019). Und zugleich sind wir Konsumopfer. Wir hassen ein beziehungsweise das Zuviel an Werbung. »Es gibt wenig, was mich mehr nervt als diese ständigen Werbepausen!« Wir lieben den Konsum und verachten ihn – und das gleichzeitig. In uns allen schlagen zwei Herzen, wenn es

um das Gebrauchen und das Verbrauchen, um das Benötigen und das Begehren von Marken geht. Letztlich geben wir jedoch so einiges dafür, Produkte und Dienstleistungen zu fordern und zu fördern und schätzen die Angebotspalette, die uns die Industrie bietet und täglich anpreist. »Je mehr, desto besser« ist daher allzu oft auch weiterhin unser Motto, was man unter anderem am Erfolg von Marken wie Primark oder Decathlon sehen kann.

> **Menschen als Opfer von Marken.**
>
> Für Markenmanagerinnen heißt das, die Bedeutung der Marke als Instrument der Selbsterhöhung und Selbstbestätigung zu erkennen und zu nutzen – für Menschen, die Nähe und Liebe zu Konsum und Markenvielfalt zu realisieren und zu reflektieren.

Mensch und Marke leben im Idealfall eine langfristige Partnerschaft, die beiden Vorteile bringt. Das Markenmanagement muss sich daher zum Ziel setzen, seiner Zielgruppe die Vorteile der Marke zu verdeutlichen. Menschen wollen wissen, was ihnen eine Marke bringt – und was nicht, welche Stärken sie im Gegensatz zu anderen Marken hat, wie viel von den Versprechungen wirklich wahr ist, warum man der Marke Glauben schenken kann und letztlich, warum sie bestimmten Marken einen Platz in ihrem Leben einräumen sollen. In diesem Quidproquo-Gefüge nutzen Menschen Marken, um (vermeintliche) Probleme des Lebens und Alltags zu lösen (Hunger und Durst, fehlende Kleidung, Versicherungen oder Uhren) und auch, um sich besser zu fühlen (attraktiver, erfolgreicher, intelligenter, mächtiger, sorgloser). Ein erfolgreiches Markenmanagement spürt diese Probleme auf und bietet mit seiner Marke eine Lösung aus dem Dilemma an, präsentiert seine Marke als Problemlöser. Du möchtest dein neues Auto versichern? Nichts leichter als das, die Cosmos Direkt macht es dir bequem – im Gegensatz zum altbackenen Versicherungsschlachtschiff HUK. Und Marken nutzen Menschen auf ihrem Weg zum Erfolg. Sie sprechen Verstand und Gefühle von Menschen an und bewegen diese zum Handeln. Denn Marken sind nur erfolgreich, wenn sie es schaffen, Menschen von sich zu überzeugen. Daher werfen wir nun einen Blick auf das Wesen von Marken.

2.2 Marken für Hirn. Herz. Hand.

MARKE. Ich verstehe, also bin ich.
Erfolgreiche Marken verstehen Menschen. Kennen deren Bedürfnisse und Wünsche, wissen um Erwartungen und Ansprüche, die Menschen gegenüber Marken haben (Ohnemus, 2017). Erfolgreiche Marken interessieren sich für Menschen. Ein Beispiel aus den 1980er-Jahren: Die Marke SWATCH hatte als Erste erkannt, dass Uhren nicht

immer etwas Bierernstes oder Langlebiges sein müssen. Uhren, die mit der Mode gingen, die man sich nach Anlass, Lust und Laune und nicht für die Ewigkeit kaufte, revolutionierten den Zeitmesser-Markt. SWATCH erkannte den Markt, weil das Unternehmen Menschen verstand. Denn eine Marke ist nur dann erfolgreich, wenn sie sich für Menschen interessiert. Tut sie es nicht, interessieren sich diese auch nicht für die Marke. Marken, die teils über Jahrzehnte am Markt bestehen, haben nicht nur Verständnis und Interesse an Menschen gezeigt, vielmehr haben sie es geschafft, eine echte Verbindung zu ihnen herzustellen (Bernecker, 2017). Und auch wenn der Begriff Verbindung möglicherweise allzu menschlich und menschelnd klingt, verhält es sich genau so: Menschen gehen eine Verbindung mit »ihrer« Marke ein. Sie geben Marken, die sie verstehen, ein Commitment, teils über Jahre und Jahrzehnte, wie in einer Ehe, die Goldene Hochzeit feiern kann (Diehl, 2009), teils in kürzeren Intervallen, wie bei mittelfristigen Lebensabschnittspartner oder kurzlebigen One-Night-Stands. Als Beispiele sind da die eine Automarke zu nennen, die man fast ein Leben lang fährt oder die eine Biermarke, der man ein Leben lang treu ist, als klassische Longtime Companions, während sich beispielsweise viele Beautymarken nur mittelfristig je nach Lebensphase an unserer Seite halten können oder es zahlreiche Modemarken wiederum nur auf das Level einer kurzen Affäre schaffen. Für Unternehmen gilt: Schafft die Marke es, ein tiefes Verständnis für jene zu entwickeln, die ihr treu bleiben sollen, gibt sie ihrer dauerhaften Existenz eine solide Basis (PwC, 2017).

MARKE. Eine Partnerschaft fürs Leben.
Aber was macht bei Marken eine Partnerin fürs Leben aus? Marken werden zu Longtime Companions, wenn sie unsere Weltanschauung und Werte teilen. Werte verbinden oder trennen Menschen und so auch Marken und Menschen. Menschen legen daher auch bei Marken darauf Wert, dieselben Anschauungen zu teilen und zu verkörpern (Hemmer, 2011), für diese gelegentlich gar kämpferisch einzutreten, wie es in besonderem Maße bei den Themen Diversität und Nachhaltigkeit zu bemerken ist. Marken wie got2b oder Viva con Agua vertreten recht offensiv diese Themen und werden von ihren Zielgruppen entsprechend mit Aufmerksamkeit, Lob und letztlich Kauf belohnt. Daher bestimmen Marken für sich ihre ganz eigenen Werte, die zu unseren passen, uns in unseren Überzeugungen abholen (Albrecht, 2017). Sie definieren sich dadurch und differenzieren sich von ihren Wettbewerbern, die selbstverständlich auch um das Vertrauen von uns buhlen. So bieten Marken wie The Body Shop oder Share die Möglichkeit, uns mit ihnen zu identifizieren, wenn beispielsweise Nachhaltigkeit und Umweltschutz für uns als Menschen wichtige Leitbilder sind. »Wenn ich konsumiere, will ich dabei auch etwas zurückgeben!« Marken teilen also unsere Werte, haben dasselbe Mindset. Wenn Marken zu uns passen, gehören wir ihnen. Wenn nicht, suchen wir uns andere. Und Marken, die zu uns passen, sollen uns zuhören, uns ihr Ohr und ihr Interesse schenken. Damit wir uns gegenseitig kennenlernen, die Marken uns Menschen und wir »unsere« Marken. Und wenn wir als Mensch-Marke-Paar gut zueinanderpassen, dann begleiten wir uns als Partner ein Leben lang.

MARKE. Ein Freund, auf den Verlass ist.
Einer Marke, die wir kennen und die uns das Gefühl vermittelt, dass sie uns wirklich kennt, vertrauen wir (Scientific economics.de, 2020). Wir verlassen uns auf sie. Auf NIVEA ist Verlass, viele Menschen sind mit dieser Marke aufgewachsen, sind von ihr nie enttäuscht, häufig sogar positiv überrascht worden – »Ich habe NIVEA einfach mal für Schürfwunden benutzt, hat super funktioniert!« – und sind überzeugt zu wissen, woran sie bei NIVEA sind. Die Marke als bestes Beispiel für einen Longtime Companion kann nicht nur alles, was Haut- bis Körperpflege angeht, NIVEA ist darüber hinaus auch ein verlässlicher und sympathisch-sorgsamer Lebensbegleiter. »Eine Dose NIVEA ist bei uns zu Hause einfach immer da.« Dafür muss sich aber selbst eine Marke wie NIVEA immer wieder bemühen und proaktiv mit uns in Kontakt treten. Der ständige Austausch von Marke und Mensch, die kontinuierliche Kommunikation zwischen diesen beiden Parteien, ist einer der Schlüssel zum Erfolg von Marken. Denn alle Werte, für die eine Marke steht, müssen von dieser auch gelebt und für Menschen erlebbar werden. Und dafür müssen Marken möglichst viele Kommunikationskanäle finden, die für uns im Leben und Alltag von Bedeutung sind (Salesforce.de, 2017).

MARKE. Begleiter ohne Bindungsängste.
Wir binden uns an Marken. Red Bull hat als Marke nicht nur Erfolg aufgrund einer recht einzigartigen Rezeptur, sondern auch, weil die Marke Werte verkörpert, die für das akzeptiert-sympathische Extreme stehen (Albrecht, 2018b) und weil die Marke auf Events und Konzerten, in Werbefilmen und den sozialen Medien ständig präsent und erlebbar ist, den Austausch mit uns sucht und Interesse an uns zeigt. Und das über Jahre und Jahrzehnte. Wir sehen, dass sich die Marke mit uns und für uns (weiter)entwickelt, weil wir uns verändern, mit all unseren Bedürfnissen und Erwartungen. Erfolgreiche Marken bleiben nicht stehen, weil Menschen nicht stehen- und vor allem nicht dieselben bleiben. »Man ist immer wieder baff, was Red Bull sich einfallen lässt – gestern Seifenkistenrennen und Klippensprung-Contest und heute mal eben ein Stratosphärensprung.« So bleiben wir Marken treu, die einerseits unsere Werte teilen, diese aber auch immer wieder neu erfinden und uns Lösungen für unsere neu entstandenen Bedürfnisse bieten. Red Bull bleibt vor diesem Hintergrund weiterhin der Energydrink, der Grenzen sprengen lässt, bietet aber eben auch No-Sugar- oder Cola-Varianten an, weil sich gezeigt hat, dass genau diese Bedürfnisse uns antreiben. Menschen wollten plötzlich weniger Sacharose und gleichzeitig immer noch Cola. Und Red Bull befriedigt diese neuen Bedürfnisse und bleibt dadurch innovativ und inspirierend. Auch das kennzeichnet erfolgreiche Marken: Sie überraschen uns, bieten neue Möglichkeiten und regelmäßig Abwechslung. Die ursprünglichen Markenwerte, die den unseren entsprechen, bleiben dabei unangetastet (Red Bull = Flügel = Grenzen sprengen = Komfortzone verlassen), nur werden diese neu interpretiert. Gelungen ist das auch immer wieder der Marke Nimm2. Sie stand und steht für gesundes Naschen, für Süßigkeiten, die man seinen Kindern ohne (allzu) schlechtes Gewissen geben kann – schließlich ist ja Vitamin C drin. Und die Kombination Vitamine und Naschen

gibt es längst nicht mehr nur in Form der klassischen nimm2-Bonbons, sondern als »nimm2 Lachgummi«, »nimm2 soft«, »nimm2 Lollys« oder »nimm2 mit Gemüsesaft« – ganz auf die neuen und sich ständig verändernden Bedürfnisse und die Vielfaltsliebe der Menschen abgestimmt.

MARKE. Meister der Rollen und Beziehungspflege.
Wenn es eine Marke dann noch schafft, die Beziehung zu uns dauerhaft aufrechtzuerhalten und intensiv zu pflegen, steht deren langfristigem Erfolg nahezu nichts im Wege (Olsen, 2021). Wir öffnen uns für die Marke, gewähren ihr Eintritt in unser Herz und in unser Hirn. Marken, die uns ohne konkreten Anlass und ohne Unterlass ständig ihre Aufmerksamkeit schenken, entwickeln sowohl feste als auch beste Beziehungen zu uns (Bernecker, 2021). Den Marken, die ständig um uns werben, machen wir es leicht, uns zu manipulieren – und das in verschiedensten Rollen, die Marken einnehmen (Abb. 4). Sie schaffen es, einen Platz an unserer Seite zu erobern, ob als Freundin (an unserer Seite: »Gut geht's mit Aspirin«), als Idol (dem wir nacheifern: mit der Kosmetik von Jessica Alba oder Rihanna, den Flip-Flops® von Giselle Bündchen oder der Sports Wear von Kate Hudson), als Vorbild (das die Leitlinie unseres Handelns ist: »L'Oréal, weil ich es mir wert bin«), als Sparringspartner (mit dem wir uns messen: »Fishermen's Friend. Sind sie zu stark, bist du zu schwach«) oder auch als Drill Instructor (der uns über uns hinauswachsen lässt: »Peleton bietet die Möglichkeit, das Beste aus sich herauszuholen«).

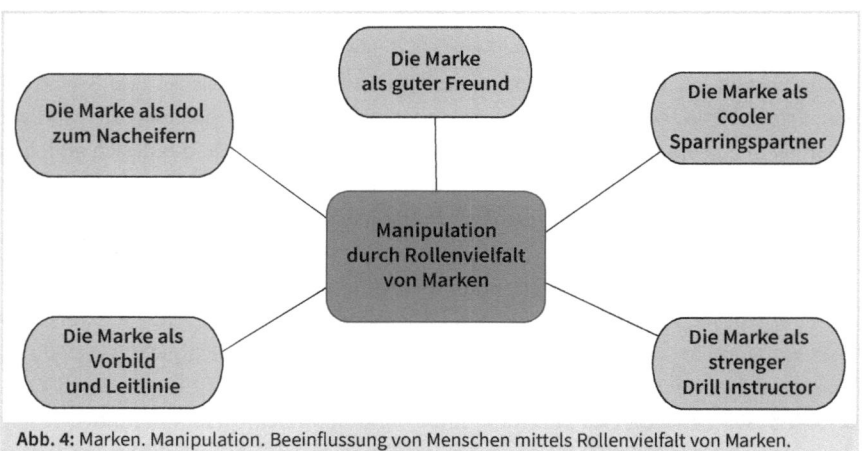

Abb. 4: Marken. Manipulation. Beeinflussung von Menschen mittels Rollenvielfalt von Marken.

Marken sind vielfältig und enorm anpassungsfähig. An Marken erkennt man das erfolgreiche Meistern des darwinschen Survival-of-the-Fittest-Prinzips. Sie nehmen unter anderem je nach Zielgruppe, je nach gesellschaftlichem Hintergrund und je nach Wettbewerbssituation unterschiedlichste Rollen ein. Rollen, innerhalb derer sie ihrer

Zielgruppen zur Seite stehen (Fielmann macht Brillen und gutes Sehen erschwinglich), sie ablenken und unterhalten (YouTube ermöglicht Entertainment und Infotainment), sie lenken oder leiten (Stihl zeigt, wie Sägen abseits vom laienhaften Heimwerkerlevel richtig funktioniert). Für Zielgruppen, die eher auf Marken ansprechen, die freundschaftlich beraten, werden Markenbilder geschaffen, die mit Menschen entsprechend auf Augenhöhe kommunizieren. Zielgruppen, die es lieben, von Vorbildern angeleitet zu werden, erhalten Kommunikationsbotschaften von Marken, die als nachahmenswerte Idole agieren, während Marken, die eine klare Richtung und Handlungsanweisung geben, für Zielgruppen konzipiert sind, die es bevorzugen, bossy-like gelenkt zu werden. Die Beeinflussung von Menschen durch Marken erfolgt hier durch die den Zielgruppenbedürfnissen entsprechende Positionierung und das Rollenverständnis von Marken.

Marken als Erfüllungsgehilfen von Menschen.

Für Markenmanager heißt das, Marken aus der Perspektive einer Partnerschaft zu positionieren, als verständnisvoller Freund und Begleiter – für Menschen, sich Marken anzuvertrauen, wenn diese ihnen wirklich helfen können und sich von ihnen abzuwenden, wenn sie viel versprechen, aber nichts halten.

Marken suchen nach einer langfristigen Beziehung, nach einer Partnerschaft fürs Leben. Sind Kunden erst einmal erobert, will man und muss man sie auf Dauer für sich gewinnen und an sich binden. Schließlich war das Gewinnen der Kunden langwierig und kostspielig genug. Langfristige Kundenbindung funktioniert jedoch nicht allein über das Können von Marken. Marken müssen Menschen immer wieder begeistern – und das geht über den rein rationalen Nutzen und über die Kernfunktion eines Produktes weit hinaus. Viele Automarken können Menschen sicher und pannenfrei transportieren, aber deutlich weniger Marken gelingt es, ihr besonderes Status- oder Umweltfreundlichkeitsimage auf diese Menschen abstrahlen zu lassen, es mit ihnen zu teilen, sie in diesem Glanz leuchten zu lassen. Viele Putzmittel schaffen zwar perfekte Sauberkeit, aber nur wenige Marken verbinden diese Performance mit Klimaneutralität und schaffen es, Menschen als umweltbewusst und nachhaltig erscheinen zu lassen. Was Marken leisten, gehört daher zu der Pflicht der Kundenbindung (man wird von der Marke nie enttäuscht), was Marken jedoch versprechen, ist die Kür der Kundenbegeisterung (man verspricht sich von der Marke immer noch etwas mehr). Du willst nicht nur ein Auto, sondern eins das made in Germany ist und zudem durch Technik begeistert? Audi bietet Autos mit in vielerlei Hinsicht höchster Qualität, verspricht dabei aber zugleich den vermeintlich einzigartigen »Vorsprung durch Technik«, der das Auto auf das Level höchster Ingenieurskunst und fast schon auf Raketenlevel hebt. Du willst es zwar richtig sauber haben, aber gleichzeitig keine Abstriche bei der Nachhaltigkeit machen? Frosch bietet ein exzellentes Putzergebnis und sorgt dafür, dass es Flora und Fauna und so dem Planeten Erde besser (oder zumindest nicht schlechter) geht. Kundinnenbindung und Kundenbegeisterung sind somit immer das Ergebnis von sachlich-fachlichen Argumenten und gefühligen Versprechungen. Dabei nutzen Marken und Marketing zahlreiche Mechanismen der Motivation und Manipulation. Beeinflusst werden dabei unser Gehirn – alles, was wir als Konsumentinnen und Kunden über Marken denken (fachlich und faktisch), unser Herz – alles, was wir gegenüber Marken empfinden (emotional und subjektiv) und unsere Hand – alles, was wir mit und für Marken tun (motivatorisch und situativ). Daher lohnt sich ein Blick auf das Manipulieren von Hirn, Herz und Hand.

2.3 Manipulation von Hirn. Herz. Hand.

MANIPULATION. Ich folge, also bin ich.
Marken und Werbung beeinflussen uns permanent. Doch wie und mit welchen Mechanismen arbeitet die Marken- und Werbeindustrie, um uns dazu zu bringen, bestimmte Marken zu kaufen und gleichzeitig anderen Marken links liegen zu lassen?

MANIPULATION. Kommunikation als Partnervermittlung.
Erfolgreiche Werbung beeinflusst Menschen in ihren Vorlieben, gute – also passgenaue, individuelle – Kommunikation von Marken führt Mensch und Marke zusammen (GWA, 2021). Sie lässt uns zu nutella statt zu Nusspli greifen (»Mit Nusspli brauche ich meinen Kindern gar nicht erst zu kommen«), zu HARIBO statt zu Katjes (»Vegan und so'n Zeugs, das ist nichts für mich«), zu Rotkäppchen statt zu Mumm Sekt (»Rotkäppchen ist eine der wenigen Ost-Marken, die die Wende geschafft haben«). Sie nimmt uns sicherlich keine einzige Entscheidung ab, erleichtert uns jedoch so manche. Die Qual der Wahl angesichts teils gefühlt, teils real schier unzähliger Marken, ist nicht mehr ganz so quälend, wenn wir durch Werbung die ein oder andere Marke ans Herz gelegt bekommen und so andere Marken ignorieren können. Alle anderen Nuss-Nugat-Cremes, Fruchtgummis und Schaumweine bleiben demzufolge unbeachtet im Regal stehen.

MANIPULATION. Beeinflussung durch Begierden.
Erfolgreiche Manipulation durch Werbung beeinflusst uns auch in unseren Wünschen, sie lässt Begierden entstehen, die noch gar nicht existierten (»Seit es Starbucks gibt, bin ich ein richtiger Kaffeetrinker geworden«) oder weckt jene, die uns noch nicht bewusst waren (»Ich bin zwar kein Kaffeefan, aber den Chai Latte bei Starbucks liebe ich«) (Wissenschaft.de, 2022b). Sie überzeugt nicht einfach nur, sondern entfacht ungekannte Sehnsüchte in uns (Abb. 5). Sie schafft es mittels emotionaler und rationaler Argumente, dass wir unbedingt ein Tablet unser Eigen nennen wollen – obwohl wir bislang mit Smartphone und Laptop ganz zufrieden waren. Sie bringt uns dazu, dass

wir uns Flügel wünschen – obwohl wir durchaus in der Lage sind, die meisten Herausforderungen im Leben auch ohne Flügel und Red Bull meistern.

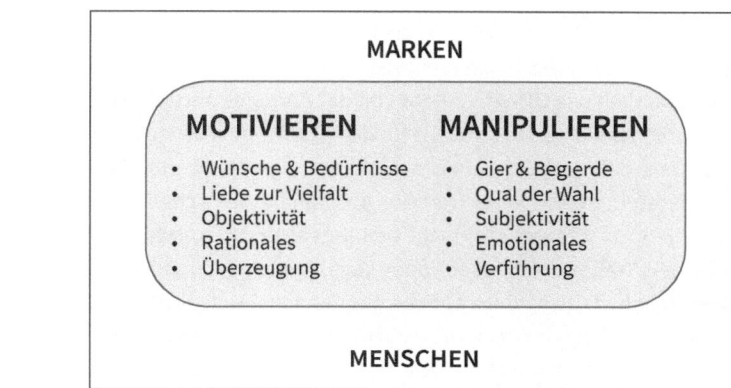

Abb. 5: Manipulation. Motivation. Marken beeinflussen Menschen mittels Motivation versus Manipulation.

Marken motivieren. Sie schaffen es, Wünsche und Bedürfnisse von Zielgruppen nicht nur zu identifizieren, sondern diese sogar thematisch aufzunehmen und zu beantworten beziehungsweise zu befriedigen. Die Vielfalt an Marken entspricht dabei der Vorliebe des Menschen, aus mehreren Optionen auswählen zu können – und nicht vor vollendete Tatsachen gestellt zu werden, sprich nur eine Marke zur Auswahl zu haben. Es macht eben ganz einfach mehr Spaß, aus einer Vielzahl von Automarken und -modellen zu wählen, als sich mit einem einzigen Trabant-Modell zufriedenstellen zu müssen. Marken, die einer (möglichst) objektiven Beurteilung seitens der Zielgruppe standhalten, schaffen es, Menschen zu überzeugen. Ein Volkswagen mag vielleicht nicht jedermann begeistern, unbenommen jedoch spricht die (Verarbeitungs-)Qualität dieser Automarke für sich und nimmt viele Menschen für sich ein. Und Marken manipulieren. Sie nutzen die *Gier des Menschen* nach Neuem und nach Mehr. Eine Handtasche reicht eben nicht, es müssen zig Handtaschen sein – obwohl (abgesehen von Styling-Aspekten) mehr oder weniger alle denselben Zweck erfüllen. Die *Begierde* des Menschen nach Vielfalt schafft zwar die ersehnte Abwechslung im alltäglichen Einheitsbrei des Konsums, treibt sie aber auch in einen emotionalen Engpass, zur Qual der Wahl. Kauf und Konsum schaffen dann eben weder Freude noch Erleichterung, sondern bugsieren Menschen in eine Zwickmühle des getriebenen und Unlust schaffenden Sich-Entscheiden-Müssens (und leider nicht mehr des freiwilligen und Lust schaffenden Sich-Entscheiden-Könnens). Es macht zwar noch Spaß, sich zwischen mehreren Pastasaucen für die perfekte zu entscheiden, keinen Spaß macht es aber, vor dem Supermarktregal und einer Wand von Pastasaucen zu stehen, die alle

Unterschiedliches versprechen, aber alle gleich aussehen und die Entscheidung nicht leicht(er) machen. Sich in den Augen von Zielgruppen aus deren ganz individueller und subjektiver Perspektive einzigartig und unverzichtbar zu machen, ist die Königsdisziplin des Marketings. Ungeachtet objektiver beziehungsweise rationaler Leistungskriterien muss eine Marke es nur schaffen, ihre Zielgruppe (emotional) zu verführen, um Erfolg zu haben. Menschen brauchen Kleidung. Was sie (theoretisch) nicht brauchen, sind Luxusmodemarken wie Off-White (lebt von der Aura des mittlerweile verstorbenen Gesichts hinter der Marke – dem Designer Virgil Abloh) oder Balenciaga (verbindet Alltag und Fashion, definiert Schönheit neu), Gucci (verspricht mondäne Italo-Eleganz) oder Prada (steht für moderne Tradition aus Italien). Menschen brauchen Trinkwasser. Was sie jedoch (theoretisch) nicht benötigen, sind Luxuswassermarken wie Fiji (verspricht den Traum der Südsee) oder Voss (steht für puristischen Style und skandinavische Reinheit). Trotzdem spricht die nennenswerte und auch loyale Anhängerschaft dieser beispielhaft genannten Marken für deren Verführungspotenzial. Sie haben es geschafft, die Wünsche einer spezifischen Zielgruppe offenzulegen und für ihren Erfolg als Marke zu nutzen, während andere Zielgruppen (und somit Konsumentinnen) wenig bis keinen Sinn in diesen Marken und so ihre Wünsche durch andere Marken beantwortet sehen – sei es durch noch edlere und teurere Mineralwasser oder durch das sogenannte Kran(en)wasser beziehungsweise durch alternative Premium- und Luxusmodemarken oder Marken wie Zara und Primark.

MANIPULATION. Kommunikation ohne Maß und ohne Ende.
Dieses Beeinflussen unserer Vorlieben und das Schaffen von Bedürfnissen gelingt mittels einer ständigen Berieselung durch die allgegenwärtigen Medien. Unser komplett durchmedialisierter Alltag konfrontiert uns nahezu ständig mit Werbung, gibt uns kaum eine Chance, Marken und Werbung aus dem Weg zu gehen (Wissenschaft.de, 2022a). Das Meiste dieser Werbung würde uns zwar oberflächlich erreichen, nicht jedoch zu uns durchdringen. Warum aber Werbung uns doch in Herz und Hirn trifft und wir von ihr teils komplett vereinnahmt werden, liegt vor allem an der Personalisierung. Gerade die digitalen Medien haben es geschafft, die individuelle Ansprache (fast) bis zur Perfektion zu treiben. Wohl jeder teilt Erfahrungen wie »Gerade noch habe ich mich mit Freunden über neue Tennisschläger unterhalten und schon poppt ständig Werbung von Dunlop und Nike auf meinem Handy auf«. Insbesondere die sozialen Medien wissen (dank der Analyse von Cookies & Co.) um unsere Bedürfnisse und Interessen (Lexware.de, 2022), passen ihre werbliche Kommunikation im wahrsten Sinne des Wortes extrem passgenau an (Lebrecht, 2017). Die spezifischen Kenntnisse erhalten sie durch unsere Nutzung sozialer Netzwerke und die von uns (freiwillig bis sorglos) eingetragenen Nutzerdaten (Weßling, 2018). Als Folge sind wir von Werbebannern, Webshops, Rabattaktionen und Influencern ständig und nahtlos umgeben, sie (ver-)folgen uns, bis wir schwach werden und endlich kaufen.

MANIPULATION. Marken mit Charaktereigenschaften.
Zugleich erhalten Marken nicht allein durch digitale Medien und Instrumente Zugang zu uns. Denn neben den Vorteilen der Digitalisierung nutzen Marken zur Beeinflussung von Menschen auch Charaktereigenschaften und Innovationskraft für sich. Betrachten wir zunächst die Verknüpfung von Marken und Charakteren: Marken lassen sich leicht(er) in die Herzen und Hirne von Menschen schmuggeln, wenn sie eine Seele, einen Charakter haben (Deutscher Marketingverband, 2019). Und deshalb versucht das Marketing, Marken mit menschlichen Charakteren und vor allem mit positiven Eigenschaften auszustatten. Als Resultat nehmen wir beispielsweise eine Marke wie Birkenstock als bodenständig, verlässlich und zugleich trendbewusst wahr (»Mit Birkenstocks läuft es sich nicht nur bequem, sondern irgendwie auch chillig und trendy. Also keine Marke zum Schämen«), die Marke TRIGEMA als konservativ, wertig und deutsch oder die Marke LEGO® als verlässlich, familiär und zugleich individuell. Wenn eine Marke dann noch innovativ auf uns wirkt, nimmt sie bei uns umso eher die Poleposition ein. Dabei muss es sich nicht einmal um wahre, um echte Innovationen handeln (Hallmann & Böttcher, 2017). Eine Marke muss das Rad nicht jedes Mal neu erfinden, muss nicht weltbewegende Neuerungen auf den Markt bringen, um als Innovatorin zu gelten. Wenn also eine Marke wie Apple das Tablet erfindet, ist das sicherlich kurz- und auch langfristig ein unbeschreiblich großer Vorteil für das Unternehmen und die Marke Apple. Wenn aber Persil oder Ariel neue Waschmittelformeln entwickeln oder ihr Waschmittel in neuen Darreichungsformen als Discs oder Pods anbieten, dann ist auch das durchaus eine Innovation – aus Sicht vieler Verbrauchender. Marken müssen jede ihrer Neuerungen, und seien sie noch so klein oder unnütz, nur laut, selbstbewusst und unique genug kommunizieren, dann schießen sie in der Beliebtheitsskala ganz weit und schnell nach oben. Immer wenn es in der Werbung »Noch schneller, kraftvoller, besser, stärker …« heißt, versucht sich eine Marke von den Wettbewerbern abzusetzen, sie abzuhängen, weil diese damit automatisch als weniger schnell, kräftig, gut oder stark positioniert werden.

MANIPULATION. Überall und immer.
Keinem dieser Beeinflussungsmechanismen kann man als Mensch entgehen, dazu sind sie zu omnipräsent, Marken begleiten uns auf Schritt und Tritt (Zehnplus.de, 2020). Und nur wenige Menschen merken, dass sie durch Werbung manipuliert werden (Wisschenaft.de, 2022a), dazu ist sie meist zu subtil (Abb. 6). Gerade deshalb ist das Reflektieren und Hinterfragen dieser Mechanismen sowohl für Menschen als auch für Manager von Bedeutung. Menschen möchten Strategien durchschauen, um diesen etwas entgegenzusetzen – was nicht immer und unbedingt gelingt (Bernhardt, 2021). Manager müssen genau diese Mechanismen verstehen, um diese für ihre Marken zu nutzen (Salesmango.de, 2022). Weil gute Markenkommunikation sowohl Marken als auch Menschen versteht, zusammenbringt und aneinanderbindet.

2   Mensch. Marke. Manipulation. Drei Darsteller in einem Schauspiel

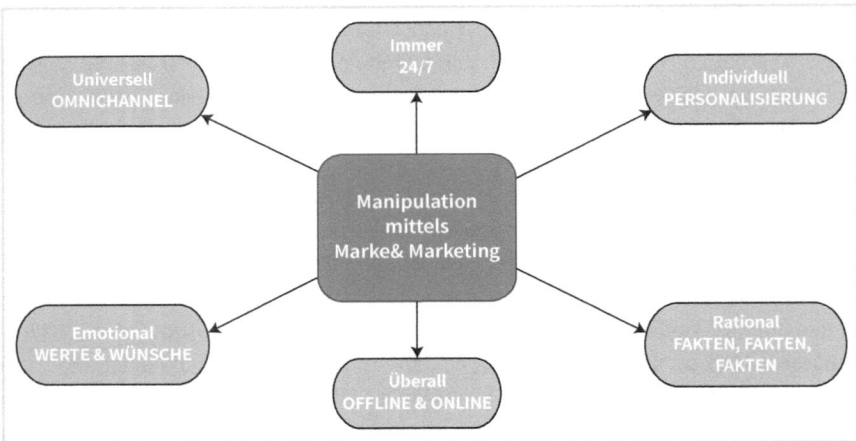

Abb. 6: Marken. Manipulation. Möglichkeiten der Einfluss- und Kontaktaufnahme mittels Marke und Marketing.

Erfolgreiche Marken sind immer präsent. Ganz egal, wo sich die Zielgruppe von NIKE befindet und bewegt, die Sportmarke steht parat. Sie positionieren sich zum richtigen Zeitpunkt am richtigen Platz, d. h. über den richtigen Kommunikationskanal, bei ihren Zielgruppen. Ganz gleich, ob die NIKE-Zielgruppe sich analog informiert und/oder digital kommuniziert, die Marke nutzt ausschließlich die für ihre Zielgruppe relevanten Kanäle, um ihre Markenbotschaft mit überzeugenden Fakten (für den Verstand) und mitreißenden Emotionen (für das Herz) zu transportieren – und das 24/7, rund um die Uhr. Dabei sorgt die Personalisierung dieser analogen und/oder digitalen Botschaften für ein Höchstmaß an Beeinflussung. Die Personalisierung von Werbebotschaften mittels persönlicher Ansprache (mit dem korrekten Namen und der geschlechterspezifischen Ansprache) sowie dem Zuschneiden auf individuelle Bedürfnisse und Erwartungen der einzelnen Zielgruppenvertretenden erweitert das Feld der Möglichkeiten des Beeinflussens von Konsumentinnen um ein Vielfaches.

Manipulation als Bindeglied zwischen Mensch und Marke.

Für Markenmanagerinnen heißt das, Markenkommunikation als pausenlose Vermittlung zwischen Mensch und Marke zu verstehen – für Menschen, sich bewusst zu werden, dass Marken manipulieren, indem diese zuerst menschliche Begierden aufdecken, um dann überall und ständig in ihr Leben zu treten.

Fakt ist: Menschen werden von Marken und durch Werbung zwar manipuliert, sind jedoch nicht deren willenlose Gefolgsleute. Menschen registrieren es, wenn Marken sich falsch verhalten und strafen sie dafür ab – selbst wenn es sich um eine Marke oder sogar Love Brand handelt, was die Skandale um den Petit-colon-Spot zum neuen Golf von VW (Rassismus), den TV-Spot »Lasst uns froh und bunter sein« von EDEKA (Rassismus und Frauenfeindlichkeit) oder um die beendete Zusammenarbeit von Kaufland mit Michael Wendler (Corona leugnen beziehungsweise verharmlosen) sehr deutlich machen (Chiozza, 2020). Schafft es das Markenmanagement jedoch mittels Werbung, die Vorteile seiner Marke glaubhaft und nachvollziehbar zu kommunizieren, lassen sich Menschen durchaus gerne beziehungsweise freiwillig von Marken manipulieren. Viele Menschen sind sich durchaus bewusst, dass es sich um ein Tauschgeschäft, um ein gegenseitiges Win-Win handelt – und dass man Werbung nicht unbedingt wortwörtlich nehmen sollte. Denn Menschen hinterfragen Marken (Was kann ERGO als Versicherung für mich tun, was die Allianz nicht kann?!) und nutzen Marken ausschließlich zu ihrem Vorteil (Die ERGO reagiert im Schadenfall viel schneller als die deutlich langsamere Allianz), als Dienstleister und Erfüllungsgehilfen (Inwiefern kann die ERGO mir mein Leben erleichtern?). Marken hingegen nutzen Menschen für ihren Erfolg, Menschen sind das Instrument und der Garant für ein langes Markenleben. Um die Existenz einer Marke so lange wie möglich auszudehnen und auszuschöpfen, ist ein gehöriges Maß an Psychologie im Sinne des Verständnisses von Zielgruppen erforderlich. Wir betrachten daher zuerst mögliche Mechanismen, wie Marken unser Hirn durchleuchten.

3 Manipulation im Marketing.
Das Hirn im Visier.

Manipulation dient als Moderatorin zwischen Mensch und Marke. Sie ist das Bindeglied zwischen dem, was Menschen wollen, und dem, was Marken als Antwort zu bieten haben. Manipulation hat viele Facetten und keinen guten Ruf, sie adressiert unser Bewusstsein und unser Unterbewusstsein – dabei nutzt sie die Erkenntnisse der Psychologie.

3.1 Marken nutzen psychologisches Verständnis.

Mensch und Marke auf der Couch.
Bei der Kommunikation und bei der Entscheidung für oder gegen eine Marke kommt der Psychologie eine große Bedeutung zu (Felgenhauer, 2022). Denn das Ziel der Psychologie ist das Verstehen, das Prognostizieren und letztendlich auch das Manipulieren von Menschen und menschlichem Verhalten. Da liegt es auf der Hand, als Marketingprofi das Wissen, die Tricks und Kniffe der Psychologie beziehungsweise deren Know-how zu nutzen, um Menschen zu durchleuchten und um sie zu beeinflussen. Hier begnügt man sich nicht mit oberflächlichen Erkenntnissen, sondern will haargenau wissen, warum jemand BMW und nicht Audi mag, warum dieser jemand Bionade liebt, Fassbrause aber nicht, zu Lidl geht, zu ALDI nicht, Reebok mag und Adidas nicht (Rode, 2019). Denn der gläserne Konsument, über den man nahezu alles weiß, ist extrem manipulierbar.

Bewusstsein und Unterbewusstsein als Manipulatoren.
Wir Menschen sind ein Konstrukt aus Ratio und Emotion, aus Hirn und Herz, aus Vernunft und Gefühl – so auch in unserer Rolle als Kunden und Konsumentinnen (Wolter, 2020). Gleichzeitig spielen bei all unseren Entscheidungen für oder gegen eine Marke das Bewusstsein und das Unterbewusstsein eine immens große Rolle. Dabei lassen wir Marken nahezu freien Zugang und kostenlosen Eintritt in unser Bewusstsein, denn wir wollen ja etwas von ihnen. Wir wollen die Befriedigung unserer Bedürfnisse. Gleichzeitig schleichen sich Marken in unser Unterbewusstsein (Schwarz & Miller, 2015). Es gelingt ihnen nicht nur, unsere wirklichen Bedürfnisse zu verstehen und zu befriedigen, sondern zudem neue Begehrlichkeiten zu wecken (keiner wusste es, aber jeder spürte es anscheinend: »Ich will raus aus der Komfortzone, will Grenzen sprengen« – und dabei hilft allein Red Bull). Gute Marken schaffen somit Information (»Was kann die Marke für mich tun?«) und Inspiration (»Was kann ich alles mit und dank der Marke tun?«) zugleich (Abb. 7).

3   Manipulation im Marketing. Das Hirn im Visier.

Abb. 7: Marken. Wirkung. Marken wirken auf Bewusstsein und Unterbewusstsein von Menschen.

Menschen sind Marken nicht ausgeliefert. Sie sind durchaus in der Lage, selbst zu bestimmen, wie nah sie Marken kommen lassen oder wie viel Distanz sie zu Marken bewahren wollen. Wie nah lasse ich Red Bull, Rolex oder Rollo an mich heran – und inwiefern müssen sich diese Marken an mich und mein Innerstes als Konsumentin herantasten?! Marken testen dabei aus, wie weit sie aktiv in das Bewusstsein ihrer Zielgruppen Eintritt erhalten (durch die Analyse vorliegender Daten hinsichtlich des offensichtlichen Verhaltens der Zielgruppe) und inwiefern sie sich proaktiv Zugang zum Unterbewusstsein ihrer Zielgruppe verschaffen müssen (durch die Analyse gesondert erhobener Informationen hinsichtlich der weniger bis absolut nicht offen liegenden Motive der Zielgruppe). Ihre Wirkung entfalten Marken dabei durch das adäquate Zusammenspiel von Information (Marken überzeugen durch das Versprechen von wirklicher Leistung – NIKE positioniert sich als Kenner der Sportszene mit dem entsprechenden Know-how in nahezu allen Sportarten) und Inspiration (Marken begeistern durch das Eröffnen neuer Horizonte – NIKE präsentiert sich als Chancengeber für alle, die Sport lieben, ob aktiv als Sportakteurin oder passiv als Sportzuschauer).

Menschen meinen, sie seien selbstbestimmt.
Dabei meinen wir, uns stets komplett bewusst für oder gegen Marken zu entscheiden, sind der Überzeugung, Marken vollends bewusst als unsere Favoriten auszuwählen und zu lieben. Wir verstehen uns als ausschließlich vernunftgesteuerte Wesen und das auch beziehungsweise eventuell vor allem beim Kauf und Konsum von Marken. Das Unterbewusstsein wird dabei oft außer Acht gelassen, es wird von uns (und gelegentlich auch vom Markenmanagement) gnadenlos und maßlos unterschätzt. Aber gerade auf unser

Innerstes zielen Marken ab, sie sind Einflüsterinnen des Unterbewusstseins. Sie versuchen Sphären anzusprechen, die uns selbst oft verschlossen sind (Schwarz & Miller, 2015). Denn wir reagieren auf die Marken besonders positiv, die unser Innerstes berühren und verstehen (»Kaufe ich Delikatessen von Käfer und Dallmayr, gehöre ich zum Club der Connaisseure und dann endlich auch zur Clique der Münchner Schickeria«). Marken sind uns nahe, wenn sie unsere Bedürfnisse und Erwartungen, unser Ängste und Sorgen, aber auch unsere Hoffnungen und Sehnsüchte verstehen und un(ter)bewusst widerspiegeln.

Das Statement »Ich lasse mich von Werbung nicht beeinflussen« ist eine schiere Wunschvorstellung und falsch, weil die Beeinflussung durch Marken häufig passiert, ohne dass wir es (bewusst) realisieren.

Marken erobern Menschen durch psychologisches Verständnis.

Für Markenmanager heißt dass, sich zusätzlich zu Daten-Know-how (tiefen-)psychologisches Know-how zu verschaffen, um der Bedeutung des Unterbewusstseins im Rahmen der Kommunikation Rechnung zu tragen – für Menschen, von Marken mehr und mehr durchschaut und für sie transparent zu werden.

Das Hirn, unser Verstand, muss mit seiner bewussten und seiner unbewussten Seite von Marken überzeugt werden, sein und bleiben. Es braucht Argumente von Marken und Verständnis für Marken, um Menschen zu überzeugen. Marken müssen unseren Kopf verstehen, um ihm überzeugende Argumente zu liefern. Bei aller Emotionalisierung von Marken, die zunehmend an Bedeutung gewinnt, gilt dennoch und weiterhin: Wenn eine Marke nichts kann, taugt sie nichts. Nur Versprechungen und große Gefühle rund um Marken sorgen nicht für die perfekt reine Wäsche, den restlos sauberen Teppichboden, das rundum gelungene Geschmacks- oder das vollendete Reiseerlebnis. Marken wie Ariel, Vanish, Lindt oder TUI können diese Leistungsversprechen nicht nur garantieren, sondern tagtäglich leisten und leben. Um Marken derart vernünftig und vernunftbetont aufzusetzen, bedarf es seitens des Markenmanagements Einblicke in die Bedürfnisse ihrer Zielgruppen, um mittels Informationen zu überzeugen. Ariel hat als Waschmittel nicht nur eine jahrzehntealte Historie, sondern wäscht tatsächlich auch bei niedrigen Temperaturen alles rein. Vanish sieht dank des aggressiven Pinks nicht nur stark aus, sondern fegt alle Flecken vom Teppich weg. Lindt sieht nicht nur nach zartem Schmelz aus, sondern kann dies durch (s)ein spezielles Herstellverfahren belegen. Den Reiseveranstalter TUI empfiehlt man nicht nur im Bekanntenkreis weiter, er schneidet sogar in Bewertungsportalen überdurchschnittlich ab. Gönnen wir uns also einen intensiven Blick auf die Vielfalt psychologischer Mechanismen, nach deren Regeln wir als Menschen, Kundinnen und Konsumenten agieren und mit denen uns Marken manipulieren.

Dafür verschafft die Psychologie dem Marketing das erforderliche Know-how, um das Bewusstsein und das Unterbewusstsein von Zielgruppen anzusprechen (Abb. 8), über Marken zu informieren, damit diese im besten Falle inspirieren. Zur Psychologie gehören aber nicht nur menschliche Bewusstseinsebenen, sondern auch Lernmechanismen. Menschen lernen von Marken und lernen durch Werbung. Wie das genau funktioniert, schauen wir uns als Nächstes an.

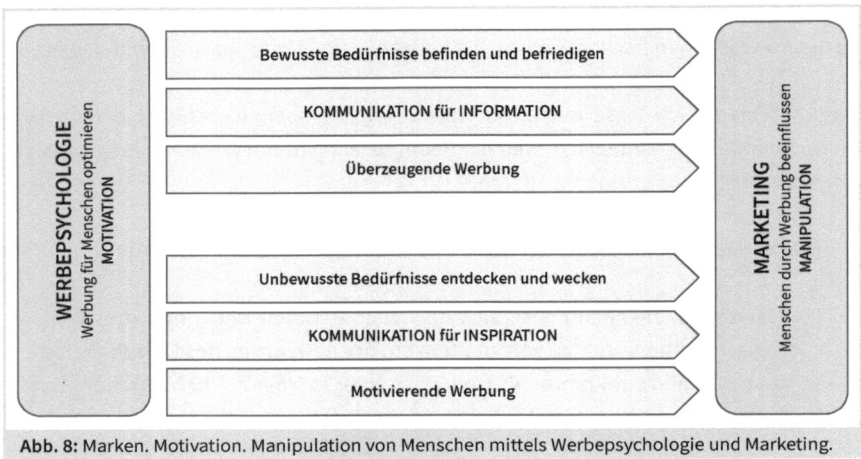

Abb. 8: Marken. Motivation. Manipulation von Menschen mittels Werbepsychologie und Marketing.

Werbepsychologie und Marketing arbeiten Hand in Hand, ergänzen sich im Sinne einer erfolgreichen Marketing- und Markenkommunikation. Mittels werbepsychologischer Analysen lassen sich nicht allein offensichtliche, sondern zudem tiefer liegende, unbewusste Wünsche von Zielgruppen identifizieren (mittels Marktforschung, die tiefenpsychologische Interviews mit Konsumenten führt) – mit dem Ziel durch Werbung Menschen zu informieren (in der Realität etwas wirklich leisten: Was kann die Marke alles für dich tun? Was kann Miele als Hersteller hochwertiger Küchenkonsumgüter leisten?) und zu inspirieren (in der Traumwelt etwas versprechen: Was könntest du alles dank und mit der Marke tun? Was kann Miele als Traum- und Idealbild versprechen?).

3.2 Marken sind Lehrer.

Von Marken (Un-)Nützes lernen.
Menschen sind lernende Wesen. Wir können, wollen und müssen lernen. Denn: Ohne zu lernen, könnten wir schlichtweg nicht überleben. Wir lernen dabei (hoffentlich) viel Nützliches, aber eben auch Unmengen Überflüssiges und Unnützes. Ob das Lernen über Marken und das Lernen von Marken zum Nützlichen oder zum Unnützem gehören, sei dahingestellt. Sicher aber ist, dass wir durch Werbung lernen. Wir lernen, wie uns Marken das Leben erleichtern, uns schöner und schneller, effizienter und (erfolg) reicher und potentiell noch so viel mehr machen. In unserem Gedächtnis hat sich beispielsweise eingebrannt: Vorwerk erleichtert das Haushaltsleben, Nivea macht

schöner, Under Armour heftiger, MS Teams effizienter, und N 26 als Bank macht erfolgreicher. Wir lernen, wofür eine Marke steht, wobei sie Vorteile verschaffen kann und warum die Marke ein (möglichst fester) Bestandteil unseres Lebens werden sollte. Nur wie lernen wir, was Marken uns mitteilen und so unbedingt beibringen wollen?

Marken als Lehrerinnen, Menschen als Schüler.
Werbung, sprich die Manipulation von Menschen durch Marken, funktioniert dabei nicht anders als das Lernen an der Schule oder der Universität. Werbende nutzen Lernmechanismen, die wir von Kindheit an kennen, für sich und für ihre Marken. So lernen wir also nicht nur aus Büchern, von Lehrerinnen und Dozenten, sondern eben auch aus Werbebroschüren, Radiowerbung oder viralen Spots. Was man in Werbung gesehen hat, wird wahr. »Wenn ich in Haus und Garten immer etwas Neues zu tun suche und auch finde, ist Hornbach die richtige Marke an meiner Seite. Denn mit Hornbach schaffe ich all meine Haus-und-Garten-Projekte.« Wir lernen Problemlösungsverhalten durch Marken, Markenwerbung und ihre Werbeversprechen (BR.de, 2016).

Nichtssagendes wird durch Werbung vielsagend und bedeutend.
Die zugrunde liegenden Prinzipien, wie Marken sich einprägen, funktionieren recht simpel: Am Anfang ist der Reiz, die Marke. Jede Marke versucht, mit Menschen zu kommunizieren, in den Austausch zu treten. Marken werben für sich mit völlig unterschiedlichen und zugleich möglichst einprägsamen Elementen, die typisch und kennzeichnend für sie als Marke sind – seien es die berühmten Flügel und Bleistiftzeichnungen bei Red Bull, die Farbe Lila inklusive der Kuh bei Milka oder der bewegende Swoosh bei Nike. Wenn wir mit diesen Marken vertraut werden, sie in unser Leben lassen und häufig Werbung dieser Marke sehen, verbinden wir früher oder später etwas mit diesen spezifischen Text- und Bildelementen der entsprechenden Marken (BR.de, 2016) und deren Werbung (Abb. 9).

Gelernte Assoziationen mittels WERBUNG	
MARKE	Milka
REIZ	lila Kuh
ASSOZIATION	lila Kuh = Milka
MARKE	Nike
REIZ	Swoosh
ASSOZIATION	Swoosh = Nike
MARKE	Red Bull
REIZ	Flügel
ASSOZIATION	Flügel = Red Bull

Abb. 9: Marken. Bilder. Menschen verknüpfen Gedanken mittels Marketing.

Milka hat Generationen gelehrt, dass Schokolade, Milch und Kühe lila sind. Nike hat uns beigebracht, dass ein schwungvoller Pfeil genauso viel (oder sogar mehr) zu Sport sagt, als nur vier Buchstaben (die ursprünglich allein für eine griechische Göttin standen). Und von Red Bull hat man als Konsument gelernt, dass einem Flügel (und Superkräfte) nicht erst mühselig und langwierig wachsen müssen, sondern man sich diese einfach antrinken kann.

Warum wir bei Lila und Kühen an Schokolade denken.
Waren Kühe vor der Zeit von Milka einfach nur nette Nutztiere, ist die von Milka gekaperte und auserkorene Milka-Kuh mittlerweile zu einer Repräsentantin der Marke Milka und zum Symbol von Schokolade avanciert. Die Farbe Lila war eine Farbe von vielen, für den einen oder die andere eventuell noch der Titel eines bekannten Buches – dann jedoch entwickelte sich diese Farbe zur Signalfarbe für Kühe und letztlich zum Symbol für Schokolade. Ähnlich verhält es sich mit der Marke Red Bull. Waren vor Red Bull Flügel einfach nur Schwingarme von Vögeln und Bleistiftzeichnungen nur Malereien oder Kritzeleien von Kindern oder Künstlern, so stehen beide, Flügel und Zeichnungen, nunmehr für Red Bull, sind eindeutige Kennzeichen der Marke geworden. Und der sogenannte Swoosh, der geschwungene Haken, den Nike als Symbol auserkoren hat, hatte zuvor vermutlich für kaum einem Menschen auch nur den Ansatz einer Bedeutung – nun hingegen vermittelt er uns Dynamik, Schwung und Bewegung dank des Absenders Nike (BR.de, 2016). Diese Erfolgsgeschichte von Verknüpfungen lässt sich schier endlos fortsetzen, vom neutralen Stern, der zum Mercedes-Stern avancierte, bis zur nichtssagenden Tonklangfolge, die mittlerweile als akustisches Erkennungszeichen und als sogenanntes Sound-Logo für die Telekom steht. Die Markenverknüpfungen machen demnach auch vor unserem Gehörgang keinen Halt, sie funktionieren längst über alle menschlichen Sinne (Teigheder, 2005).

Jeder weiß, Pink ist nicht gleich Pink.
Kommen wir zurück zur Werbung fürs Auge und zur Telekom, die uns gelehrt hat, dass Pink nicht gleich Pink ist. Denn ein Pink heißt Magenta. Am Beispiel Deutsche Telekom lassen sich weitere Arten des Lernens mit Marken veranschaulichen. Der Konzern hat die Lernmechanismen für sich gekonnt eingesetzt: In Zeiten der Wahllosigkeit und Austauschbarkeit erkannte die Deutsche Telekom recht früh, dass sie sich differenzieren, sich von ihren Konkurrenten absetzen muss. Um im Wettbewerb und Wettkampf um Aufmerksamkeit als Siegerin hervorzugehen, um anders und besser als O2, 1&1 oder Vodafone dazustehen, fehlte es der Marke Telekom an Profil. Es mangelte ihr schlichtweg an Einzigartigkeit und damit an Wiedererkennbarkeit. Und so schaffte sie ihre Unverwechselbarkeit durch zwei recht simple Kniffe – durch Farben und Töne (Ramsenthaler, 2022) oder vielmehr durch genau eine Farbe und genau eine Tonfolge, die unverkennbar mit der Marke und dem Unternehmen verknüpft sind. Dafür wählte die Deutsche Telekom die Farbe Magenta, denn ein simples Pink oder gar Rosa waren einfach nicht (gut) genug, nicht unique genug. Pink und Rosa waren bereits bekannt,

belegt und besetzt. Pink ist Klischeemeister bei unter anderem Accessoires für Frauen und Rosa die typische Farbe von beispielsweise Spielzeug und Kleidung für Mädchen. Daher musste Magenta (RAL-4010) her, eine charismatische Signalfarbe, die sich das Unternehmen zudem markenrechtlich als Farbmarke hat schützen lassen. Magenta steht für die Deutsche Telekom, ist die Telekom. Wer die Farbe Magenta sieht, weiß sofort, welches Unternehmen und welche Marke dahinterstehen. Und wer kennt ihn nicht, den typischen Ton und Sound der Deutschen Telekom. Als eines der ersten Unternehmen erkannte man hier die Bedeutung aller Sinne im Rahmen von Werbung und Marketing. Viel zu lang konzentrierte man sich ausschließlich auf Wort und Bild – »Ein Bild sagt mehr als tausend Worte« – und vergaß dabei, dass Menschen auch schmecken, tasten, riechen und hören können. Also kreierte man ein sogenanntes Sound-Logo (Bernays, 2004). Die typische Tonfolge und Melodie, bei der man sofort und ausnahmslos an die Deutsche Telekom denkt. Auch diese Tonfolge hat sich das Unternehmen schützen lassen, auch hier wurde ein ursprünglich und an sich neutraler Reiz durch Lernen zu einem unverwechselbaren Kennzeichen der Marke.

Menschen lernen anhand von Belohnungen durch Marken.
Oder: Alle wollen Leckerlis.
Aber es gibt noch mehr viel von und mit Marken zu lernen. Denn Werbung kennt auch den Weg der Manipulation über die Belohnung und das Lernen aufgrund von Goodies, die man Kunden und Kundinnen bietet (BR.de, 2016). Bonussysteme, Treuepunkte und Markenclubs agieren, kommunizieren und funktionieren durch Belohnung und haben damit einen immensen Erfolg. Payback, Miles & More und die Douglas Card sind nur einige der Erfolgsgeschichten. Dieses Belohnungssystem funktioniert nach dem Prinzip »Kaufe und werde belohnt, kaufe mehr und die Belohnung wird noch besser, noch viel größer!«. Das haben Konsumenten und Kundinnen nicht nur recht schnell gelernt, sondern sogar verinnerlicht. Wenn man bei einer Marke nicht nur gelegentlich, sondern sogar häufiger und regelmäßig etwas kauft und sich als treuer Kunde outet und profiliert, dann ist der nächste Schritt sinnvoller- und logischerweise, sich genau von diesen Marken auch eine Kundenkarte zuzulegen. Damit schließt man im wahrsten Sinne des Wortes einen Vertrag mit der entsprechenden Marke ab und bindet sich freiwillig an sie. Als Folge kauft man eben diese Marke noch öfter, weil man jetzt ja eine Kundenkarte hat und sich jeder Kauf lohnt (Foerderland.de, 2019). Während man zuvor »nur« gekauft und »nur« Geld ausgegeben hat, erscheint jetzt jeder Kauf als ein Gewinn.

Belohnung als ultimativer Antrieb. Oder: Jeder Kauf ist ein Gewinn.
Wenn jeder Kauf belohnt wird, fühlt sich jeder Kauf wie eine vermeintliche Win-win-Situation für Mensch und Marke an. Durch diesen Kreislauf der Belohnung geraten wir in die Fänge der Kundenkarte, weil man gelernt hat, dass sich Käufe lohnen, zumindest bei bestimmten Anbietern beziehungsweise von bestimmten Marken – und Kaufen eben nicht nur schlichtes Geldausgeben ist. Es bestätigt uns, wenn wir die so gesammelten Bonuspunkte für Zeitungsabonnements nutzen, die wir ansonsten nie abge-

schlossen und für Zeitungen, die wir sonst nie gelesen hätten. Wir sind glücklich über Treuepunkte, die uns ein sechsteiliges Kochtopf-Set bescheren, obwohl wir bereits längst und ausreichend Töpfe, Pfannen und Co. unser Eigen nennen (Foerderland. de, 2019). Und wir sind begeistert von Rabatten und Prozenten, die man uns aufgrund unserer Mitgliedschaft in einem Markenclub von Douglas (Mahrdt, 2021), Hallhuber und Co. gewährt, obwohl die dadurch gewonnene Ersparnis meist nicht der Rede wert ist. Zum Lernen durch Belohnung kommt demnach auch noch ein (freiwilliges) Sich-blenden-Lassen dazu. So lehren uns Marken das aus ihrer Sicht »richtige« Verhalten – die regelmäßige und fortwährende Entscheidung für eine Marke. Und wir lassen uns allzu gerne und willig belehren. Denn unser markenadäquat-treues Verhalten wird durch immer durch eine verführerische Belohnung getriggert (Foederland.de, 2019). Wir können als Individuen zwar selbst entscheiden, wie und wie oft wir aufgrund eines bestimmten Verhaltens belohnt werden. Wir sind allerdings auch unser eigener Herr, wenn es um die Bestrafung angesichts eines bestimmten Verhaltens geht. Wenn man nicht dort einkauft, wo man als (treue) Kundin registriert ist, bekommt man eben keine Boni, die gelernte Belohnung bleibt selbstverständlich aus.

Menschen lernen anhand von Vorbildern mit Marken.
Oder: Vorbilder als gelebte Orientierungshilfe.
Eine letzte Variante der Beeinflussung durch Werbung mittels Lernen ist das soziale Lernen. Schon immer lernten Menschen viel und effektiv von Vorbildern, sei es von den Eltern und Geschwistern oder der sogenannten Peergroup, also Freundinnen, Bekannten und Kollegen, alles Menschen, mit denen man sich regelmäßig umgibt und die ähnliche Erfahrungen und Werte haben wie man selbst. Lernen ist daher immer in einem sozialen Kontext zu sehen, d. h. in einem sozialen Zusammenhang zu verstehen. Das soziale Lernen setzt uns immer in Zusammenhang mit anderen Menschen und mit der Gesellschaft (BR.de, 2016). Wir suchen uns Modelle, an denen wir uns orientieren können beziehungsweise wollen, um unser Verhalten danach auszurichten. Dabei sind wir durchaus aktiv und auch einigermaßen selbstbestimmt. Müssen wir doch zuerst das Rollenvorbild auswählen und beobachten, dann dessen Verhalten bewerten, das Verhalten lernen und übernehmen, sodass wir es letztlich (möglichst erfolgreich) nachahmen können (BR.de, 2019). Wir agieren so, weil wir davon ausgehen, dass diese Modelle und Vorbilder wissen, was sie tun und was richtig ist. Im Kontext der Werbung orientieren wir uns dementsprechend an Modellen, die bestimmte Marken nutzen und anpreisen – wir glauben diesen Modellen und glauben an diese sogenannten Markenbotschafter, die uns Marken zu vermitteln versuchen. Die Modelle sind dabei Prominente und Berühmtheiten aus der Entertainment- und Sport-Branche, aus Forschung und Wissenschaft oder aus der Wirtschaft. Das Markenmanagement analysiert dafür genau, welcher Celebrity oder welche Influencerin sowohl zu ihrer Marke als auch zu ihrer Zielgruppe passt. Die passende Paarung von Marke, Mensch und Modell sowie das Finden der richtigen Botschafter für Marken ist dabei eine der größten Herausforderungen für das Management.

3.2 Marken sind Lehrer.

Männer machen Marken.

Die Markenbotschafter Thomas Gottschalk und Bully Herbig waren jahrelang nicht nur ein Glücksgriff, sondern vielmehr eine strategische Meisterleistung des Markenmanagements von HARIBO (Geißler, 2015), ein Perfect Match. Beide Prominente sind beziehungsweise waren Markenbotschafter von HARIBO, zugleich zudem gestandene Erwachsene, Stars der Showbranche, erfolgreiche Entertainer – und zugleich Vertreter von kindlichem Klamauk und harmlosem Humor. Männer, in denen das Kind nicht nur schlummert, sondern ständig zum Vorschein kommt und ihnen den Weg zum Erfolg geebnet und gesichert hat. Beide verkörpern vollends den Claim »HARIBO macht Kindern froh – und Erwachsene ebenso«. Was Tommie Gottschalk für HARIBO, war George Clooney für Nespresso (Abb. 10). Der Erfolg der Marke Nespresso liegt beziehungsweise lag zu Anfang zu einem großen Teil eben auch an der richtigen, wenn nicht sogar perfekten Wahl des Rollenmodells, das George Clooney darstellte (Wieland, 2016). Erfolgreich und einflussreich, attraktiv für Jung und Alt, interessant für Mann und Frau, ein Connaisseur in vielerlei Hinsicht, nahm man dem Schauspieler seine Liebe zu Kaffee und so auch für die Nespresso-Kapsel ab. Er sorgte für die notwendige Aufmerksamkeit, die Nespresso als neue Marke beziehungsweise als völlig neues Kaffee-Konzept brauchte, verkörperte die Lust zu Leben und die Liebe zum Genießen. Er katapultierte (den vor allem in Deutschland leicht trutschig anmutenden) Kaffee in stylishe Welten und in durchdesignte Gefilde. Kaffee war plötzlich chic und cool, individuell und inspirierend. Und die Kaffeemaschine war auf einmal hip, ein Must-have und nicht ein unspektakuläres Gebrauchsgut, sondern modernes Interior-Design-Element für die Küche.

```
        LERNEN durch
     MARKEN & VORBILDER

     MARKE         Haribo
     VORBILD       Thomas Gottschalk
     ASSOZIATION   Thommie = Haribo

     MARKE         Nespresso
     VORBILD       George Clooney
     ASSOZIATION   George = Nespresso

     MARKE         Pantene Pro-V
     VORBILD       Palina Rojinksi
     ASSOZIATION   Palina = Pantene
```

Abb. 10: Marken. Vorbilder. Menschen lernen mittels Vorbildern von Marken.

Menschen lieben Vorbilder, sie brauchen Vorbilder. Anhand von Vorbildern lernt man dazu – um attraktiver, erfolgreicher, stilvoller etc. zu sein (oder zumindest zu wirken). Thomas und Bully zeigen, dass es absolut in Ordnung ist, nicht nur Kind, sondern kindlich und sogar kindisch zu sein. Durch George lernt man, dass wahrer Kaffeegenuss nicht aus Italien, sondern aus und mit der Nespresso-Maschine kommt. Und dank Palina erkennt die Zielgruppe einer Haarpflegeserie, dass selbst einem zerstörten Schopf zu neuem Glanz (und so auch zu Selbstbewusstsein der Trägerin) verholfen werden kann.

Frauen formen Marken.
Ein fast schon Jahrzehnte andauernder Dauerbrenner eines erfolgreichen Rollenmodells ist zweifelsohne das britische Model Kate Moss, quasi DAS Anti-Rollenmodell. Ursprünglich im eigentlichen Sinne zwar Model, d. h. Fotomodell und Mannequin, seit Langem jedoch eines der klassischen Rollenmodelle für Frauen, die bis vor wenigen Jahren vor allem durch das Verhalten im Style eines Anti-Vorbilds bestach (Praschl, 2014). Sie war anfangs eine Person, an der man sich als Frau orientiert hat, wenn es um Lebenslust und vor allem um das Über-die-Stränge-Schlagen, um Feiern und Abstürzen, um Durchhalten und Sich-Aufrappeln ging. Ein unerschütterliches Rollenvorbild, dem Alter und Einbrüche scheinbar nichts anhaben konnten und können. Ein Anti-Vorbild, das die Kurve und so sein Leben wieder in den Griff bekommen hat. Und genau diese Verwandlung sowie ihr altes und aktuelles Image passt zu so manch einer Marke, zu Spirituosen, Schminke und Schmuck – und zu Mode sowieso. Das über Jahre erfolgreiche Konzept der Markenbotschafterin Moss funktionierte bislang über alle Lebensphasen – am Anfang unschuldig-sündige Lolita, danach wildes Partygirl, dann wieder liebevolle Mutter und leidenschaftliche Ehefrau und letztlich erneut wiederauferstandenes Party Animal, das sich nicht zähmen lässt. So konnte man sich jahrelang an ihr reiben, sich mit ihr messen und ihr nacheifern. Denn letztlich vermittelt sie vor allem eine Botschaft: Man kann schön und erfolgreich sein, selbst wenn man nicht abstinent und enthaltsam lebt, Verstand und Vernunft nicht unbedingt und immer den Vorrang haben. Das genaue Gegenteil ist eine äußerst erfolgreiche Influencerin aus Deutschland: Pamela Reif (Kalafat, 2016). Als mittlerweile nicht nur sehr bekannte, sondern auch einflussreiche und vermögende Botschafterin mehrerer Marken vertritt sie vor allem und vorrangig eine ganz besondere Marke – sich selbst. Pamela Reif hat sich als Marke geschaffen, entwickelt und gepflegt. Stand sie vormals für Fitness und Gesundheit, steht sie heute ebenso für Beauty und Lifestyle. Vor allem aber steht sie für Perfektion und Professionalität, für Vollkommenheit und Filter, für Intelligenz und Integrität, für Disziplin und Drive. Das Markenmanagement liebt sie dafür, ist sie doch der Inbegriff einer verlässlichen Markenbotschafterin, die all den Marken, für die sie wirbt, keine bösen Überraschungen oder Skandale beschert. Das zeigt sich auch in der Bandbreite von Marken, die Pamela Reif unter Vertrag genommen haben: Generali Versicherungen, das Dessous-Label Calzedonia oder der Sportartikelhersteller Puma vertrauen ihrer Strahlkraft als Rollenmodell und Vorbild. Dazu mehr in Kapitel 4.8, Influencer als einfühlsame Einflüsterer.

3.2 Marken sind Lehrer.

Botschafterinnen, die Mensch und Marke alles bieten.
Eine weitere Markenbotschafterin bewegt sich genau zwischen diesen Extremen von Moss'schem Übermut und Reif'scher Perfektion: Palina Rojinski, die als Entertainerin und Comedian, Moderatorin und Model so etwas wie die eierlegende Sau der Markenbotschafterinnen darstellt. Sie ist sexy, aber gerade so viel, dass Männer sie gut finden und Frauen nicht dafür hassen, ist lustig, aber nicht albern, ist wortgewandt, aber kein nervendes Plappermaul, ist smart, aber keine abgehobene Überfliegerin – und hat eine mehr als vorzeigbare Haarpracht, die die Marke Pantene Pro-V zum Anlass nahm, Rosinski zur Markenbotschafterin zu küren (Becker, 2019). Davon möchte sich so manche Frau eine Scheibe beziehungsweise Strähne abschneiden. Denn sie macht scheinbar alles richtig, sowohl was das Shampoo als auch was Kunst und Karriere, Männer oder Mode betrifft.

Paare und Paarungen, die Marken voranbringen.
Nicht zu vergessen sind die Pärchen, Paarungen und Paare, die als erfolgreiche Markenbotschafter herhalten. Allen voran Ana Ivanović und Sebastian Schweinsteiger, die quasi über Nacht die Spitzenreiterposition in diesem Markenmanipulationsgenre besetzt haben – und diese auch halten (Sueddeutsche.de, 2022). Sympathisch, aber nicht zu nett, skandalfrei, aber nicht langweilig, erfolgreich, aber nicht zu wohlhabend, und straight, aber nicht steif – all das zeichnet dieses Vorzeigepaar aus. Marken wie die Modemarke Brax oder die Baumarktkette Toom wollen genau diese Werte für sich in Anspruch nehmen, wollen den »Ana-Basti-Effekt« für sich nutzen. Genauso up to date, wenn auch etwas weniger (als Markenbotschafter) präsent, sind Collien Ulmen-Fernandez und Christian Ulmen, die sich als gleichberechtigtes, unkonventionelles und fortschrittliches Paar positionieren und dabei sich selbst und den Partner immer wieder liebevoll auf den Arm nehmen. Das funktioniert für den Pay-TV-Sender SKY und die Online-Apotheke Shop-Apotheke (Meedia, 2022) gleichermaßen gut. Ein vergleichbares Power Couple, das der Generation X zuzuordnen ist, sind Steffi Graf und Andre Agassi, die, was Öffentlichkeit, Show und Glamour betrifft, sonst eher durch Zurückhaltung glänzen. Gerade weil sie sich nicht für jede Marke hergeben, weil sie zurückgezogen leben und jeglichen Rummel meiden, genießen sie eine extrem hohe Glaubwürdigkeit als Markenbotschafter. Und vor dem Hintergrund einiger Höhen und Tiefen, die sie in ihrer Jugend durchgemacht, mittlerweile jedoch ihr Glück gefunden haben, sind sie zudem Sympathieträger par excellence. Das machten sich in der Vergangenheit Marken wie Nintendo und T-Mobile zu nutzen, die eben diese Werte als passend für die eigene Positionierung und Profilierung befanden (Spiegel.de, 2002). Und last, but not least Joko Winterscheidt und Klaas Heufer-Umlauf. Beide extrem laut und präsent, beide hyperaktiv im Hinblick auf Selfmarketing, zugleich von einer enormen Innovationskraft, Authentizität und Glaubwürdigkeit, gepaart mit einer gehörigen Prise Waghalsigkeit, Risikofreude und

Humor, sind sie umworbene Werbepartner und Markenbotschafter. Bislang hatten wenige Marken das Glück, von ihnen erhört zu werden, eine davon war der Elektronikkonzern Samsung (Campillo-Lundbeck, 2021).

Gruppen von Menschen, die hinter Marken stehen.
Aber nicht nur Singles und Paare können als Markenbotschafter in Aktion treten. Es eignen sich auch ganze Mannschaften dafür. Und wer sind da bessere Paradebeispiele als die Deutsche Fußballnationalmannschaft der Herren oder der FC Bayern (Austermann, 2018). Die Nationalmannschaft besticht, wie im Prinzip jede erfolgreiche Sportmannschaft, durch Kompetenz und Zusammenhalt, durch Ehrgeiz, Fleiß und Willen. Dabei kommt der Sympathiefaktor durch einzelne Spieler (fast) nie zu kurz (Gartenschläger & Wolff, 2022). Und genauso wie die Mannschaft eben nicht nur eine, sondern DIE Mannschaft ist, so ist Volkswagen eben nicht ein Auto, sondern DAS Auto. Noch prototypischer deutsch geht es nicht, da kam zusammen, was gefühlt schon längst zusammengehörte. Der FC Bayern hingegen ist fest in der Hand des Konzerns Procter&Gamble – mit dessen Marken wie Braun-Rasierer, Head'n-Shoulders-Shampoo und Oral-B-Elektrozahnbürsten. Die bayerische Erfolgsmannschaft hat eine unbeschreiblich große und auch treue Fangemeinde, die sich von einer zur nächsten Meisterschaft begeistern lässt. Die Bayern stehen nicht nur auf Siegen, sie stehen für das Siegen – sie sind der Sieg. Und das passt zu erfolgreichen Marken, unterstreicht deren kompetentes Image als Marktführer und stellt die Wettbewerber in die Verliererecke. Genauso wie das der FC Bayern mit seinen Gegnern auf dem Platz für gewöhnlich hält.

Markenbotschafter zahlen sich aus.
Was also bringen Markenbotschafter an Vorteilen für Marken und Management? Zuerst einmal bringen sie der Marke Aufmerksamkeit. Dank Markenbotschaftern dringen Marken in unser Bewusstsein, schaffen sich einen Platz und behaupten sich dort. Die Marke gewinnt aber auch an Image, und zwar an dem Image, das sich vom jeweiligen Markenbotschafter auf die beworbene und angepriesene Marke überträgt (Marketinginstitut.biz, 2021). Wenn sich ein Lothar Matthäus für einen Dienstleister wie Pfando. de ausspricht, dann wird der eine oder andere Fan dieser Marke Gehör schenken. Wenn sich Lena Gercke und Annemarie Carpendale für Haarentferner der Marke Braun einsetzen, werden Marke, Rasierer und Epilierer in einem ganz neuen Licht gesehen. Somit schaffen sympathische Markenbotschafterinnen ebenso sympathische und dadurch attraktive Marken. Marken, die zuvor farblos und charakterlos waren, erhalten durch Markenbotschafter nicht nur ein Gesicht, sondern ein Profil – und markante Profile erkennt man wieder. Man erinnert sich leichter und besser an die Marke, weiß, wofür sie steht und kann ihre Charakteristika problemlos abrufen. Das erleichtert es der Marke, erinnert, gewählt und letztlich gekauft zu werden. Influencer helfen dabei, Marken schneller und leichter vom Gedächtnis in den Warenkorb zu befördern. Und

beim Warenkorb wären wir beim finalen Aspekt, dem Umsatz. Denn genau der steigt für gewöhnlich durch den Einsatz von Markenbotschafterinnen. Image und Sympathiewerte bewegen sich vom Markenbotschafter auf die Marke, so steigen Attraktivität und Wert der Marke und letztlich deren Umsatz fast von selbst.

Auch Vorbilder haben ihre Grenzen.
Aber es gibt auch die multioptional einsetzbaren und daher leider auch wahllos eingesetzten Celebritys und Influencer wie Sylvie Meis, Cathy Hummels oder ASAP Rocky, die für zahllose Marken ihren Namen und ihr Gesicht hergeben. Da kommt das soziale Lernen, das Lernen an Vorbildern schnell an seine Grenzen. Hier stimmt die Passung von Marke, Mensch und Modell nicht, denn die Influencer werden recht wahllos eingesetzt. Die Berühmtheiten wirken wie bezahlte Werbeflächen (Sueddeutsche.de, 2018), nicht wie glaubwürdige Vorbilder und Vorreiter. Marken werden nicht aus eigener Erfahrung beziehungsweise gar aus Überzeugung empfohlen, sondern oft wenig subtil beworben. Hier wird von den zuvor genannten Celebritys dann offensiv geworben, ganz gleich, ob für Beautyprodukte oder Zahnpflege, Schmuck oder Accessoires, Mode oder Möbel, Handys oder Autos.

Vom König zum Clown.
Noch viel eindrucksvoller ist jedoch der Einsatz von Berühmtheiten, die in ihren Glanzzeiten gefragte und sinnvolle Vorbilder waren – dann jedoch an Strahlkraft und Glaubwürdigkeit verloren haben. Ehemalige Vorbilder, die Marken mittlerweile keinen positiven Imagetransfer mehr zu bieten haben. Als ein prototypisches und durchaus trauriges Beispiel ist Boris Becker zu nennen, Werbepartner für das Vergleichsportal Check24. Zu Anfang der Zusammenarbeit war der ehemalige Tennisstar aufgrund seines tendenziell selbstironisch-lässigen Umgangs mit Schulden für werbetreibende Unternehmen wie Check24 interessant. Als (mehrfach) Verurteilter und zukünftiger Ex-Häftling allerdings verliert er für eine Marke wie Check24, die unter anderem Finanz- und Versicherungsdienstleitungen bewertet und empfiehlt, nicht nur an Bedeutung, sondern ist vermutlich Gift für das Unternehmensimage (RND.de, 2022).

Vom König zum Kaiser.
Und dann gibt es noch Berühmtheiten, die einfach selbstbewusst ihren eigenen Weg gehen und ihren Kopf durchsetzen – ganz ohne Absprache mit Marken und Unternehmen. Cristiano Ronaldo hat das par excellence in der berühmt-berüchtigten Pressekonferenz gezeigt, in der er die extra für die Öffentlichkeit und für Werbezwecke vor ihm drapierten Coca-Cola-Flaschen – begleitet von der Äußerung »Ich trinke nur Wasser« – umdrehte und damit das Image und auch den (Aktien-)Wert der Marke (anscheinend und zumindest) kurzfristig beschädigte (RP.de, 2021). PR-Hype, Aktieneinsturz und teils sogar öffentliche Häme für Coca-Cola waren das Ergebnis dieser spontanen und nicht-konzertierten Aktion seitens Ronaldo.

> **Marken als Fortbildungsbeauftragte.**
>
> Für Markenmanagerinnen heißt das, dass ihre Marken etwas zu sagen haben sollten, das Menschen interessiert und dass sie etwas leisten können, das Menschen hilft – für Menschen, sich für Marken zu entscheiden, die sie ernst nehmen und sie wirklich weiterbringen, anstatt ihnen nur Belangloses zu liefern.

Menschen werden nicht nur manipuliert durch Werbung, sie lernen auch durch Werbung. Denn sie hält uns Ideal- und Traumwelten vor, die mithilfe von Marken in erreichbare Nähe rücken. Man sieht nicht nur, dass Raffaelo uns durch den Genuss dieser Süßigkeit in die Karibik bringt, sondern lernt, dass es eine nahezu temperaturunabhängige Praline gibt, die Finger schokoladenfrei und sauber hält. Werbung zeigt uns Heldinnen und Helden des Alltags, die mit denselben Widrigkeiten zu kämpfen haben wie wir und diese lösen. Man sieht nicht nur, dass EDEKA eine Käsetheke hat, die Lust auf das Abtauchen in verschiedenste Käsespezialitäten macht, sondern lernt, dass Käse eben nicht gleich Käse, sondern vielmehr eine Wissenschaft und ein Thema für wahre Connaisseure ist. Werbung zeigt uns Berühmtheiten, die uns anbetungswürdig erscheinen und die uns als Vorbilder dienen. Man sieht den Fußballtrainer Jürgen Klopp nicht nur als idealisiertes Idol und charmanten Erfolgsgaranten, sondern lernt vielmehr, dass auch er so manche Probleme beim Autofahren hat (die scheinbar allein Opel zu lösen vermag), er manchmal unter trockener Haut leidet (die durch NIVEA Men wieder zart wird), er ab und an vom Heißhunger überfallen wird (worauf nur Snickers die richtige Antwort bietet) oder er als Bierfan auf der Suche nach einem Gerstensaft mit Historie und Stil sucht (das der Marke Warsteiner entspricht). Wir lernen durch Werbung, dass Marken uns in den Höhen des Außergewöhnlichen begleiten und befähigen können, wenn es um die besonderen Anforderungen und Herausforderungen im Leben geht wie Lebens- oder Krankenversicherung, Abi- oder Abschlussball, und in den Tiefen des Alltags, wenn es um die kleinen Probleme geht, die jedoch schnell zum riesigen Problem mutieren können wie fleckiges Geschirr oder Wäsche, misslungene Mittagsessen oder Frisuren. Wo diese Höhen und Tiefen im Leben von Kunden und Konsumentinnen liegen, ist die Aufgabe der Marktforschung.

3.3 Marken durchleuchten Konsumenten.

Vom Erforschen der Menschen im Sinne von Marken und Märkten.
Der Anfang jeder Manipulation im Marketing ist die Marktforschung, genauer gesagt die Konsumentenforschung (Freese, 2022). Sie ist die Keimzelle der Beeinflussung und der Marketingkommunikation, sprich Werbung, und gehört somit zur DNA erfolgreicher Marken. Dabei hält Konsumentenforschung genau das, was der Begriff ver-

spricht: Konsumenten werden erforscht, durchleuchtet und für Marken und Marketing transparent gemacht. Denn wer transparent ist, ist leichter zu manipulieren.

Forschung analysiert Menschen für Marken und Manager bis ins Detail.
Im besten Fall lässt sich sagen: Marktforschung bringt Menschen und Marken zusammen. Das ist grundsätzlich nicht verkehrt. Schließlich bieten Marken uns nicht nur (unnötige) Verführung, sondern auch einen Mehrwert. Sie bieten uns Orientierung im Markenwirrwarr und im Produktdschungel und die Lösung für so einige Probleme im Alltag wie generell im Leben. Nur wo hört die freie Entscheidung von Kundinnen für oder gegen eine Marke auf – und wo fängt die Manipulation an (Berndhardt, 2021)? Wie ist es möglich, Menschen zu willfährigen Groupies von Marken zu formen, für die man sich freiwillig, also ohne Beeinflussung durch Werbung, vermutlich nicht so einfach oder nie entschieden hätte?

Daten über Menschen sammeln macht Marken und Managerinnen schlau.
Jegliche Beeinflussung beginnt mit unseren Daten. Zuerst werden Unmengen davon erhoben, gesammelt und analysiert (Freese, 2022). Das passiert zum einen frontal und offiziell, sozusagen vor den Kulissen, wenn Marketing Menschen im Rahmen von Marktforschungsstudien befragt und konkret mit Fragen und Neugier konfrontiert (Abb. 11). Zu anderen passiert es sozusagen hinter den Kulissen, wenn das Marketing ohne unser Wissen digitale Daten sammelt und immer schlauer über uns wird, während wir immer gläserner werden. Daten darüber, wie man sich zu Marken, zu Produkten und Dienstleistungen informiert, wie, wo und wann man kauft, warum man sich für Marken entscheidet, warum man ihnen treu bleibt oder auch warum man Marken untreu wird (Lexware.de, 2022).

Abb. 11: Marken. Marktforschung. Menschen als Forschungs- und Manipulationsobjekte für Marke und Marketing.

3   Manipulation im Marketing. Das Hirn im Visier.

Marktforschung durchleuchtet Menschen. Befragungen von Zielgruppen zu deren Nutzungs- und Kaufverhalten sowie zu deren Ansprüchen gegenüber Marken, Produkten und Dienstleistungen schaffen Wissen zu den offenliegenden Bedürfnissen (Was will die Zielgruppe offensichtlich und bewusst – was würde sie zufrieden stimmen und überzeugen?) und ebenso zu versteckt liegenden Begierden von Konsumenten (Was will die Zielgruppe weniger offensichtlich und eher unbewusst – was würde sie glücklich machen und begeistern). Offensichtlich schätzen beispielsweise die Kundinnen von Rolf Benz die Ästhetik und das Design der Möbelmarke, weniger offensichtlich und teils komplett unbewusst entscheidet man sich als Konsumentin für diese Marke aufgrund deren Aura von Architekten-Know-how und Designeranspruch.

Nehmen wir ein Beispiel: Einen namhaften Hersteller von Kaugummi interessiert die Liebe der Menschen zu Kaugummi. Er sammelt Daten mit und über uns, untersucht, welche Menschen besonders häufig und vor allem (sehr) gerne Kaugummi kaufen. Den Konzern interessieren die Gründe, warum man Kaugummi überhaupt mag, welche Marke man liebt und was diese Liebe ausmacht. Um genau das herauszufinden, unterhält man sich mit Kaugummikauern, -liebhaberinnen und -fans. Die Kaugummimanager durchleuchten das Warum hinter der Hingabe zu Kaugummi, um neue Sorten, Geschmacksrichtungen und Marken zu kreieren, die genau auf unsere Bedürfnisse abgestimmt sind. Genauso dienen diese Daten aber auch der Optimierung von Werbung für bereits existierende Kaugummimarken, von Kommunikation, die Kunden einem Brainwash unterzieht und das Gefühl vermittelt, genau diese Kaugummimarke sei »The one and only«, sei genau die Marke, die exakt zu allen individuellen Bedürfnissen passt. Daten dienen dem Schaffen von Werbewelten, mit denen Menschen vermittelt wird, dass die bestehende Kaufgummimarkenwelt ihre Bedürfnisse versteht und, wenn das nicht ausreicht, dem Schaffen von neuen Marken, die menschlichen Bedürfnissen entsprechen.

Forschung legt das Menschlichste und Innerste offen.
So hilft Marktforschung Managerinnen im Marketing, die richtigen Entscheidungen zu treffen (Handelsblatt.de, 2015). Entscheidungen auf der Basis Big Data, darüber, welche Produkte den Bedürfnissen und Wünschen der Konsumenten am besten entsprechen und welche Werbung sich dafür am besten eignet. Die richtige Entscheidung ist dabei die, die Menschen am besten und am erfolgversprechendsten anspricht und von einer Marke überzeugt, von ihr begeistert. Durch Marktforschung erhält das Markenmanagement Informationen, um Werbung und auch Produkte entsprechend der Bedürfnisse von Konsumentinnen zu entwickeln und zu optimieren (Unternehmer-gesucht.de, 2022). Die dunkel-herberen Schokoladenvarianten von KitKat oder Bounty, der schokoladige Schmelz, auf den sich der Erfolg einer Lindor von Lindt stützt oder der Siegeszug von Invisibobble Haargummis sind eben auch das Ergebnis von Marktforschung – und nicht nur von Chocolatiers oder Coiffeurin-

nen. Marktforschung hilft dabei, Werbung, die man morgen sieht, und Produkte, die man morgen kauft, heute (noch) besser zu machen und an Menschen sowie ihre Bedürfnisse anzupassen.

Marktforschung als Diener des Markenmanagements.
Das heißt aber auch, dass Marken von sich aus keine Emotionen wecken – dazu sind sie allein gar nicht in der Lage, weil Marken an sich keinerlei Ahnung von Menschen und deren Bedürfnissen haben. Marken ohne Marktforschung sind eine leere Hülle. Marktforschung gibt Marken einen Kern, gibt ihnen Know-how (Fretschner & Lüdtke, 2011). Sie (er)kennt menschliche Bedürfnisse und weiß genau, welche Knöpfe bei Menschen zu drücken sind, damit wir eine Marke zu unserer Lieblingsmarke küren. Letztlich steht hinter jeder (erfolgreichen) Marke eine ganze Marktforschungsmaschinerie, d. h. Expertinnen, die sich rund um die Uhr und ausschließlich damit beschäftigen, Einblicke in das Hirn und das Herz von Menschen zu erhalten.

Marktforschung offenbart (fast) alles.
Wie genau Marktforschung und das Durchleuchten von Menschen zum Zwecke der Manipulation funktioniert, sieht man anhand der sogenannten Sinus-Milieus®, die veranschaulichen, wie man Menschen nach deren Einstellungen zum Leben und nach persönlichen Werten einteilt (Sinus-institut.de, 2021). Die Sinus-Milieus® bieten Marken- und Markenmanagern einen gänzlich neuen Blick auf Menschen, auf deren Bedürfnisse und vor allem auf die Motive, warum sie für bestimmte Marken empfänglich sind und warum nicht. Diese Milieus bilden die Lebenswelten und Alltagswirklichkeit von Konsumentinnen in der Gesellschaft ab. Eine Wirklichkeit, die den Alltag, das Leben und die Realität von Menschen widerspiegelt. Denn in ihrer Alltagswirklichkeit sind Menschen geprägt durch schier unendliche Einflüsse von Mitmenschen, Politik und Digitalisierung, Umwelt und Umfeld, Klima und mittlerweile auch durch Corona – und das hat wiederum Einfluss auf ihre Vorlieben für Marken. Die Milieus seitens Management als Psychokram abzutun, ist sträflich, ein Fehler, den Markenmanagerinnen tunlichst vermeiden sollten. Denn das SINUS-Institut, das hinter diesen Milieus steht, ist ein Beratungsunternehmen. Nur eben eine Beratung, die nicht zu Steuern oder Geldanlagen berät, sondern zu Menschen und deren Motiven.

Menschen als Marken-Gleichgesinnte und -gesonnene.
Die Sinus-Milieus® stellen »Gruppen Gleichgesinnter« (Sinus-institut.de, 2020) dar. Das sind Menschen, die ähnlich ticken, eine mindestens ähnliche bis sogar identische Lebensauffassung und gleiche Werte haben. Da gibt es die Hedonisten, die im Hier und Jetzt das Leben ohne Rücksicht auf Verluste genießen, die Traditionellen, die eher erzkonservativ das Bestehende verteidigen oder die bürgerliche Mitte, die sich unauffällig als große 08/15-Mainstream-Masse im Hintergrund hält. Aufgrund dieser je nach Typ mal progressiveren, mal traditionelleren Werte und Lebensstile sind sich bestimmte Menschen und Gruppen ähnlich, obwohl sie vordergründig und

oberflächlich gesehen kaum Gemeinsamkeiten in Alter, Bildung und/oder Einkommen haben. Und Menschen, die ähnlich ticken, haben ähnliche bis teils identische Markenpräferenzen.

Eine typische Gruppe Gleichgesinnter ist bei der Marke MINI zu sehen: MINI wird von Menschen bevorzugt, die sich durch eher progressive Werte und ein überdurchschnittliches Einkommen sowie einen entsprechenden Bildungsstand auszeichnen. Menschen, die dem Fortschritt gegenüber grundlegend positiv eingestellt sind und die zugleich »mehr« verdienen (und ausgeben) können als andere, mögen und fahren MINI. So können Marketing und Manager dank der Sinus-Milieus® (noch) besser verstehen, was Menschen und somit Konsumentinnen, Kunden und Zielgruppen wirklich bewegt.

Marktforschung geht Mensch und Marke auf den Grund.

Für Markenmanager heißt das, bei der Konzeption von Kommunikation nie auf Marktforschung zu verzichten und hierfür im Rahmen der Marketingplanung Budget einzukalkulieren – für Menschen, von Marken befragt und analysiert zu werden.

Marktforschung interessiert sich für jeden Aspekt und für jede Facette von Menschen. Sie beleuchtet und durchleuchtet Menschen. Sie (be)fragt Konsumentinnen zu deren Vorlieben und Abneigungen gegenüber Marken, Produkten und Dienstleistungen, gegenüber Werbung und Kommunikation. Marktforschung gehört daher zu den elementaren Instrumenten des Markenmanagements. Wer als Markenmanager nicht in Marktforschung investiert, sondern Zeit und Budget dafür scheut, wird seine Zielgruppe nie voll und ganz kennenlernen und erst recht nicht verstehen. Wer Marketing macht, kann daher auf Marktforschung und den Austausch mit Zielgruppen nicht verzichten. Denn Befragungen von Zielgruppen und Gespräche mit Menschen über Marken und Motive liefern zum einen das Wissen, wie Menschen ticken, was sie von Marken hören, lesen, wissen und verstehen wollen und zum anderen das Know-how, wie Werbung dementsprechend und gezielt zu gestalten ist, um genau diese Menschen mittels passender Kanäle und relevanter Botschaften zu erreichen. Menschen das Marketing fassbar und verständlich zu machen, ist ein Job der Marktforschung. Denn nur wenn man weiß, mit wem man spricht, kann man Menschen zu Marken bewegen. Eins der wichtigsten Instrumente der Markt- und Konsumentenforschung stelle ich im folgenden Kapitel dar: die prototypische Persona.

3.4 Marken benutzen menschelnde Avatare.

Angesichts der Vielfalt an Informationen über Zielgruppen, die dem Markenmanagement dank der Marktforschung vorliegen, ist die Gefahr eines Information Overload nicht gerade gering. Zu viele Informationen zur Zielgruppe machen es meist schwerer, sich ihr zu nähern, zu tiefe Details zu Menschen erschweren einen klaren, fokussierten Blick auf die Zielgruppe. Daher ist eine effiziente Lösung gefragt, die alle Informationen (Big Data) auf den Punkt bringt (Jansen et al., 2022).

Menschen sind (zu) vielfältig.
Bei der Entwicklung von Produkten besteht die Herausforderung darin, die Motive und Bedürfnisse von Zielgruppen zuerst zu verstehen und dann bei der Entwicklung von Marken zu berücksichtigen. Marktforschungsdaten allein sind jedoch oft schwer greifbar, häufig zu komplex und eher verwirrend statt erhellend oder gar erleuchtend. Marktforschung informiert, lässt jedoch die Menschen hinter den Zahlen schnell in den Hintergrund treten. Deswegen bieten Personas einen deutlichen Mehrwert als Prototyp der Menschen, die man als Marke ansprechen will (Bernecker, 2019).

Menschen auf Prototypen reduzieren.
Personas sind zwar fiktive Nutzer der Zielgruppe von Marken und Produkten, ihnen wird jedoch Leben eingehaucht. Personas haben einen Namen, einen Familienstand, ein Berufsprofil, sie haben Charaktereigenschaften, Hobbys, Erwartungen und auch Probleme (Abb. 12). Sie haben wie die realen Käuferinnen und Nutzer von Marken echte und ernst zu nehmende Bedürfnisse, Wünsche und Ziele, zugleich aber auch Ängste, Nöte und Sorgen. Sie stellen nicht unbedingt den Durchschnitt der Zielgruppenmasse dar, vielmehr sind sie spezifische Personen, die Muster im Verhalten der definierten Zielgruppe von Marken deutlich machen. Als archetypische Konsumentin oder Nutzerin von Produkten oder Dienstleistungen repräsentiert eine Persona die Ziele und Bedürfnisse der Zielgruppe und macht es Markenmanagern nicht nur möglich, sondern deutlich leichter, fundierte Entscheidungen bei der Entwicklung neuer Produkte oder Services zu treffen (Bernecker, 2019). Auch hier kommt wieder Marktforschung ins Spiel, denn Personas gibt es nur, weil die Marktforschung zuvor möglichst vielfältige Informationen zu den Lebenswelten von Kundinnen und Konsumenten geliefert hat. So werden Menschen verstehbar, so kann man sich als Manager in die Zielgruppen immer besser hineinversetzen.

Personas sind prototypische Vertreter ihrer Zielgruppe. Sie sind der gemeinsame Nenner aller Konsumentinnen und Kunden einer Marke. Personas sprechen für Marken, sind das Sprachrohr von Marken. Die Marke Fissler als Anbieter und Hersteller hochwertiger Koch- und Küchenartikel braucht beispielsweise nicht jeden einzelnen ihrer (potenziellen) Kundschaft detailliert zu kennen, geschweige denn zu verstehen. Es reicht vollends, die vorliegenden Daten so zu komprimieren, dass man als Marke Fissler auf Grundlage aller Informationen zu seinen Kundinnen einen fiktiven Kunden oder eine fiktive Kundin benennt und mit Leben füllt – ihm oder ihr einen Namen gibt, auf Basis aller Marktforschungsdaten die Interessen und Hobbys, die Ansprüche und Ängste gegenüber Leben und Lebensmitteln sowie Erwartungen an Essen und Lust, an Kochen und Küche benennt.

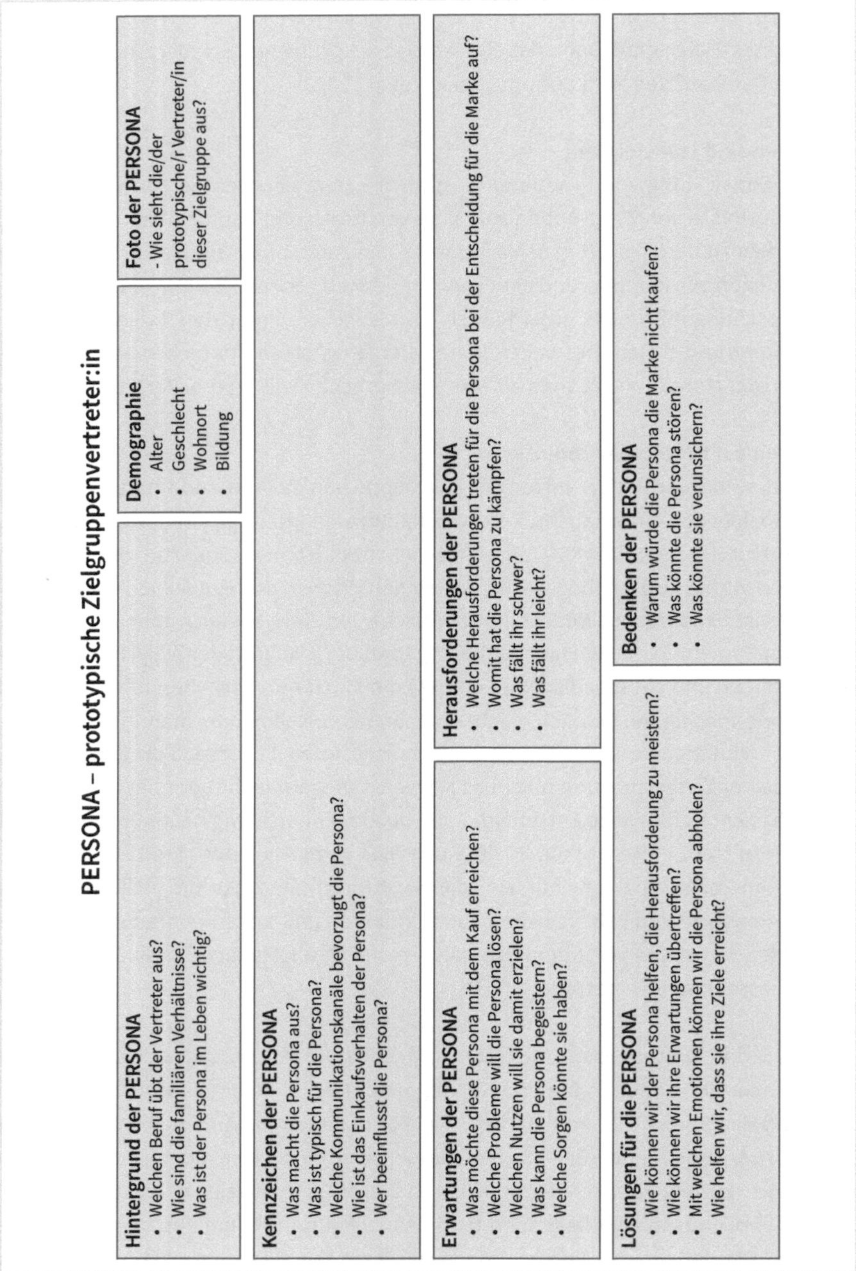

PERSONA – prototypische Zielgruppenvertreter:in

Hintergrund der PERSONA
- Welchen Beruf übt der Vertreter aus?
- Wie sind die familiären Verhältnisse?
- Was ist der Persona im Leben wichtig?

Kennzeichen der PERSONA
- Was macht die Persona aus?
- Was ist typisch für die Persona?
- Welche Kommunikationskanäle bevorzugt die Persona?
- Wie ist das Einkaufsverhalten der Persona?
- Wer beeinflusst die Persona?

Erwartungen der PERSONA
- Was möchte diese Persona mit dem Kauf erreichen?
- Welche Probleme will die Persona lösen?
- Welchen Nutzen will sie damit erzielen?
- Was kann die Persona begeistern?
- Welche Sorgen könnte sie haben?

Lösungen für die PERSONA
- Wie können wir der Persona helfen, die Herausforderung zu meistern?
- Wie können wir ihre Erwartungen übertreffen?
- Mit welchen Emotionen können wir die Persona abholen?
- Wie helfen wir, dass sie ihre Ziele erreicht?

Demographie
- Alter
- Geschlecht
- Wohnort
- Bildung

Foto der PERSONA
- Wie sieht die/der prototypische/r Vertreter/in dieser Zielgruppe aus?

Herausforderungen der PERSONA
- Welche Herausforderungen treten für die Persona bei der Entscheidung für die Marke auf?
- Womit hat die Persona zu kämpfen?
- Was fällt ihr schwer?
- Was fällt ihr leicht?

Bedenken der PERSONA
- Warum würde die Persona die Marke nicht kaufen?
- Was könnte die Persona stören?
- Was könnte sie verunsichern?

Abb. 12: Mensch. Prototyp. Personas als Prototypen der Zielgruppen von Marken und Marketing.

Persona als größter gemeinsamer Nenner von Mensch und Marke.
Man schaut sich als Managerin dabei also nicht nur Unmengen von Daten im Detail an, sondern fasst all diese Informationen in einem Kundenprototyp, der Persona, zusammen, gibt der Zielgruppe ein Gesicht, einen Namen und ein Leben – und erweckt so die nüchternen Daten zum Leben. Personas enthalten unter anderem soziodemografische Daten und liefern einen Einblick in die familiäre und berufliche Situation (Bernecker, 2019). Fotos und Bilder geben der Persona ein persönliches Gesicht, Zitate bringen ihre Einstellungen und Werte auf den Punkt. Alle Informationen, die in Bezug auf eine Marke, ein Produkt oder eine Dienstleistung relevant sind, werden durch eine Persona plastisch, fass- und greifbar. Nähern wir uns der Persona anhand eines Beispiels aus der Werberealität: So wie SATURNs Tech-Nick der Prototyp des idealen Technikverkäufers und Beraters ist, so ist die Consumer Persona der Prototyp des SATURN-Kunden. Tech-Nick beantwortet als vollendete Symbiose alle Fragen einer verunsicherten, Hilfe suchenden Konsumenten-Persona und tritt in der Person des heilsbringenden und somit heldenhaften Verkaufsberaters auf, der für alles Technische und auch Menschliche Verständnis hat (Theiß, 2016).

Erstellen einer Persona – ohne Teamwork wird das nichts.
Auf den Punkt gebracht: Eine Persona muss im (Marketing-)Team entstehen, denn ohne ein gemeinsames internes Verständnis der Zielgruppe kann keine harmonische Außenwirkung und Kommunikation mit den gewünschten Menschen, Adressaten von Werbung entstehen. Daher sollte in einem ersten Workshop ein Brainstorming stattfinden zu den einzelnen Persona-Aspekten und -Kriterien – und das, ganz wichtig, ohne Bewertung! –, um alle potenziellen Ausprägungen zu sammeln. In einem weiteren Workshop (oder nach einer mindestens einstündigen Pause) werden diese Beiträge gemeinsam priorisiert, eingekreist und nach und nach entsteht die Persona, zu dem das gesamte Team ja sagt. Denn alle müssen sicher sein, für wen, für was, auf welchen Kanälen und mit welchen Botschaften sie künftig gezielte Maßnahmen entwickeln. Die in Abbildung 12 gezeigte Mustervorlage ist genau das: ein Muster, das jederzeit variiert werden kann.

> **Menschen als Prototypen machen Marken das Leben leichter.**
>
> Für Markenmanagerinnen heißt das, für ihre Marke und Zielgruppe eine Persona zu erarbeiten, die als kommunikatives Leitbild dient – für Menschen, dass sich Marken ihnen nicht nur nähern, sondern alle Marketingaktivitäten an ihren Doppelgängern ausrichten.

Personas sind Prototypen, keine Dummys. Sie sind ernst zu nehmende Vertreter der Zielgruppe. Und sie sind Verbündete des Markenmanagements. Dank Personas werden Zahlen, Daten und Fakten zu Zielgruppen lebendig, werden Kundinnen und Konsumenten nahbar und fassbar. Sie machen Marketing menschlich, Markenmanagerinnen schlauer und lassen das gesamte (Marketing-)Team dieselbe Zielgruppe sehen und verstehen. Die Persona vor Augen (zum Beispiel als 2D- oder 3D-Ausdruck im Meetingraum aufgestellt, im A0-Format an eine für alle sichtbare Wand gehängt) wird das Kreieren von Werbung nicht nur effizienter und effektiver, sondern fällt auch das Manipulieren leichter, da man sein Zielobjekt im Visier, direkt vor Augen hat und so ein deutlich tiefer gehendes Verständnis für seine Zielgruppe entwickelt. Nehmen wir das Beispiel der Produktkategorie Haarkolorationen: Es macht einen Unterschied, ob man sich als Markenmanager Daten und Zahlen über eine nahezu anonyme, auf jeden Fall jedoch wenig fassbare Zielgruppe anschaut, die grauem Haar den Kampf angesagt hat oder ob man die Persona Alexander entwickelt hat, die von sich sagt »Ich will mein graues Haar loswerden, allerdings soll das möglichst wenig auffallen« – und daher zu Re-Nature von Schwarzkopf greift. In das Erforschen und Entwickeln von Personas zu investieren, ist daher, neben den Investments in Marktforschung, einer weiterer Erfolgsgarant für gelungene Marketing- und Markenkommunikation im Sinne der Manipulation. Personas und Markenmanagerinnen sind dabei getrieben durch Insights. Denn Marken erreichen durch das Verstehen von Personas und das Aufgreifen von Insights ihre Ziele – und diese Insights sind unser nächstes Thema.

3.5 Marken erobern menschliche Insights.

Menschen lassen sich aus Sicht des Marketings bestens und vollständig durch soziodemografische Daten beschreiben (Nrdmedia.de, 2021). Wenn Markenmanager alles zu Herkunft, Geschlecht, Alter, Einkommen, Familienstand, Haushaltsgröße oder Schulbildung ihrer Zielgruppen wissen, meinen sie häufig, diese ganz genau zu kennen. Konsumentinnen macht jedoch viel mehr aus als Einkommen und Bildungsstand. Die Entscheidung für oder gegen eine Marke fällt nicht primär aufgrund des verfügbaren Haushaltsnettoeinkommens. Daher sind Insights das einzige Instrument und der richtige Weg, um Menschen als Manager wirklich nahe zu kommen (Marketing.ch, 2021).

Menschen von innen nach außen kehren.
Markenmanager brauchen den Blick in das Innere und die Psyche von Konsumenten. Bei solchen tiefgehenden Einblicken in die Konsumentenseele handelt es sich um sogenannte Consumer Insights, um den wirklichen Blick in Menschen und in deren Motive hinein (Marketing.ch, 2021).

Menschen bis ins Mark kennen.
Im Marketing gibt man sich nicht mit oberflächlichen oder einfach zu recherchierenden Informationen zu Zielgruppen zufrieden. Marketing will und muss Menschen durch und durch, bis ins kleinste Detail durchleuchten und kennen. Dies Wissen über das Verhalten, die Bedürfnisse, Gewohnheiten, Überzeugungen, Einstellungen, Werte,

Motive und Erwartungen von Menschen ist einer der entscheidenden Erfolgsfaktoren im Marketing. Deshalb konzentriert sich mittlerweile jedes namhafte Unternehmen darauf, nicht nur mehr, sondern vielmehr wirklich und restlos alles über Zielgruppen zu erfahren – und so Consumer Insights zu gewinnen und zu nutzen (Horizont.net, 2012). Consumer Insights gehen dabei weit über einfache Recherchen zu menschlichen Zielgruppen hinaus (Abb. 13).

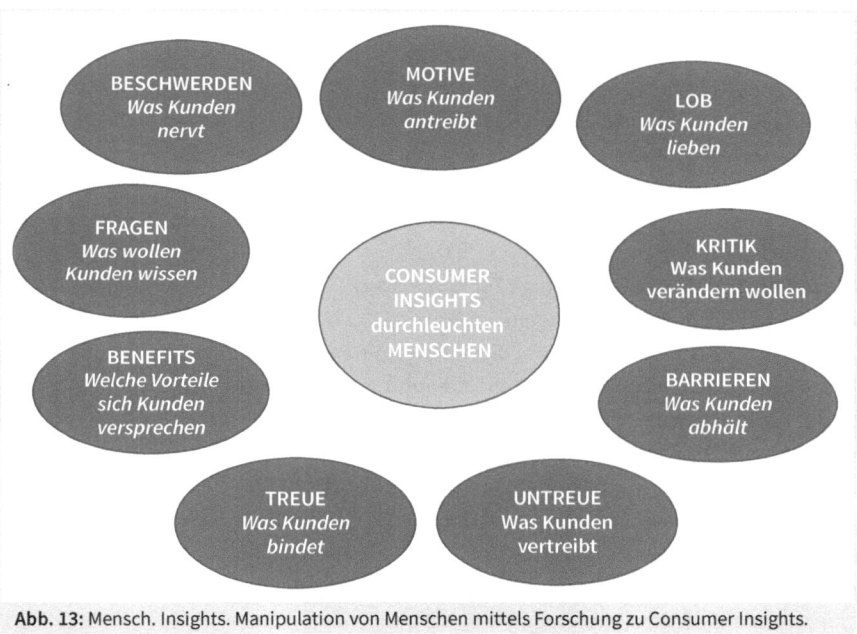

Abb. 13: Mensch. Insights. Manipulation von Menschen mittels Forschung zu Consumer Insights.

Consumer Insights sind der Zugang zu dem Inneren von Konsumentinnen. Sie spiegeln die sogenannte Wahrheit über die inner(st)en Beweggründe wider, warum Marken gekauft und geliebt werden. Schauen wir uns den Insight der Produktkategorie Selbstbräuner an: Offensichtlich nutzen Verbraucher dieses Produkt, um braun zu sein beziehungsweise zu wirken. Was hinter der Nutzung dieses Produktes liegt, sind aber vielmehr die deutlich unbewusst liegenderen Motive wie attraktiv sein, jugendlich wirken und vital erscheinen – ohne schädliches Sonnen(bank)bad.

Mensch als Herdentier mit eigener Meinung.
Beliebt zum Gewinnen von Insights sind Gruppendiskussionen (Foerster, 2016). Dabei diskutiert rund ein Dutzend Menschen ein vorgegebenes Thema und erlaubt so tiefer gehende Einblicke in die diskutierte Thematik. Diese Methode erfreut sich (zu Recht) großer Beliebtheit, da hier echte Menschen zu Marken ihre Meinungen austauschen. Dabei kommt es mal zu großer Einigkeit und ein anderes Mal zu durchaus kontroversen Gesprächen, wenn unterschiedliche Meinungen über Marken aufeinandertreffen.

Schauen wir uns solch eine Gruppendiskussion anhand des Beispiels Waschmittel an: Kunden von Waschmittelmarken, seien es Ariel, Persil oder Frosch, werden von genau den Unternehmen, die diese Waschmittel herstellen, durch ein Marktforschungsinstitut zu einem Gruppengespräch eingeladen. Solche Gespräche finden in extra dafür angemieteten Räumen statt, beispielsweise in einem Hotel oder in einem Co-Working-Space. Dort treffen völlig fremde Menschen aufeinander und sprechen darüber, was man von einem Waschmittel erwartet, wie man sich das ideale Waschmittel vorstellt und welche Marken besondere Vorteile oder Nachteile haben. Ein Moderator leitet diese Diskussion und fühlt den Teilnehmenden auf den Zahn, kitzelt alles aus ihnen heraus, was es aus Sicht der potenziellen Käuferinnen zu Waschmitteln zu sagen gibt. Die im Laufe einer solchen Gruppendiskussion identifizierten Erwartungen an das ideale Waschmittel sind dann die Basis für neue Angebote, neue Produkte und neue Werbekonzepte. Denn dieser sehr genaue Einblick in Menschen offenbart Perspektiven, an die eine oberflächliche Betrachtung von Zielgruppen gar nicht herankommen kann (Foerster, 2016).

Menschen und vertrauenswürdige Technikmarken.
Ein Beispiel für mehr als gelungene Insights ist die bereits erwähnte Tech-Nick-Kampagne des Elektrohandels Saturn, die auf Konsumentenforschung und damit auf dem Wissen um die tiefgründigsten Wünsche (und Nöte) von Kundinnen beruht (Theiß, 2016). So kam es zum legendären Claim »Bei Technikfragen Tech-Nick fragen!«. Und woher kommt der entsprechende Insight, der nicht nur einen Einblick in Saturn-Kunden erlaubt, sondern das Manipulieren erst ermöglicht? Durch Gespräche mit Kunden und Konsumentinnen ließ sich erkennen, dass sich viele Kunden grundsätzlich technisch überfordert fühlen oder dies oft auch tatsächlich sind. Deswegen sehnen sie sich nach einem versierten und Sicherheit gebenden Verkäufer, der durch Know-how glänzt und auf dessen Empfehlung man sich (möglichst immer und felsenfest) verlassen kann. Die Zielgruppe sucht (zumindest im Tech-Bereich) nach »innerem Frieden«, sie möchte ein Ende der (Technik-)Unsicherheit. Und Saturn liefert genau das, verspricht Menschen zu befrieden und zu entstressen – eben durch einen prototypischen Idealverkäufer, dem man komplett vertrauen kann und der ganz einfach immer weiß, was zu tun ist. Tech-Nick schafft ein Happy End, wenn man als Kundin orientierungs- und planlos einen Saturn-Markt betritt, zweifelnd bis verzweifelt eine Lösung sucht und allein nicht zu finden vermag.

Menschen und kämpferische Pflegemarken.
Ein weiteres Beispiel für die erfolgreiche Nutzung von Insights ist die »Kampagne für echte Schönheit« der Körperpflegemarke Dove. Dove führte hierzu vor Jahren eine umfangreiche und internationale Marktforschungsstudie und Tausende von Umfragen durch – mit dem überraschenden, aber aus Marketingperspektive vielversprechenden Ergebnis, dass nur zwei Prozent der befragten Frauen sich selbst als schön bezeichnen würden (Weihser, 2015). Diese einzigartige und zugleich erschreckende Erkenntnis war und ist auch heute noch die Grundlage für die unverwechselbare Wer-

bekampagne und Marketingstrategie: »Was ist ›Schönheit‹?«. Im Rahmen dieser Kampagne verzichtet Dove seit Jahren auf (vermeintlich) perfekte Fotomodelle, sondern stellt natürliche Frauen quasi quer Beet mit all den (vermeintlichen) Makeln in den Vordergrund ihrer Kampagne. Denn der Insight zeigte, dass Frauen sich selbstbewusst und attraktiv fühlen wollen, ohne einem gängigen – und nebenbei völlig unrealistischen – Schönheitsideal entsprechen zu müssen. So verspricht Dove Frauen und mittlerweile auch Männern beziehungsweise genderübergreifend ihre ganz individuelle und wahre Schönheit.

FAZIT. Insights gehen in die Tiefe, kratzen nicht an Oberflächen.
Insights sind das Gegenteil von oberflächlich. Insights gehen in die Tiefe. Gewinnbringende Insights erlangt das Markenmanagement nur durch tiefgehende Blicke in die Psyche von Zielgruppen, um ein entsprechend hinterfragendes Verständnis von Menschen und Zielgruppen, Konsumentinnen und Kund:innen zu schaffen. Insights zeigen Bedürfnisse, die Menschen bewegen und identifizieren Probleme, die Menschen unbedingt lösen wollen (»Ich will glänzendes Haar« – mit Gliss Kur) bzw. müssen (»Ich will mein Haar nicht verlieren« – mit Alpecin). Insights decken Motive auf, die Menschen in die Arme von Marken treiben (»Ich will Spaß beim Naschen« – mit OREO-Keksen). Wie Insights in der Praxis funktionieren, ist im Folgenden anhand von Best-Practice-Beispielen zu sehen. nutella, Pampers und Snickers sind insightgetrieben at its best.

3.6 Marken als Menschenkenner

Ein Blick auf Marken, die die Motive ihrer Zielgruppen mittels Marktforschung genauestens analysieren, gekonnt mit den daraus abgeleiteten Insights spielen und aufgrund professioneller tiefenpsychologischer Forschung das Innerste von Menschen kennen, zeigt, wie sich Insights und Personas im Erfolg von Marken widerspiegeln.

3.6.1 NUTELLA – der Garant für Familienfrieden

Oder: Kein nutella ist auch keine Lösung.
Endlich Wochenende. Endlich Sonntag. Endlich Zeit für die Familie. Denkt sich Laura – Familienoberhäuptin des Schulze-Clans aus Osnabrück. Die Schulzes, das sind die Managerin der Familie (aka Mama), Papa Clemens, Tochter Mia (in vollendeter Pubertätsblüte und daher alles hinterfragend und immer sinnsuchend) und Sohn Max (aka Maximilian, präpubertär und noch recht anschmiegsam und kuschelfreudig).

nutella bringt die Familie an den Tisch.
Clemens sitzt bereits am sonntäglichen Frühstückstisch – zufrieden fühlt er die Good Vibrations der bevorstehenden Frühstückszeremonie, die das Familienglück doku-

mentiert und zementiert. Max daddelt an der Playstation, hat aber plötzlich Kohldampf und schlurft zum Frühstückstisch. Mia hingegen ist noch in den Höhen (und Tiefen) von Instagram abgetaucht, zu ihr dringt Laura nur mit mehreren dezibelgeschwängerten und eindringlichen Rufen durch – schließlich gibt es andere Prioritäten im Leben eines Teenagers als das familiäre Frühstück. Aber am besagten Frühstückstisch sind alle gleich, empfinden alle gleich: Man sehnt sich nach Friede, Freude und – nein, nicht nach Eierkuchen – nach, na klar, nutella. Denn für nutella gibt es immer und für jeden einen Grund. Und nutella findet zu jedem seinen Weg.

Paps & nutella – denn Paps labt sich an seiner Vorzeigefamilie.
Für Clemens ist nutella ein Escape-Room. Dank der Nuss-Nougat-Creme erlebt er das leider viel zu seltene, meist nur am Wochenende oder im Urlaub zelebrierte Familienglück – und zwar am Frühstückstisch. Zudem erlebt Clemens durch und mit nutella einen Miniausflug in seine eigene Kindheit und Vergangenheit. Als alles noch sorglos, bedenkenlos, gedankenlos und manchmal auch politisch nicht korrekt und Palmöl noch kein Grundsatzthema war. Clemens ist nutella daher aus vielerlei Gründen zu Dankbarkeit und auch zu Treue verpflichtet, denn mit nutella sind alle zufrieden, satt und (endlich mal) ruhig.

Kids & nutella – denn Kinder wollen Kind sein und bleiben.
Für Max hingegen ist nutella ein ganz selbstverständlicher Bestandteil seines Daseins und seiner Kindheit. So wie Wasser aus dem Wasserhahn kommt und immer Freunde zum Spielen da sind, so gehört nutella zu einem (perfekten) Frühstück. Und manchmal, wenn das Leben einem kleinen Jungen allzu übel und bitter mitspielt, gibt es die Süße von nutella auch mal direkt aus dem Glas.

Teens & nutella – denn Teenager üben sich im Spagat zwischen Erwachsenwerden und Kindbleiben.
Mia sieht das natürlich ganz anders, schließlich ist sie mit ihren 14 Jahren schon fast erwachsen – denkt sie, fühlt sie. Nur bei beziehungsweise wegen nutella lässt sie sich gelegentlich in die Niederungen der Kindheit herab, denen sie eigentlich schon längst entwachsen ist. Denn nutella bietet ihr einen erlaubten Schritt zurück in die Kindheit, von der sie sich sonst so unbedingt lossagen will. nutella bietet ihr die einzigartige Möglichkeit zum Sich-Fallenlassen, nach der sie sich angesichts der gewünschten, sich aber als recht schwierig erweisenden Phase des Erwachsenwerdens so unbeschreiblich sehnt. Mit nutella darf sie für einen Moment wieder Kind sein, sodass Instagram und Co. zumindest für kurze Zeit vergessen sind.

Mum & nutella – denn Mum braucht keinen weiteren Stress.
Und was verspricht sich Laura von nutella? Laura will einfach nur Frieden oder schlicht gesagt ihre Ruhe. Als sogenannte und selbsternannte Familienmanagerin und (zumindest bislang nicht offiziell ernanntes) Familienoberhaupt liegt eine anstrengende Wo-

che hinter und eine stressige vor ihr. Sie sehnt sich nach etwas Ruhe – oder zumindest nach möglichst wenig neuen Baustellen in ihrem Leben. Und genau dafür ist nutella ein Garant. nutella als Garantieversprechen für Ruhe und Zufriedenheit. nutella als das Stopschild für jegliche Maulerei am Frühstückstisch. Alle sind zufrieden, keiner hat was zu meckern, solange es nutella gibt.

Kein nutella bedeutet Krieg.
Und wenn gerade an diesem Sonntag die Nuss-Nougat-Creme alle wäre und kein Ersatz (gibt es ihn überhaupt?) in Sicht? Das würde Unfrieden bedeuten. Oder besser gesagt: Sturm im leeren Nutellaglas, vollendete Nölerei. Kein Eskapismus in die Kindheit ist möglich, kein Rückzug in die Ruhe. Heute nicht. Für keinen und keine der Schulzes.

nutella steht für zuckersüße Kindheit und bittersüßes Erwachsensein.
Ferrero weiß, wonach wir uns sehnen, was uns anregt und aufregt – und gleichzeitig, was uns ängstigt und verunsichert. Auf Basis dieses Wissens schafft das Unternehmen Marken, die unsere Bedürfnisse erfüllen und Ängste auflösen. Eine Marke wie nutella, die für Familienglück und Familienfrieden sorgt, die kleine Alltagsfluchten in eine zuckersüße Kindheit ermöglicht. Oder Marken wie Hanuta (die kleine Haselnusstafel als süßer Pausenbrotersatz für Zwischendurch), Duplo (als Langzeitgenuss – im Gegensatz zum Momentgenuss einer Praline), Rafaello (als leichte Alltagsflucht in karibische Traumwelten) oder Ferrero Küsschen (als zwischenmenschlicher Créateur von Freunden und Freundschaften). Und nutella ist der Superstar im Glas und auf jedem Frühstückstisch.

nutella ist der Gladiator in der Nuss-Nougat-Manege.
Was macht nutella als Marke, die uns beeinflusst, aus – wie manipuliert uns diese Marke? Wie schafft sie es jeden Tag auf unseren Frühstückstisch, wie unablässig in unser Gedächtnis, wie in unseren Alltag? Obwohl es doch nahezu unendlich viele Alternativen gibt. Man könnte ja auch Marmelade, Honig oder (total verrückt) eine andere Nuss-Nougat-Creme essen. Aber Alternativen wie (das so gar nicht sexy wirkende) Nusspli oder (schlimmer noch) Nutoka wirken dabei immer nur wie preiswertere, unzureichende und minderwertige Möchtegern-Nutellas. Denn Nusspli und Nutoka verstehen uns Menschen einfach nicht. Sie haben sich nicht mit unseren Sehnsüchten und Sorgen beschäftigt, haben kein wirkliches Verständnis für uns und können daher auch keinen unserer Wünsche erfüllen. Wünsche an die Marke, die da beispielsweise wären kleine Fluchten, Familienfrieden und Freu(n)de, Kindsein und Kindlichkeit, Unantastbarkeit und Unterstützung.

nutella = FLUCHT – präsentiert sich als (kleines) Entkommen aus dem Alltag.
Wenn sich bereits morgens die Routinen und Pflichten des Alltags als Drohgebärde am Frühstückstisch aufbauen, zeigt sich mit nutella ein (kleines) Licht am Horizont, das eben auch dieser (beziehungsweise jeder) Tag letztlich gut oder zumindest nicht so schlimm wird.

nutella = FRIEDEN – bietet die Aussicht auf Ruhe und Familienglück.
Wenn (insbesondere aufgrund Pubertät & Co.) der Haussegen schief hängt beziehungsweise der Familienfrieden gefährdet ist, zeigt sich nutella idealerweise als Friedensbringer, als Friedensstifter, als Mitglied der Familie, das am Küchentisch sitzt und alle miteinander vereint und eben einen Hauch von friedvoller Stimmung schafft.

nutella = KINDLICHKEIT – steht für Kindheit und Kind sein dürfen.
Wenn sich das Erwachsensein oder das Erwachsenwerden mit allen Höhen und Tiefen offenbart, zeigt sich nutella als Verbündeter aus Kindheitstagen oder als einzigartige Chance, sich in die Kindheit zurück zu beamen, in das Zeit- und Lebensalter, in dem Sorglosigkeit und grenzenlose Naivität herrsch(t)en. Und wenn mit den ersten Einblicken in die wirkliche Welt der Erwachsenen mindestens einiges oder sogar vieles hinterfragt werden muss, wenn eben nicht mehr alles selbstverständlich ist, garantiert nutella eine erlaubte Pause von all diesen Unsicherheiten.

nutella = UNANTASTBARKEIT – ist eine nahezu heilige Institution.
Wenn noch nichts hinterfragt, gerechtfertigt oder erklärt werden muss, wenn nahezu alles (noch) einfach und selbstverständlich ist (und nicht nur scheint), gibt es keinen Zweifel an festen Konstanten im Leben, nutella gehört einfach dazu. Warum sollte das anders ein?!

nutella = UNTERSTÜTZUNG – funktioniert als Assistent und Alltagshelfer.
Wenn die To-do-Liste des Familienmanagements immer länger und länger wird, garantiert nutella (zumindest am Anfang des Tages und wenigstens am Frühstückstisch) weniger Stress und weniger Baustellen.

nutella macht den Tag.
nutella gibt als Marke die Garantie für einen wahrhaft guten Tag und letztlich für ein gelungenes Leben. Solange nutella den Morgen mitgestalten darf, kann ganz einfach nichts mehr schiefgehen.

nutella ist die eierlegende Wollmilchsau auf dem Frühstückstisch.
nutella ist ein Problemlöser oder vielmehr ein Problemverhinderer, zu nutella gibt es keine Diskussionen. nutella vereint Geschmäcker, Generationen und Geschlechter.

FAZIT. Familienfriedenförderer nutella.
Fassen wir es zusammen: nutella ist ein festes Mitglied der Familie und der Star auf dem Frühstückstisch, sorgt dort für Glück und Zufriedenheit, verhindert Streit und kommt, direkt aus dem Glas, auch mal als Extremsnack für Zwischendurch zum Einsatz (Abb. 14).

> **Insights zum Heilsbringer NUTELLA**
>
> Alltags-Assistent
> Alltags-Flucht-Helfer
>
> **Familien-Glück**
> **Familien-Mitglied**
>
> Guter-Tag-Garantie
> Gelungenes-Leben-Starter
>
> **Eierlegende Wollmilchsau**
> **Selbstverständlichkeits-Garant**
>
> Problem-Verhinderer
> Nichts-Kann-Schiefgehen-Versicherer

Abb. 14: Marken. Insights. Das Marken-Innenleben der Heilsbringermarke nutella.

3.6.2 PAMPERS – die Superpower von Mamas und Papas

Oder: Kompromisslose Ansprüche an Elternsein und Kindeswohl.
Anne ist frischgebackene Mama von Leon. Leon ist ein Wunschkind, er war geplant, so wie alles bei Anne geplant ist. Ob Familie, Freunde oder Freizeit, ob Kind oder Karriere, Anne liebt To-do-Listen und Bucket Lists, sie mag es gern geordnet. All das bietet ihr Sicherheit und Orientierung, gibt ihrem Leben eine Guideline, ist Weg und Ziel zugleich. Und dieses Sicherheitskonstrukt muss ab sofort auch in Leons Kosmos gegeben sein.

Manchmal allerdings wird aus diesem Gerüst ein unbequemes Korsett – all die Deadlines und Timings, soziale Erwartungen und Erwünschtheit, Normen und Regeln –, das von Anne aber schwer abzulegen ist. Sie ist nicht in der Lage, sich von gesellschaftlichen Zwängen und Erwartungen zu befreien. Gleichzeitig hat Anne große Ansprüche an sich selbst. Im Berufsleben hat sie bereits einige Erfolge verbuchen können. Ihre Karriere als Controllerin ist vielversprechend. Im Privatleben schätzt man sie vor allem als zuverlässiges Organisationstalent – ab und zu vielleicht etwas zu perfektionistisch und ein klein wenig unlocker-pedantisch.

Muttersein als Teil einer Erfolgsgeschichte.
All das spielt in Annes zukünftiges Muttersein hinein – ihre Erfolgsgeschichte, ihr Sicherheitsbedürfnis und die Planbarkeit. Da wird nichts dem Zufall überlassen, denn

schließlich will sie in wirklich jeder Rolle perfekt und vorzeigbar sein. Und selbstverständlich auch als Mama makellos.

Wer und was also sind die Helferlein, die Anne in ihrer Rolle als Mutter unterstützen dürfen? Welche »Instrumente« sind es in Annes Augen Wert, ihr im Aufziehen und Behüten von Leon zur Seite zu stehen? Natürlich die perfekten Produkte und Marken mit einem tadellosen Ruf und mit den allerbesten Testergebnissen.

Windeln als Helfer und Stütze des Erfolges.
Und da kommt Pampers ins Spiel. Die Windel, ohne Wenn und Aber, für Mütter und Väter, die keine Kompromisse machen. Die Windel, die Anne nicht nur als gute, sondern als perfekte Mutter auszeichnet. Die Windel, mit der man keine Fehler macht, und die sowohl Mutter als auch Kind im wahrsten Sinne des Wortes in Sicherheit wiegt. Mit Pampers macht man eben nie etwas falsch, sondern immer alles richtig. Nie und nimmer käme man auf die Idee, ausgerechnet bei Windeln zu sparen oder Experimente mit neuen beziehungsweise No-name-Marken zu wagen – denn die Aussicht auf einen wunden Baby-Popo, auf durchweinte und schlaflose Nächte sowie auf Kritik von Mann, Schwiegermutter, Freundin oder Nachbarin möchte Anne sich unbedingt ersparen.

Dank Pampers muss sich Anne um nichts sorgen und kann ruhigen Gewissens einen Punkt auf ihrer To-do-Liste streichen. Dank Pampers sind Leons Popo und Annes Ruf sicher.

Pampers ist der Hero der Höschenwindeln.
In nahezu jeder Kategorie von Produkten gibt es einen Hero – bei Energy Drinks Red Bull, bei Waschmitteln Persil und bei Windeln eben Pampers. Doch wie wird man zu einem solchen Hero? Auf teils sehr unterschiedlichen Wegen: Marken werden, sind und bleiben beliebt und begehrt, weil sie wirklich etwas können, weil sie Leistung bringen und sie ganz bestimmte Bedürfnisse befriedigen, was sonst keine andere Marke kann. Sie leisten etwas, was andere Marken schlichtweg nicht können. Oder weil sie von Generation zu Generation weitergegeben werden, zum Leben und zur Familie dazugehören. Marken wie Persil und Pampers sind familiengeeicht, mehr als eine Generation hat mit ihnen Erfolge gefeiert, wurde von ihr nicht im Stich gelassen, was wiederum von Generation zu Generation weitergetragen, beobachtet und erlebt wurde. Marken wie Persil und Pampers sind die Benchmark ihrer Kategorie von Problemlösern des Alltags. Mit ihnen schwebt stets ein gefühltes Güte- und Vertrauenssiegel á la Stiftung Warentest über der Marke. Folgende Aspekte, besser noch Botschaften, sprechen für den jahrzehntelangen Erfolg von Pampers – immer begleitet von überzeugenden und stringenten Kommunikationsstrategien.

3.6 Marken als Menschenkenner

Pampers performt als Baldrian.
Mutter- und Vatersein bringen viele Herausforderungen mit sich. Das bisherige Leben wird einmal ordentlich durchgerüttelt, mit einem Kind ist nichts mehr, wie es war. Und eine diese Veränderungen ist die Nachtruhe. Sah das Leben vor dem ersten Kind noch so aus, dass man frei bestimmen konnte, wie viel und wann man schläft, so ist diese Selbstbestimmung vorerst vorbei. Alles dreht sich jetzt um den neuen Erdenbürger, selbstverständlich auch der Schlaf. Da ist es eine Wohltat, auf das bewährte Schlafmittel Pampers, das sich als simple Windel tarnt, zurückgreifen zu können. Pampers verspricht ruhige Nächte für alle und damit auch stressfreie Tage. Mit einer anderen Windel könnte man da nicht so sicher sein (meint man zumindest).

Pampers ist der Garant für Sorglosigkeit.
Elternschaft bringt aber auch so manche Unsicherheit Sorge mit sich. Man sorgt sich um das Wohl des neuen Lebens, das vollends abhängig von einem selbst ist. Man will nur das Beste für sein Kind – und das so unbedingt. Das betrifft natürlich auch die Gesundheit und Schmerzfreiheit, zu der auch ein gesunder, weicher Kinderpopo gehört, der nicht wund, rot oder rau sein soll. Als Schutzschild betritt genau hier Pampers die Bühne, wirft sich in Positur als Verteidiger gesunder Babyhaut. Eine große Sorge weniger für Mama und Papa.

Pampers macht Mama und Papa zu Siegern.
Als Mutter und Vater steht man unter Beobachtung und man steht in Wettbewerb. Beobachtet wird man bewusst oder unbewusst von den eigenen Eltern (insbesondere von den frischgebackenen Großmüttern), von Geschwistern (wenn diese selbst schon Kinder haben, fungieren sie als Juroren der Elterntauglichkeit) und vom Freundeskreis (der die neuen Eltern in ihrer neuen Lebensphase ebenso wohlwollend wie kritisch beäugt). Der Wettbewerb wiederum findet in der Krabbelgruppe und Kita statt. Als junge, unerfahrene Eltern will und muss man alles richtig machen, und das sofort, ab dem ersten Schrei des Babys. Da werden Mütter nicht unbedingt zu Hyänen, wohl aber zu Konkurrentinnen, zu Kämpferinnen um den Preis »Die beste Mutter des Jahres, die Beste dieser Kita«. Man tauscht zwar Tipps aus, gibt einander Ratschläge, aber letzten Endes möchte man auch in diesem Bereich des Lebens schlichtweg besser sein. Und mit Pampers kann man besser sein, ist man meistens besser. Pampers ist der Turbo in dieser Art von Elternwettkampf. Was das Superbenzin für das Auto ist (beziehungsweise war) oder die Vitamin-C-Pille für das Immunsystem, das ist Pampers für den elterlichen Fürsorgeruhm.

Pampers ist der kindliche Entwicklungshelfer.
Von Anfang an möchte man nur das Beste für sein Kind. Nichts soll ihm fehlen, an nichts soll es dem Kind mangeln. Und bereits zu diesem Zeitpunkt fängt die Planung

an, die Planung des »restlichen« Lebens des eigenen Kindes. In welche Kita soll es gehen, welche Schule besuchen, welche Freunde und Hobbys haben, welche Sportarten ausüben, welches Musikinstrument spielen? Die Voraussetzung für all diese Pläne und Lebensschritte ist eine glückliche und gesunde Kindheit. Und genau dafür sorgt Pampers von Anfang an. Pampers ist ein oder vielmehr der erste Baustein für ein gutes Leben und ein gelungenes Dasein.

Pampers = QUALIFIZIERUNG – performt als Gütesiegel für (un-)kritisierbare Eltern.
Wenn man Mama oder Papa wird und ist, steht man vor vielen Fragen und Entscheidungen. Man ist konfrontiert mit Besserwissern – mit Menschen, die meinen, schlauer zu sein und mehr Erfahrung zu haben als die frischgebackenen Eltern und mit Menschen, die es wirklich oder vermeintlich gut meinen mit Ratschlägen. Angesichts dieser Überforderung zeigt sich Pampers als vorausschauender Ratschlag-Abwehrspieler, der jegliche Einmischung in das eigene Verständnis des Elternseins verhindert. Pampers erstickt jede Diskussion bereits im Keim. Denn wer Pampers nutzt, macht alles richtig.

Pampers = VOLLKOMMENHEIT – präsentiert sich als prophylaktischer Retter von Mama, Papa, Kind.
Wenn die Nächte kurz sind, die Nerven angespannt und der Kinderpo wund, wenn genau das Realität oder auch nur Albtraum ist, dann zeigt sich Pampers als Vollrundumschutz-Versicherung und All-inclusive-Paket mit der Kompetenz sowohl für Schlaf zu sorgen, als auch die Nerven von Mama und Papa zu entlasten und die Kinderhaut vor jeglicher Unbill zu schützen. Wer Pampers nutzt, hat keine Sorgen. Wenn nachhaltige(re), preiswerte(re) oder schlichtweg bessere Windel-Alternativen locken oder auch nur verwirren, zeigt Pampers seine Stärke als Platzhirsch und Must-have, ohne das man sich in der Kita, Krabbelgruppe oder bei der Schwiegermama gar nicht erst blicken lassen muss. Wer Pampers nutzt, gehört zum Club der unantastbaren Windelkönner und Kinderkenner.

Pampers = PERFEKTION – ist Klassenbester, Streber und Vorbild in einem.
Und wenn die Lebensphase, in der man sich mit dem Zweitbesten zufriedengab oder mit Trial & Error begnügte, mit einem Mal vorbei ist, weil man als Eltern Verantwortung trägt und unter Beobachtung steht, zeigt sich Pampers als vertrauensvoller Stiftung-Warentest-Sieger, der nicht nur Trockenheit, sondern auch Entspannung und Harmonie verspricht – und dieses Versprechen auch zu halten vermag. Wer Pampers nutzt, darf sich das Fräulein Rottenmeier der Babywelt nennen.

Pampers = TROCKENHEIT – ist die Sahelzone im Pipidelta.
Wenn Feuchtigkeit und Nässe, empfindsame und empfindliche Haut, Röte und Reizungen nicht nur dem kleinsten Kind, sondern auch den Eltern zu schaffen machen, zeigt Pampers, dass es auch anders geht – wo Alternativen im Angesicht von mal mehr, mal

weniger Urin klein beigeben, aufgeben oder keine Hoffnung geben, macht Pampers allem, was auch nur annähernd feucht und zugleich bedrohlich sein könnte, den absoluten Garaus. Wer Pampers nutzt, ist auf dem Trockendock.

Pampers – Gemeinsam verbessern wir die Welt unserer Babys.
Pampers steht als Garant für Sicherheit und Unfehlbarkeit im Mutter-Vater-Eltern-Dasein. Wer das perfekte Umsorgtsein für sein Kind und ruhige Nächte sowie entspannte Tage für sich selbst als das Nonplusultra betrachtet, kommt an der Marke nicht vorbei. Wenn Pampers im Spiel ist, geht es dem Gesäß des Kindes und somit auch dem Geist der Eltern gut.

Pampers ist die Garantie für das Alles-gut-Wohlgefühl.
Pampers ist die Grundlage für eine gute und gesunde Kindheit, die Basis für ein gelungenes Familienleben, die Keimzelle für eine entspannte Elternschaft. Pampers ist das (vermeintlich) Beste für die Physis von Kindern und die Psyche von Eltern.

FAZIT. Mit Pampers gegen den Rest der Welt.
So wie Muttermilch für das Immunsystem unerlässlich ist, so ist Pampers für den Kinderkörper unverzichtbar (Abb. 15). Pampers gibt die Garantie für ein Alles-gut-Wohlgefühl. Pampers ist als Schlafermöglicher für Eltern und Kind sowie als Allheilmittel gegenüber sämtlichen Widrigkeiten, die einem Baby wiederfahren können, die Grundlage für eine gute und gesunde Kindheit, die Basis für ein gelungenes Familienleben, die Keimzelle für eine entspannte Elternschaft. Pampers ist das Beste für die Physis von Kindern und die Psyche der Eltern.

Insights zum Popo-Retter PAMPERS

Erfolgsgeschichte
SuperpPower für Eltern

Organisation
Perfektion für Hinte(r)n

Korsett
Gerüst für den Alltag

Planbarkeit
Sicherheit für Familien

Sorglosigkeit
Schlafmittel für Mama, Papa, Kind

Abb. 15: Marken. Insights. Das Marken-Innenleben der Popo-Retter-Marke Pampers.

3.6.3 SNICKERS – das Wurstbrot im Schokoladenformat

Oder: Es muss nicht immer Wurst sein, manchmal hilft auch Erdnuss.

Ureigene Bedürfnisse passen nur bedingt zum Hipster-Dasein.
Sven hat Hunger. Bärenhunger. Und Unterzucker. Und Lust auf etwas zu Beißen. Zudem hatte er einen harten Tag – bisher. So wie eigentlich immer. Sven arbeitet als verantwortlicher IT-Entwickler in einem vielversprechenden Start-up und trägt Verantwortung – für sich, seinen Job, seine Karriereleiter, seine Zukunft und sein IT-Team. Er lebt in Berlin, Prenzlauer Berg, also genau da, wo man als Mitglied der Start-up- und Entrepreneur-Community zu leben und zu performen hat. Also trägt man nur Klamotten nachhaltig produzierter Marken, trinkt den Soja-Latte eben nicht bei Starbucks (weil viel zu Global-Player-mäßig und viel zu wenig sustanainable), sondern bei Emmas Kaffeeklatsch-Ecke, abonniert als Fußballfan von FC Union Berlin (weil Herta BSC oder der FC Bayern viel zu mainstreamig ist) selbstverständlich digital das Magazin »Elf Freunde« (weil der »Kicker« vollends proletig erscheint) und folgt »Fridays for Future (FfF) « auf Twitter (auch wenn man die Tweets selten wirklich liest und eigentlich FDP wählt).

Außen Hipster, innen Normalo.
So weit, so gut. Nur ist das wirklich Sven? Ursprünglich kommt er aus Kiel, hat Informatik studiert und ist eher zufällig in der hippen Start-up-Branche gelandet. Und kann, wenn er offen und ehrlich spricht, mit dem Hipster-Leben, das er als Szenemitglied bedienen muss, oft herzlich wenig anfangen. Denn eigentlich sind seine Lieblingsmarken Nike und Hilfiger, er mag Kaffee mit Milch und Zucker (ja, so wie auch seine Eltern ihn am liebsten trinken), gerne auch mal bei Mc Donald's (sorry, bei McCafé), freut sich, wenn er sich beim Arztbesuch im Wartezimmer in den »Kicker« vertiefen kann, ist tief im Inneren Werder Bremen verbunden und würde vermutlich nicht auf eine Demo gehen, ob von FfF oder wem auch immer. Aber all das schiebt er für (s)ein Instagramable-Dasein in Prenzlberg beiseite – mal leichthin, mal schweren Herzens.

Hunger ist stärker als Hipster.
Doch es gibt Momente, wo der echte Sven die Oberhand gewinnt. Und einer dieser Momente ist, wenn er großen Hunger hat. Da reicht keine Tuna Bowl, dann muss ein Burger her – nicht Veggie, sondern mit Fleisch und Pommes aus Kartoffeln, kein Süßkartoffelgedöns, und mit ordentlich zuckerhaltigem Ketchup. Aber da ist eben auch der kleinere Hunger. Ein Appetit, der Sven mehrmals täglich und urplötzlich überfällt, der sofort gestillt werden muss und der vollends nach dem Lustprinzip funktioniert. Ein Urtrieb, den man am besten mit etwas stillt, auf das man bedingungslos Lust hat. Und das ist bei Sven in solchen Fällen sehr, sehr gerne mal ein Salamibrötchen oder eine Tafel Schokolade, die ihm einen wundervoll energetischen Zuckerschub bringt. Und am besten mit Nuss, da hat Mann etwas zu beißen.

Sein oder Nichtsein, Sein oder Schein. Das sind die Fragen beim Hungerstillen.
Wenn es soweit ist, steht ein Sven demnach verständlicherweise vor der Frage: Leid oder Lust? Fake oder Fun. Entscheidet er sich für vorzeigbare und szenetaugliche Snacks und Hungerstiller wie Bio-Müsliriegel und Tofu Bowl oder für die Klassiker Brötchen, Schokolade und Co.? Eine simple Frage, eine schier unlösbare Aufgabe. Denn ein eher prolliges Wurstbrötchen ist imagemäßig weder vorzeig- noch tragbar und Schokolade weder praktisch, noch handlich, noch männlich, noch wirklich sättigend – und ganz einfach nicht wirklich etwas zum Beißen.

Snickers als kernige Lösung aus dem Hungerdilemma.
Und jetzt kommt Snickers ins Spiel. Denn Snickers bietet einem Sven so einiges, oder vielmehr so unendlich viel: Sven braucht einen Hungerstiller, der immer verfügbar ist und in jede (noch so kleine) Tasche passt. Sven braucht es praktisch, ohne Aufwand, perfekt verpackt und idealerweise bissweise portioniert. Er braucht einen hygienischen Hungerstiller, der keinen Umstand und auch keinen Dreck macht – einen, der insbesondere im Vergleich zum, ähnlich verführerischen, belegten, aber schnell durchweichten Brötchen der Sieger ist. Sven will würzig und süß, also eigentlich Wurstbrötchen mit Schokolade, und er will es knackig, im Gegensatz zu schmelziger Schokolade. Er verlangt nach einem Hungerstiller, der nicht (so leicht) die Form und Fassung verliert, sich nicht verbiegt und standhaft bleibt. Sven sucht einen Hungerstiller, der nichts mit dem Alltagsflucht-Genuss von Schokolade zu tun hat, sondern einen mit klarer Kante, der ein Bekenntnis ist zu (sozial akzeptierter und politisch einigermaßen korrekter) Männlichkeit, Pragmatismus, Effizienz und letzten Endes Anti-Hipstertum. Also landet er bei Snickers.

Wenn man sich plötzlich mit einer Orgie der Gelüste konfrontiert sieht, wenn man gleichzeitig Lust auf Süßes und Würziges, Weiches und Kerniges hat, dann ist Snickers die sogenannte Quadratur des Kreises. Snickers bietet für diese Menage unterschiedlicher Gelüste eine kompatible Lösung, die alle möglichen Gegensätze für den Moment fried- und lustvoll vereint.

Snickers ist geschmeidig gelebte Gegensätzlichkeit.
Selbst beim Snacken muss man sich heutzutage seiner Außenwirkung bewusst sein, auch Snacker performen – denn heutzutage ist alles instagramable und judgeable. Sven muss sich darüber im Klaren sein, dass er bei allem, was er tut und nicht tut, unter Beobachtung steht. Vor diesem Hintergrund ist Hunger zwar erlaubt, weil unvermeidlich, aber wie er damit umgeht – das steht auf einem anderen Blatt. Auch wenn man hungrig ist, muss das Stillen des Hungers und des dahinterliegenden Verlangens gewissen Ansprüchen genügen. Und sogar simple Snacks müssen Standards hinsichtlich öffentlicher Vorzeigbarkeit, gesellschaftlicher Verträglichkeit und sozialer Akzeptanz entsprechen. Snickers vereint diese vermeintlichen und doch so realen Kontraste in menschlichen Bedürfnissen und Trieben.

Fettige Wurstbrotfinger oder klebrig-verschmierte Schokoladenhände: Das gibt es nicht mit Snickers. Und zudem ist das Ding mit maximal zwei bis drei Bissen weg, vernichtet, dem Erdboden gleichgemacht. Es ist eben weg, genauso wie der Hunger. Wenn man es nicht allzu ungeschickt anstellt, bekommt es kaum einer mit, dass man eben von der menschlichen Schwäche Hunger heimgesucht wurde und dieser den Garaus gemacht hat.

Die Alternativen zu Snickers sind vielfältig und verführerisch. Aber letztlich gilt auch hier: Es kann nur einen geben. Denn die Konkurrenten in der Schokoriegelwelt wie Mars (der als pure Energie getarnte Zuckerschock), Bounty (der Karibiktraum im Riegelformat), Twix (der Ich-will-alles-Möglichmacher von Keks und Karamel), Milky Way (der Kindheitsriegel, für den man keine Zähne braucht) oder Balisto (der Müsli-Fake in Schokohülle) erfüllen komplett andere Wünsche als Snickers.

Snickers = RITTERLICHKEIT – präsentiert sich als Retter in der alltäglichen Hungernot.
Wenn man den Hunger zuerst nicht erkannt, danach verdrängt und später unterdrückt hat, wartet Snickers auf seinen Moment. Es lauert, wenn der Appetit urplötzlich kommt und die Unterzuckerung der stärkste Gegner ist. Snickers stellt keine Ansprüche an Besteck oder Benehmen, kommt einem unkompliziert und pragmatisch als Happen entgegen. Wenn die Wünsche und Triebe vielfältig sind, hat Snickers sehr viel zu bieten: Es ist handlich, immer verfügbar, passt in jede (noch so kleine) Tasche oder Schublade. Und es ist so verdammt praktisch – verpackt und portioniert.

Snickers = ÄSTHETIK – zeigt sich als Sauberriegel und macht keinen Umstand.
Wenn das belegte Brötchen vor allem einen Kampf gegen schmelzende Butter, fettige Salami, nässende Tomatenscheiben und labbrige Salatblätter verspricht, wenn ein süßes Teilchen zwar Kaffeeklatsch-Atmosphäre zu verbreiten vermag, zugleich aber Klebefinger liefert oder wenn Schokolade zwar verführerisch lockt, aber verdammt schnell schmilzt, sich verbiegt und einfach zu viel von allem ist (zu viel an Menge, zu viel an Süße, zu viel an erlaubtem Alltagsluxus) – dann kommt der Moment von Snickers als Lieferant und Garant von Hygiene und Ästhetik.

Snickers = WIDERSTAND – man zeigt sich als Kämpfer, der Essen mit seinen Zähnen zermalmt.
Wenn man seine Zähne hungergetrieben in etwas hineinschlagen will (anstelle von schmelzig-verweichlichtem Genuss) und einem nach gustatorischer Konfrontation im Mund der Sinn steht, zeigt Snickers klare Kante durch Würze und durch Biss. Es bietet Widerstand durch die im wahrsten Sinne des Wortes harte Nuss, die es zu knacken gilt. Snickers muss man sich erarbeiten. Es hilft dem Spannungsabbau und ist ein Workout für den Kiefer. Snickers ist eine Essmission, die man erfüllen muss. Dieser Schokoriegel ist zwar für das schnelle Zwischendurch gedacht, ist aber nichts für Weicheier.

Snickers ist ein Bekenntnis zu männlichem Hunger (nach Schokolade), eine Antwort auf den maskulinen Anspruch auf Härte und so die erlaubte Süße für echte Kerle.

Snickers = Du bist nicht du, wenn du Hunger hast.
Snickers verhindert deine Verwandlung zum Hulk, zum unausstehlichen Monster. Der Claim drückt es meisterhaft aus, denn man ist durchaus komplett anders, wenn man Hunger hat. Und wir alle kennen das Gefühl, wenn wir grantig, reizbar und unleidlich werden, weil der Hunger uns gepackt hat. Wer hat noch nicht Sätze in besorgt bis genervtem Tonfall gehört wie »Ich glaube, du solltest schnell mal was essen, du bist ja ungenießbar« oder »Was hast du denn für eine Laune? Bist du unterzuckert?«. Mit Snickers entkommen wir dieser Gefahr, bleiben wir der Schöne – und mutieren nicht zum Biest.

FAZIT. Wunderwaffe Snickers.
Snickers ist der omnipotente Dilemma-Auflöser und Hungershot, der eierlegende Wollmichriegel. Alleskönner (kann nichts besonders, aber (fast) alles ›irgendwie‹). Mit einem Snickers in der Tasche beziehungsweise zwischen den Zähnen und im Bauch erlebt man eine verfügbare Sicherheitsreserve, genießt ein würzig-kerniges Beißen und ein schokowohliges Sättigungsgefühl.

Es ist mittlerweile ein selbstverständliches Grundnahrungsmittel, wird anerkannt und geschätzt als Zwitter von belegtem Brötchen, süßem Teilchen und Tafelschokolade (Abb. 16). Snickers ist Lösung, wenn Schokolade zu soft, eine Stulle zu aufwendig und Kuchenteilchen zu klebrig sind. Snickers ist der pragmatische Hungerstiller für immer und überall.

Insights zum Anti-Hulk SNICKERS

Die kernige Wurstbrot-Alternative
Die Antwort auf den Hunger-Hulk

Die praktischere Tafelschokolade
Das Süße Teilchen für die Tasche

Die Sicherheitsreserve-To Go
Der zahnige Biss-Faktor

Der Wohlige-Völligkeits-Förderer
Die Sofort-Fülle für den Bauch

Die Nahrungs-Selbstverständlichkeit
Das süße Grundnahrungsmittel

Abb. 16: Marken. Insights. Das Marken-Innenleben der Anti-Hulk-Marke Snickers.

Marken mit Psychokompetenz.

Für Markenmanager heißt das, sich an Markenvorbildern zu orientieren und von ihnen zu lernen, wie man Menschen zu verstehen lernt und dieses Verständnis in Kommunikation und Markenerfolg umsetzt – für Menschen zu erkennen, wie weit manche Marken bereits in sie und ihre Welt eingedrungen sind.

nutella, Pampers und Snickers zeigen, wie es geht. Sie haben Insights aufgegriffen und es so geschafft, den wunden Punkt oder sogar die wunden Punkte, denn bei nutella sind es gar mehrere, ihrer Zielgruppe zu identifizieren. Sie wissen, wo Menschen der Schuh drückt, wo die Zielgruppe verletzlich ist. Die Marken verhindern etwaige »Verletzungen« ihrer Zielgruppen vollkommen oder können diese wenigstens abmildern bis eventuell heilen. Marken mit einer derartigen Psychokompetenz wissen, was ihre Zielgruppe glücklich macht und so richtig nach vorne bringt. Diese Marken besitzen in den Augen ihrer Zielgruppen Zufriedenheits- und Glücklich-Mach-Potenzial, sie fungieren als verständnisvolle Heilsbringer angesichts kleiner und auch größerer Probleme (vom maulenden Teenager am Frühstückstisch bis zur geschundenen Babyhaut). So viel zum Überzeugen des Hirns durch das Geben von emotionalem und rationalem Futter. Wenn unser Hirn erfolgreich überzeugt ist, sollten im nächsten Schritt alle Herzensangelegenheiten angegangen werden – emotionale Schwerpunkte, die Menschen für Marken entflammen lassen.

4 Manipulation im Marketing.
Das Herz im Visier.

Kommen wir vom Hirn zum Herzen. Denn selbst wenn unser Verstand mit Vernunftsargumenten für eine Marke gewonnen werden konnte, müssen auch Herz und Gefühle überzeugt werden, um eine dauerhafte Bindung zwischen Mensch und Marke aufbauen zu können.

4.1 Gefühle im Gehirn.

Bei der Wahl von Marken sind wir zwar durch die rationalen Bereiche in unserem Hirn gesteuert, aber ebenso stark gelenkt durch unser »Herz«, also die Emotionen, die einem ganz anderen Teil des Gehirns entspringen. Dort sind gespeichert und entstehen unsere Bedürfnisse, die wir gegenüber Marken haben. Wir haben Ansprüche, inwiefern Marken uns das Leben erleichtern und uns im Alltag unterstützen sollten, um unsere Bedürfnisse zu befriedigen. Diese sind uns oft bewusst (»Ich will sportlicher, schlanker, attraktiver wirken«), wir können sie klar äußern. Andere hingegen sind eher unbewusst und treiben uns dennoch an (»Ich möchte unbedingt beliebter, begehrlicher sein«). Bedürfnisse sind unser Antrieb.

Emotionen führen zu Entscheidungen.
Die Herausforderung für Marketingexperten ist das Erkennen dieser Bedürfnisse und das Erfüllen dieser durch Marken (Schaper, 2012). Das Schaffen von Konsumpräferenzen durch das Beantworten und Befriedigen von Bedürfnissen durch Marken ist, vor allem auf der unbewussten und daher umso emotionaleren Ebene, einer der Stellhebel für all unsere Kaufentscheidungen.

Emotionen im Kopf – statt im Bauch.
Ein überaus anschauliches Modell, wie und wo Marken mittels Emotionen zu verorten sind, ist das sogenannte Limbische System (Nymphenburg.de, 2022). Die Limbic®-Map der Gruppe Nymphenburg ermöglicht Einblicke in emotional bedingte, (un-)bewusste Entscheidungsprozesse von Konsumentinnen, indem sie unbewusste Emotionen aufdeckt und Motive identifiziert, die unsere Kaufentscheidungen und unser Konsumverhalten maßgeblich beeinflussen. Dabei bedient sich das Marketing der wissenschaftlichen Erkenntnisse aus Psychologie, Physiologie und Neurologie, die annehmen, dass menschliches Handeln – und so auch unsere Entscheidungen für oder gegen Marken – durch Kategorien von Emotionen bestimmt sind, die sich im limbischen System des Gehirns bilden (Abb. 17). Die Verbindung von Bauch und Kopf, von Herz und Hirn macht die Limbic®-Map so vielversprechend für das Marketing. Denn das Marketing ist immer an allem interessiert, was das Herz und das Hirn der Zielgrup-

pen anspricht. Und diese Kombination von Herz und Hirn repräsentiert die Limbic® Map. So finden sich viele ihrer Anhänger unter anderem bei zahlreichen Konsumgüterherstellern, Automobilkonzernen, Handelsunternehmen sowie bei Banken und Versicherungen.

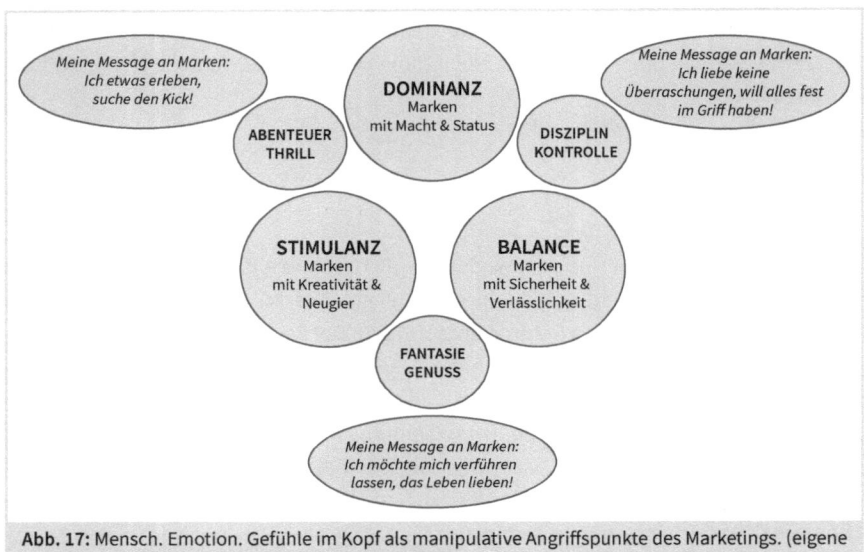

Abb. 17: Mensch. Emotion. Gefühle im Kopf als manipulative Angriffspunkte des Marketings. (eigene Darstellung in Anlehnung an Gruppe Nymphenburg)

Landkarte und Navigationssystem menschlicher Emotionen.
Die bildliche Darstellung der Limbic®-Map stellt die menschlichen Emotionen in Form einer Karte dar – quasi das Google Maps der Gefühle. Diese kennt zwar nicht vier Himmelsrichtungen, dafür aber drei Gefühlskategorien, nach die wir Menschen grundsätzlich fühlen und funktionieren. Im Rahmen dieser Kategorien lassen sich nicht nur alle Werte und Wünsche, sondern auch deren Beziehungen untereinander darstellen.

Balance – Gefühle im Gleichklang.
Die erste Kategorie ist die Balance und meint unser tiefstes und grundlegendes Bedürfnis nach Sicherheit und Stabilität. Wir streben nach Ordnung und Geborgenheit, während wir gleichzeitig alles daransetzen, jegliche Unsicherheit zu vermeiden. Angst ist unser Gegner, Unwägbarkeiten lehnen wir ab. Typische Marken, die uns Balance verschaffen beziehungsweise erkennen, dass wir Balance brauchen, sind Birkenstock (mit beiden Füßen fest auf dem Boden, da wackelt nichts – die Marke ist nicht einfach nur körperbewusst, sie ist der Fuß in Schuhform, fußiger als ein Fuß selbst), Kneipp (kein Chichi, alles im Einklang mit Körper und Natur – die Marke toppt alle anderen Körperpflegemarken, denn keiner kann mit einem Geistlichen, sprich: mit Pfarrer Kneipp, konkurrieren), Staatlich Fachingen (ein komplett unaufgeregtes Mineralwasser, das sich ohne Hype seinen Stammplatz in den Herzen erobert hat –

die Marke kommt unspektakulär daher, braucht keine aufregende Geschichte oder ein eigenes Lifestyle-Design, besticht und überzeugt durch unspektakuläre Reinheit mit dem Absender eines Heilbades), Alnatura (eine der ersten Marken im Bio-Food-Markt, der man hinsichtlich ihrer Beweggründe vertrauen kann – die Marke ist nicht auf einen Trend aufgesprungen, sondern hat den Bio- und Nachhaltigkeitstrend früher als andere erkannt und mitgestaltet). Auch die gesamte Versicherungsbranche lebt von diesem Streben nach Balance und Sicherheit. Denn Versicherungen schützen uns vor Ungleichgewicht durch reale oder auch nur befürchtete bis eingebildete Gefahren, sie bewahren uns vor Instabilität und Unsicherheit. Versicherungen geben einen Rückhalt für Zeiten, in denen womöglich nicht alles rund läuft, sie sind das Back-up des Lebens.

Dominanz – Jeder will Bestimmer sein.
Als Zweite betrachten wir die Emotionskategorie der Dominanz (Nymphenburg.de, 2022). Viele Menschen lieben es, (andere) zu dominieren. Sie lieben es, besser, erfolgreicher, mächtiger, attraktiver und schlauer als andere zu sein. Daher streben sie unentwegt nach verschiedenen Formen und Spielarten der Macht, gieren nach Status und nach einer ganz persönlichen Art von Autonomie. Sie wollen (und müssen) sich durchsetzen, um sich gut zu fühlen. Und zum Sich-gut-Fühlen gehört Selbstbestimmung dazu. Denn jegliche Art von Fremdbestimmung – und somit von Unterdrückung, d. h. etwas auf Anweisung oder Befehl hin, machen zu müssen – widerstrebt uns vom Inneren her zutiefst. Beispiele für Marken, die unser Dominanz-Streben erkannt haben und diesem mehr als willig entgegenkommen, sind Under Armour (eine Marke, die eindeutig für Blut-Schweiß-Tränen-Sport steht und eben nicht für »Weichei«-Pilates), Appolinaris (»The Queen of Table Waters« – wer kann da schon mithalten?!), Telekom (gehörte ursprünglich »irgendwie zu Deutschland« – und ist jetzt immerhin noch die Marke der Vernunft und des Vertrauens, wenn es um Telekommunikation geht) oder Allianz (»Hauptsache Allianz versichert« – dann kann man sich zurücklehnen, muss sich keine Sorgen machen, da man die Besten der Besten als Versicherer an seiner Seite weiß). Und auch nahezu die gesamte Luxusmarken-Branche funktioniert nach dem Dominanz-Prinzip. Denn schließlich bedeutet Luxus, sich von anderen abzuheben, mehr zu haben und irgendwie besser zu sein oder zu scheinen. Sei es der Luxuswagen oder die Luxushandtasche, die einen vor sich selbst beziehungsweise vor anderen besser dastehen lassen – zu sehen, wie der Nachbar oder die Kollegin vor Neid blass wird, ist für viele ein kostbares und köstliches Gefühl.

Stimulanz – der schmale Grad zwischen Abwechslung und Aufregung.
Neben Balance und Dominanz zählt die Kategorie der Stimulanz als dritter Emotionsraum, der uns antreibt (Nymphenburg.de, 2022). Viele von uns sehnen sich nach irgendeiner Art von Abenteuer, den kleinen oder großen Kicks im Leben. Das kann der Besuch in einem neuen Restaurant sein, der Wechsel der Turnschuhmarke oder Klippenspringen in Acapulco. Nennen wir es Abwechslung, etwas, was uns nicht aus

der Bahn wirft, uns aber anregt, neue Impulse gibt oder uns ganz einfach gut tut. Wir sprechen in diesem Zusammenhang auch von Belohnung. Denn wir empfinden Reize, die uns Abwechslung im Alltagstrott bieten, als belohnend für unsere Mühen und die Langeweile im Leben. Wir setzen alles daran, diese Langeweile unbedingt klein zu halten, zu verdrängen oder zu vermeiden.

Emotionsräume als Mischkalkulation.
Nun funktionieren unser Verstand und unsere Emotionen aber nicht in klar voneinander getrennten Territorien. Es gibt kein »Momentan ist das Hirnzentrum für Stimulanz aktiv« oder »Jetzt gerade wird nur der Bereich Dominanz angesprochen«. Meist sind zwei dieser Emotionssysteme gleichzeitig aktiv – und diese Überschneidungen werden im System der Limbic® Map eindeutig benannt: Die Schnittmenge von Stimulanz und Dominanz wird als der Emotionsbereich des Abenteuers klassifiziert, die Schnittmenge der Emotionen Stimulanz und Balance als Fantasie und die von Balance und Dominanz gehört zum Emotionsbereich der Disziplin.

Emotionssysteme und Gefühlsinseln, die uns für Marken entflammen lassen.
Markenmanagerinnen leiten daraus Insights und Strategien ab, wie bestimmte Zielgruppen hinsichtlich ihrer Emotionssysteme einzuordnen sind und wie diese Menschen im Hinblick auf Marken denken und fühlen. Denn die Emotionssysteme von Stimulanz, Dominanz und Balance prägen das Denken, Sprechen und auch das ästhetische Empfinden. Zielgruppen und Marken haben daher eine emotionale Heimat, die zum einen den Werten und Bedürfnissen, zum anderen den Ängsten und Befürchtungen der jeweiligen Zielgruppe entsprechen sollte. Erfolgreiche Marken identifizieren diese Emotionsheimat ihrer Zielgruppen und sprechen diese direkt an. Zielgruppen fühlen sich dadurch emotional von einer Marke abgeholt, die Marke scheint sie zu verstehen und Verständnis für sie zu haben. Menschen konzentrieren sich nicht nur auf den reinen Nutzen, die Funktion von Produkten oder von Dienstleistungen, sie springen vor allem auf den im wahrsten Sinne des Wortes gefühlten Nutzen von Marken an, auf das, was Marken an Emotionen versprechen. Coca-Cola beispielsweise verspricht nicht allein das Löschen von Durst, sondern verkauft gleichfalls gute Laune im Zusammensein mit Freunden und all das inklusive einer Prise US-Spirit (»The Land of the Free«). Erfolgreiche Marken erarbeiten sich einen festen Stammplatz im Hirn und im Herzen von Menschen, sie behaupten sich in deren Wertesystem, verstehen und teilen deren Emotionen. Dabei hat jeder Mensch ein sogenanntes Hauptemotionsfeld (Nymphenburg.de, 2022), man reagiert auf einige oder auch nur eine einzige Emotion ganz besonders stark, während andere Emotionen einen eher unberührt lassen (Abb. 18). Diese Hauptemotionsfelder kennzeichnen unsere Persönlichkeit und sind die Triebfeder all unseres emotional bedingten Entscheidens und Handelns.

4.1 Gefühle im Gehirn.

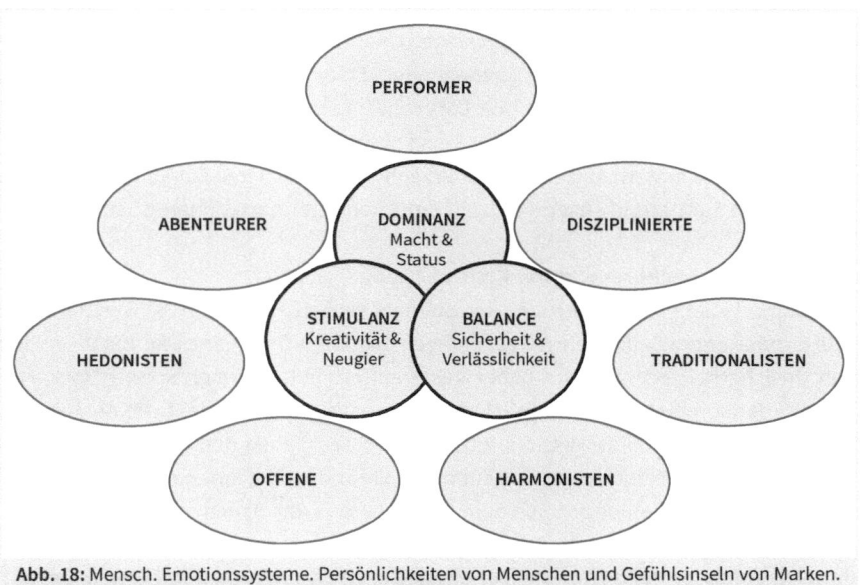

Abb. 18: Mensch. Emotionssysteme. Persönlichkeiten von Menschen und Gefühlsinseln von Marken. (eigene Darstellung in Anlehnung an Gruppe Nymphenburg)

Die emotionalen Persönlichkeitsprofile, die den verschiedenen Hauptemotionen entsprechen und nach denen sich Marketingzielgruppen unterteilen lassen, sehen dabei folgendermaßen aus:

Performer – Angeber unter Adrenalin.
Die sogenannten Performer (Nymphenburg.de, 2022) streben nach Dominanz. Sie sind pures Adrenalin, durchweg durch Testosteron getrieben. Die Performer sind ehrgeizig und streben stets nach dem Besseren und Besten, sind anfällig für Höchstleistungen. Marken wie Apple und Astra Bier, BOSS, Bulthaup und Breitling, Red Bull, Riva und Rolex sind ihre Favoriten. Dementsprechend reagieren sie besonders auf Statusprodukte und Luxusmarken. Im Social-Network-Bereich sind sie offen für Marken wie Xing oder LinkedIn, die die Werte und Themen Disziplin, Fleiß, Leistung und Status propagieren. Hauptsache, man kann sich gegenüber dem Rest der Menschheit oder zumindest gegenüber den Kolleginnen oder Nachbarn als größer, besser, weiter positionieren. Ihr Herz schlägt auch für die neuesten Technical Devices, macht sie affin für das Internet sowie Internet of Things, Digitalisierung und künstliche Intelligenz, für 3-D-Druck und autonomes Fahren, während Herzensthemen wie Freunde und Familie bei ihnen nicht unbedingt die Hauptrolle spielen. Bei aller Diversität ist der Anteil von Männern bei diesem Emotionstyp überdurchschnittlich hoch (Nymphenburg.de, 2022). Marken, bei denen man das Adrenalin spürt, die laut und präsent auftreten, stehen bei den Performern ganz oben auf der Prioritätenliste.

Dementsprechend werden in der gesamten Kommunikation für solche Adrenalin-meets-Testosteron-Marken deren Überlegenheit, Status und Klasse in den Vordergrund gestellt. Herren in (Maß-)Anzügen mit Luxusuhr und Luxuswagen, d. h. mit dicker Uhr und fettem Auto (um aus der Performer-Perspektive zu sprechen), sind hier nicht selten. Das gibt den Performern Auftrieb und Anerkennung. Hier agieren Marken als Bestätiger (des eigenen Status) und Ansporner (zum Erreichen eines noch höheren Status).

Disziplinierte – Spaßbremsen mit Kontrollzwang.
Disziplinierte lieben die Kontrolle oder vielmehr sind sie fast schon Sklaven der meist selbst auferlegten Selbstkontrolle, gefangen zwischen Dominanz und Balance. Eher von Unsicherheit geprägt und daher misstrauisch, fällt es ihnen schwer, lockerzulassen oder komplett loszulassen (Nymphenburg.de, 2022). Einheitliche Abläufe und klare Strukturen sind ihre Mission, Rituale erleichtern ihnen den Alltag nicht nur, sie ermöglichen ihn. Verführung zum Kauf durch Emotionen ist ihnen ebenso fremd wie Genuss oder Entscheidungen aus dem Bauch heraus. Ihr Bauchgefühl ist nicht existent beziehungsweise sie haben es geschafft, es komplett auszublenden. Sie entscheiden sich daher für Nützliches und Funktionales, nie für Unnützes und Chichi. Gekauft wird nur, was wirklich einen Zweck erfüllt – und nichts, was nur schön aussieht, etwas hermacht oder gerade in ist. Nie würden sich die Disziplinierten belgische Leonidas-Pralinen oder Champagner von Pommery kaufen (simple Schogetten und ein Faber Sekt erfüllen doch auch ihren Zweck, sind süß beziehungsweise prickeln), sie geben Milka, nicht Lindt den Vorzug (schließlich ist das doch alles nur Schokolade), eine Gucci-Handtasche oder ein Burberry-Trenchcoat sind nicht ihre Welt (man transportiert alles, was man braucht, in einem Rucksack und mit einer Funktionsjacke geht man auf Nummer Sicher, Deuter und Jack Wolfskin sind da ideal). Auch No-Name-Marken und die Eigenmarken der Supermarktketten gehören zu ihrem Repertoire.

Die Kommunikation mit diesen Funktionalitätsfans basiert auf Fakten, Fakten, Fakten, denn hier werden vorrangig rational überzeugende Informationen präsentiert. Infografiken, Produktinformationsblätter, Factsheets und Testberichte machen die Disziplinierten nicht unbedingt glücklich, aber vollends zufrieden und bieten ihnen die ersehnte Sicherheit. Das gibt den Disziplinierten Kontrolle. Die Marke dient hier als Vernunfts- und Vertrauenspartner.

Traditionalisten – Veränderungsverweigerer aus Überzeugung.
Die Traditionalisten sind die Konservativen, die Bewahrerinnen, die Fast-Gestrigen, sie sind die Früher-war-alles-besser-Fraktion. Dementsprechend stellt der Emotionsraum Balance die Liste ihrer primären Bedürfnisse zusammen (Nymphenburg.de, 2022). Optimisten sind sie nicht gerade, das Glas Wasser ist eher halb leer – und oft auch bereits angeschlagen und etwas porös. Stress ist ihnen eine Gräuel, Neuerungen sind ihnen zuwider. Sie sind zwar keine Kontrollfreaks, prüfen aber penibel alles und jeden ganz genau, sind skeptisch und vorsichtig, detailverliebt und akribisch. Marken

dienen ihnen als Rückversicherung. Sie lieben Marken, bei denen alles beim Alten bleibt. Marken, die nicht für Fortschritt stehen, sondern für das Bewahren des Status quo. Über Jahre oder Jahrzehnte stets das neue Modell des VW Golf zu kaufen, ist für Traditionalisten fast schon ein Ritual, alter Wein in neuen Schläuchen das Maximum an Neuheit, das sie ertragen können. Mit Kleidung von Barbour und Bogner oder Schuhen von Bär oder Rieker lehnen sich Traditionalisten nicht aus dem Fenster, mit ihnen bleiben sie in ihrer Komfortzone. Mit In-Marken oder It-pieces können sie nichts anfangen. Beim Essen bleibt man gerne bei Standards und bei Hausmannskost, liebäugelt mit Rouladen und Rollbraten, mit Gummibärchen und Salzstangen, mit Bier und Cola (gemeint ist hier natürlich die Coca-Cola und nicht die coolere Fritz-Cola). Craft Beer und Poke Bowls, Sushi und Sashimi, Bubble Tea oder Fusion Cooking verschrecken sie. Viel lieber mögen sie Warsteiner und Werthers Echte, Gutfried und Gerolsteiner, DuschDas und selbstverständlich Deutschländer Würstchen von Meica. Marken, die bei ihnen Erfolg haben, sind ihr »Gestern-Fels in der Morgen-Brandung«, ihre Mitstreiterinnen im Kampf um das Festhalten an Altbewährtem.

Die Kommunikation dieser Marken strahlt vor allem eines aus: »Neues ist selten besser und Altbewährtes demzufolge immer die bessere Wahl. Warum also nach Neuem streben, wenn sich das Alte stets bewährt?!« Das gibt den Traditionalisten die benötigte und beruhigende Sicherheit. Die Marke fungiert in zunehmend trubeligen Zeiten umso mehr als sicherer Fels in der Brandung.

Harmonizer – Bindungssüchtige mit Fürsorgeauftrag.
Auch die Harmonizer lieben die Balance (Nymphenburg.de, 2022). Sie interpretieren und leben diese jedoch völlig anders. Balance drückt sich bei ihnen nicht im Beharren, sondern vielmehr im Sich-an-etwas-Binden aus – so auch an Marken und das möglichst treu und lange. Bindungen sind für sie keine unangenehme Verpflichtung, sondern ein Grundbedürfnis. Dabei sind sie (über-)fürsorglich und optimistisch und haben eine grundsätzlich lebensbejahende Einstellung. Im Gegensatz zu den Performern gehen ihnen Familie und Freunde sowie Heim und Herd über alles. Harmonizer wollen von Marken verschiedene Versionen von »Friede, Freude, Eierkuchen«. Deswegen schlägt ihr eher softes Herz für Marken, die Eintracht und Glückseligkeit verbreiten. Die Marke Kinder von Ferrero kommt da genau richtig. Mit allen Produkten von Kinder sind Familienfrieden und Familienglück garantiert. Ob Kinder Schokolade, Riegel oder Pingui, die Reise in die (glückliche) Kindheit ist garantiert. Und auch nutella spielt für die Harmonizer die richtige Rolle. Denn nur mit nutella am Frühstückstisch ist ein gelungener Start in den Tag möglich, ist der Familienfrieden sicher. Weitere Garanten des Glücks sind Persil und Pril, denn dank ihnen kann die Diskussion über den leidigen Hausputz und Co. kurzgehalten werden. Durchaus erhält im Haushalt aber auch die Marke SHARE eine Chance, mit der man beim Kauf noch Gutes tun und indirekt spenden kann. Als Auto kommt besonders gern ein VW Touran oder Multivan infrage, der Platz für alles und jeden bietet, oder ein VW Variant, ein Kombi, der in früherer Werbung auch als »Golf mit

Happy End« betitelt worden war. Und Nachbarinnen, Arzthelfer oder Briefträgerinnen bekommen von ihnen zu Weihnachten natürlich eine Packung MERCI Schokolade als Dankeschön für jegliche Unterstützung im vergangenen Jahr.

Kommunikation, die Harmonizer anspricht, zielt auf ihre Harmonie und die Sehnsucht danach ab, betont die Bedeutung von Zusammenhalt und Solidarität, von Miteinander und Füreinander. Typische Bildwelten zeichnen sich durch eher zurückhaltende, stillere Motive aus, die vertraut sind oder zumindest wirken, nicht vorlaut sind und Einigkeit ausdrücken. Das vermittelt den Harmonizern das geliebte Happy End. Die Marke brilliert hier als friedvoller Freund und harmloses Familienmitglied.

Offene – Optimisten mit Anspruch.
Die Offenen sind einfach gut drauf, aber noch lange nicht naiv. Auch sie streben nach Balance und nach Gleichklang (Nymphenburg.de, 2022), aber bitte mit Niveau. Denn sie haben Ansprüche, die sie erfüllt sehen wollen. Dabei geht es ihnen nicht um Status, sondern darum, dass Marken den eigenen Ansprüchen genügen und nicht den Ansprüchen der Nachbarn oder des Freundeskreises. Balance wird hier nicht simpel interpretiert oder gelebt, sondern vielmehr zelebriert. Das Verständnis der Offenen von Balance zeichnet sich in erster Linie durch ein Es-sich-gut-gehen-Lassen aus. Daher ist ihre Balance stets auch durch Stimulanz geprägt, was sich in einem überdurchschnittlich modernen Lebensstil widerspiegelt. Auf der stetigen Suche nach dem Optimum nach Marken, die ihren Ansprüchen genügen und ihre entspannten Bedürfnisse erfüllen, geben sie sich nicht mit dem Erstbesten zufrieden. Sie lieben das Leben nicht nur und sehen dessen Verlauf optimistisch, sie feiern es. Genuss und Verwöhnen sind ihnen extrem wichtig, genauso wie ein eher locker geführtes Leben ohne Zwänge, das genügend Freiraum für ausgiebiges Chillen und entsprechende Träume lässt. Daher schlägt ihr Herz für Marken wie Facebook und YouTube, die Offenheit, Austausch und ein Miteinander in Gruppen propagieren oder wie dm oder IKEA, die mehr oder weniger offensichtlich für Offenheit und Toleranz sowie im Falle von IKEA auch für Humor stehen – alles Werte, die den Offenen wichtig sind.

Die richtige Kommunikation für die Offenen zeigt, dass das Leben Spaß macht, man sich nicht stressen und gleichzeitig bei (den recht hohen) Ansprüchen keine Abstriche machen muss, dass es ein Recht auf ein (anspruchsvolles) Verwöhnen und Sich-verwöhnen-Lassen gibt. Das gibt den Offenen zwar den ausreichenden Kick, der aber in nicht zu viel Adrenalin oder Stress ausartet. Die Marke performt hier als relaxte Ausflugschneise aus einem anspruchsvoll-stressigen Leben.

Hedonisten – Die Ich-will-Spaß-ich-geb-Gas-Fraktion.
Bei den Hedonisten regiert allein die Stimulanz, das Hier-und-Jetzt, das Alles-und-zwar-Sofort. Hedonisten wollen immer mehr, immer Neues. Sie gieren nach Stimuli (Nymphenburg.de, 2022), belächeln das Alte, verabscheuen das immer Gleiche. Auf

der Suche nach dem nächsten Kick ist Dopamin ihre Droge, sie wollen das Unbekannte und den Thrill. Das Außergewöhnliche, das, was größer, besser, bunter, lauter ist, gehört zu ihrem Weltbild. Die Geschichte oder Tradition einer Marke ist ihnen vollkommen gleichgültig, es zählt das Heute und nicht das Gestern. Heritage ist für Gestrige, nichts für Hedonisten. Sie sind überaus trendaffin, springen gerne auf den nächsten und vor allem neuesten Zug der Markenwelt auf. Daher lieben sie bei Autos Marken wie BMW (Telsa ist viel zu spaßbefreit), bei Food alles rund ums Sansibar (denn die Sylter Szene verspricht in jeder Hinsicht einen Kick und alles, auf dem das Sansibar-Logo prangt, ist daher wohlgelitten – vom Prosecco bis zu Base-Cap; da sind sie den Performern recht ähnlich), bei Luxus beispielsweise Philipp Plein (denn der lässt es in jeder Hinsicht so richtig krachen), bei Longdrinks wird Wodka Red Bull der Vorzug gegeben (womit man es endlich selbst krachen lassen kann).

Kommunikation für Hedonisten zeichnet sich dementsprechend vor allem durch eine Botschaft aus: »Das Recht hat immer die Spaßfraktion – nie die Bedenkenträger!« Reize, die sich gegenseitig befeuern und bekriegen, anfeuern und übertrumpfen, sprechen sie an. Prototypische Bildwelten für Hedonisten strotzen vor Freiheit und Individualität, Eigenständigkeit und Unabhängigkeit. Das gibt den Hedonisten den vollendeten Kick, ohne Rücksicht auf Verluste und ohne Rücksicht auf andere, sondern allein mit dem Augenmerk auf pures Adrenalin. Die Marke funktioniert hier als Spaß-Ermöglicher und -Wegbereiter.

Abenteurer – Kämpfer mit Freude am Risiko.
Die Abenteurer verlangen auch nach Stimulanz, sehnen sich aber gleichermaßen auch nach Dominanz (Nymphenburg.de, 2022). Die sie antreibenden Hormone sind das Testosteron und das Dopamin, diese regieren im Abenteurer-Hirn, haben die volle Kontrolle, geben der Abenteurer den Weg vor. Und dieser Weg will eben nicht nur Reiz und Genuss, sondern verlangt auch nach einem Touch von Abenteuer. Diese kämpferische Komponente unterscheidet sie von den Hedonisten, die allein den Genuss wollen, allerdings ohne dabei Gefahren einzugehen – Genuss für lau sozusagen. Die Abenteurer wollen sich anstrengen müssen für den Genuss von Genuss: ohne Fleiß kein Preis. So gehören sie beispielsweise schon seit Langem der Gattung der Sportfans oder vielmehr Sportfanatiker an und seit geraumer Zeit in großen Teilen auch der E-Sports-Gemeinde. Ihre überdurchschnittlich ausgeprägte Risikobereitschaft schafft Nähe zu Marken, die auf irgendeine Art und Weise »drüber« sind. Marken, die eben nicht nur einen kurzen Kick versprechen, sondern Abenteuer und vielleicht sogar einen Hauch von Gefahr. Marken, die nicht leicht und somit nicht für jeden zugänglich sind, die nicht leicht zu haben sind. Marken wie MediaMarkt (wo man seine Tech-Beute im richtigen Moment zum Schnäppchenpreis erlegt), Porsche (mit dem man ersehnte und schnelle Abenteuer erleben kann) oder auch der FC St. Pauli (der als Verein im Fußball eine Klasse für sich darstellt) versprechen nicht nur das richtige Maß an Stimulanz und Risiko, sondern auch an kreativer Kampfeshaltung und autonomer Selbstbestimmung.

4 Manipulation im Marketing. Das Herz im Visier.

Die Kommunikation für diese Werbung ist üblicherweise geprägt von Bildern, die Konfrontationspotenzial zeigen, die ein »Sie oder Wir« propagieren, und die eine eher drastische Sprache sprechen. Das vermittelt den Abenteurern die ersehnte Vorstellung, sich um eine Marke verdienen zu müssen, sie quasi im Kampf zu erobern und als siegesreicher Konsument die Marke ihr Eigen nennen zu können. Die Marke fungiert hier als heiß umkämpfte Trophäe.

Gefühle im Kopf – Regenten des Menschen.

Für Markenmanagerinnen heißt dass, sich gegenüber innovativen Möglichkeiten zu öffnen, um neue Wege des Zielgruppenverständnisses für ihre Marke zu erschließen und zu nutzen – für Menschen, dass bei der Wahl von Marken bestimmte Gehirnareale aktiviert werden und sie für bestimmte Marken empfänglich machen.

Die Limbic®-Map zeigt, wie Physiologie und Psychologie zusammengehören – und ist ein weiteres nützliches Instrument des Markenmanagements. Es verdeutlicht äußerst anschaulich und leicht nachvollziehbar, wie Körper und Geist, wie Hirn und Herz interagieren. Das Marketing nutzt die so identifizierten Emotionsräume, um Motive, Werte und Wünsche von Zielgruppen aufzudecken und darzustellen (Abb. 19). Marken antworten auf diese identifizierten Motiv- und Wertestrukturen, um sich als für ihre Zielgruppen unverzichtbar zu positionieren. Von Motiven und Werten, die Menschen und Marken ausmachen, gehen wir im Folgenden weiter zu Persönlichkeiten, die Menschen und Marken darstellen.

Abb. 19: Mensch. Marke. Marken und ihr Platz in den Emotionssystemen von Menschen. (eigene Darstellung in Anlehnung an Gruppe Nymphenburg)

4.2 Marken als Menschen.

Marken mit menschlichem Charakter.
Damit Menschen auf Marken stärker reagieren, wird ihnen eine Markenpersönlichkeit verliehen (Aaker, 1997). Denn wenn Marken Persönlichkeit haben, werden sie urplötzlich zur Person, zu einer »persona grata«. Marken werden so zu Mit-Menschen, die man im Idealfall gerne um sich hat und nicht mehr missen möchte, mit denen man sich auseinandersetzt, die man ernst nimmt und wertschätzt. Marken mit Charakter, d. h. mit menschlichen Eigenschaften, sind uns näher als Marken, die sich anfühlen, als ob sie aseptisch-weltfremd am Reißbrett entworfen wurden und so gar keine menschliche Nähe aufbauen können (Weis & Huber, 2000). Kurz gesagt: Ein MINI ist eine Marke mit Charakter und Persönlichkeit, Kia oder Datsun können hinsichtlich einer eigenständigen Markenpersönlichkeit nur schwer mithalten.

Marken als Mit-Menschen.
Hintergrund und Hintergedanke beim Entwickeln von Markenpersönlichkeiten ist die Erkenntnis, dass erfolgreiche Marken mehr zu bieten haben als ihre reine Funktion. Marken mit einem greifbaren Charakter haben aus Zielgruppensicht deutlich mehr Vorzüge, als dass sie rein funktional für etwas gut oder besser als andere zu gebrauchen sind. Marken, die über ihre Funktion hinaus emotionale und soziale Facetten haben und diese auch zeigen, fühlen wir uns näher als Marken, die uns nur nützlich sind. Sie spiegeln unsere Bedürfnisse wieder, erkennen, was wir brauchen und befriedigen auch unsere emotionalen Bedürfnisse (Weis & Huber, 2000). Ein No-Name-Weinglas ist ein Weinglas ist ein Weinglas. Ein Weinglas der Marken Riedel oder Zwiesel jedoch sprüht nur so vor Genuss und Weinkennerschaft, vor Status und Kultur.

Marken mit Charakterstärken.
Wie sehen Markenpersönlichkeiten aus? Man beschreibt eine Marke wie einen Menschen (Aaker, 1997). Wie eine Person, die man mit all ihren charakterlichen Stärken (und Schwächen) beschreiben soll (Hieronimus, 2004). Nur hat die Persönlichkeit einer Marke im besten Falle keinerlei Schwächen. Sie hat ausschließlich Stärken, die die Marke strahlen und zu einem verlässlichen, geliebten (wie bei dm oder LEGO) oder auch ehrfurchtsvoll vergötterten (siehe Apple oder Tesla) Partner an unserer Seite werden lassen. Marken können dabei ebenso vielfältig sein wie die Menschen. Die einen sind eher bodenständig und traditionell, andere sind eher kultiviert und glamourös oder zuverlässig und zuversichtlich, während einige wiederum aufregend und zeitgemäß sind (Abb. 20). Denken wir an Marken wie Playmobil (der Entführer in Abenteuer- und Fantasiewelten) oder fischertechnik (der kindliche Ingenieur im erwachsenen Kinde), an Birkenstock (die stylische Art der bekennenden Gesundheitslatschen) oder Crocs (das harmlose Krokodil am Familienfuß), an Miele (der perfekte Porsche im heimischen Haushalt) oder IKEA (der sympathische Schwede, der Stil und Möblierung leichter macht), dann gewinnen die Persönlichkeitsfacetten von Marken ganz schnell an Fassbarkeit, an Kontur und automatisch an Rele-

vanz für uns (Hieronimus, 2004). Marken gewinnen durch derartige Attribute an Profil, sie erhalten für die Zielgruppe angenehm-akzeptable und von der Zielgruppe erwünschte Ecken und Kanten, an denen man sich gerne reibt, die man akzeptiert und versteht.

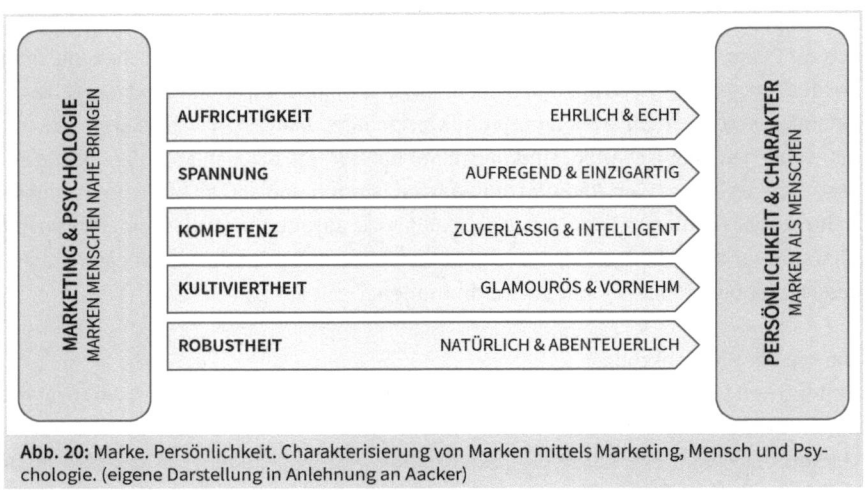

Abb. 20: Marke. Persönlichkeit. Charakterisierung von Marken mittels Marketing, Mensch und Psychologie. (eigene Darstellung in Anlehnung an Aacker)

Marken mit Persönlichkeit kommen Menschen näher. Marken ohne Persönlichkeit bleiben austauschbare Produkte und verzichtbare Dienstleistungen. Das ist der Unterschied zwischen Tupper Ware und anderen Plastikbehältern zum Aufbewahren von Nahrungsmitteln oder zwischen Uber und Taxis. Im Idealfall verbinden Konsumentinnen aufgrund ihrer Erfahrungen Persönlichkeitseigenschaften mit Marken. Charakterzüge von Marken waren und sind das Thema zahlreicher Studien der Marketingwissenschaft und haben sich in der Marketingpraxis als Erfolgsfaktor bewährt. Die oben genannten Begriffe kennzeichnen die am prägnantesten auftretenden und am deutlichsten zu differenzierenden Persönlichkeitsfacetten von Marken. Zur Veranschaulichung sind beispielsweise Nivea (Körperpflege), Fritz Cola (Softdrinks), Just Spices (Gewürze) oder Levis (Mode) zu nennen als Marken, die vorrangig als aufrichtig empfunden werden oder die Marken Afri Cola (Softdrinks) und Absolut Vodka (Wodka), die als spannend wahrgenommen werden, gleichzeitig die kompetenten Marken Coca Cola (Softdrinks), Schott Zwiesel (Gläser), Black+Decker (Werkzeug) und Caterpillar (Schuhe), die kultivierten Marken Barbour (Mode), Vossen (Handtücher), Bombay Saphire (Gin) und WMF (Küchengeräte) sowie die eher robust wirkenden Marken Camper (Schuhe) und Jack Daniels (Whiskey).

Marken mit und ohne Charakter.
Erfolgreiche Marken zeigen nahezu ausnahmslos konkrete, stringente und nachvollziehbare Charakterzüge (Bauer et al., 2002). Marken wie Apple, Red Bull, Hipp oder Dove sind nicht nur erfolgreich, weil sie Produkte von einer überdurchschnittlichen Qualität produzieren. Sie sind vor allem erfolgreicher als ihre Wettbewerber, weil sie es geschafft haben,

uns über die Jahre nahe- und bei all unseren Bedürfnissen und Wünschen entgegenzukommen. Das macht sie (in unseren Augen) einzigartig, unverwechselbar und unnachahmbar. Denn natürlich wäre (rein theoretisch und rein rational) Hewlett Packard (HP) statt Apple durchaus eine Option, HP ist aber lange nicht so anziehend und faszinierend wie sein Konkurrent mit dem signifikanten Apfel. HP hat ganz einfach wenig(er) Profil, hat eine schwächer ausgeprägte Markenpersönlichkeit und keine Kanten, an denen man die Marke fest verankern kann. Statt Red Bull könnte man auch zur Energy-Drink-Marke Monster greifen. Die Marke hat allerdings weniger Profil als eben die, die uns im besten Falle Flügel verleiht. Statt Hipp kann man alternativ durchaus zu Babynahrung von Nestlé greifen, nur erweckt Hipp den Eindruck eigens von Familienhand zubereiteter Babynahrung – und nicht wie von einem anonymen, intransparenten Großkonzern produziert. Bei Körperpflege wäre der Griff zu Florena durchaus legitim, aber keine Marke versteht Frauen, Männer und Menschen so gut wie Dove oder hat ein so markantes Profil wie Nivea.

Marken mit Strahlkraft und Starpotenzial.
Wenn es die Marke dann auch noch schafft, uns zu erhöhen, besser dastehen zu lassen und uns ins rechte, ins beste Licht zu rücken, ist dem Erfolg der Marke wenig entgegenzusetzen. Denn zusätzlich zu dem emotionalen und sozialen Verständnis bringen uns viele Marken auch Ruhm und Ehre. Wenn man sie kauft, nutzt und sich mit ihnen zeigt, lassen sie uns im besten Falle schillern. Immer aber sagt eine Marke etwas über uns als Konsumentin aus (Schäfer, 2015). Dieses Selbstdarstellungs- und häufig auch Selbsterhöhungspotenzial hat nicht unbedingt immer etwas mit Luxus zu tun. Jede Marke versucht, Menschen ins beste Licht zu rücken. Im Bad schafft das beispielsweise Aesop, eine Kultmarke aus Australien, die jedem Gast, der das heimische Badezimmer besucht, die mehr als eindeutige Botschaft vermittelt, dass hier ein nachhaltigkeits- und designaffiner Zeitgenosse lebt, der kein Chichi, dafür aber unaufgeregt-stylischen Purismus braucht, für den Marken aus einem anderen Übersee (sprich: Australien, nicht traditionellerweise die USA) gleichzeitig eine Selbstverständlichkeit sind und der sich das auch gerne etwas kosten lässt, damit aber nicht angibt. Und wenn dieser Zeitgenosse dann noch und kein eigenes Auto vor der Tür stehen hat, aber kein Taxi nutzt, sondern die Fahrdienste Uber und ShareNow, dann zeichnet es ihn aus als jemanden, der das Thema Auto bereits weit hinter sich gelassen hat, für den nicht Besitz, sondern Mobilität und Flexibilität sowie Nachhaltigkeit und Downgrading eine Bedeutung haben. So lässt sich ziemlich leicht nachvollziehen, was mit Strahlkraft von Marken gemeint ist, von denen Menschen partizipieren (Schäfer, 2015). Eine Strahlkraft, mit der sich Marken in jedem Bereich unseres Lebens positionieren.

Überall emotional – und das bis ins kleinste Detail.
Ihre Persönlichkeit strahlen Marken idealerweise mit jeder Facette ihres Daseins aus. Die Markenpersönlichkeit sollte sich nicht allein im Namen, sondern ebenso im Logo, in der Verpackung, im Design und natürlich in jeglicher Kommunikation bis hin zu den Verkaufs- und Vertriebsstätten widerspiegeln (Bagusat & Müller, 2008). Wenn man ein

iPhone kauft, dann erwirbt man schließlich nicht allein nur ein neues technisches Gerät. Man erwirbt (s)eine Mitgliedschaft in der Apple-Welt und der Apple-Community, bekommt den Austausch mit den (bemüht-freundlich-locker-zugänglichen) Genius-Mitarbeitern im Apple Store und mit enthusiastisch-engagierten Community-Mitgliedern noch hinzu, erfreut sich vervollkommnender Services rund um das neu erworbene Objekt der Begierde bis hin zu einer aufreizend-attraktiven Verpackung, die man nicht so schnell wegwirft, sondern meistens noch recht lange auf einem »Altar der Aufmerksamkeit« (wie Kommode, Schreibtisch oder Sideboard) bei sich zu Hause oder im Office präsentiert. Das Logo ist längst Kult, der Name allseits bekannt, aber schlichtweg überflüssig, wenn es um die eigentliche Marke geht. Die Erfolgsfaktoren von Apple stellen ein komplexes und vielfältiges Konstrukt dar (Bondar, 2012). Oder nehmen wir NIKE – eine Marke, die sich vom Namen her ursprünglich als Siegerin (oder zumindest als siegesbewusst) positionierte, ganz im Sinne der griechischen Siegesgöttin Nike, dann aber einen gänzlich anderen, weil einzigartigeren Weg wählte: die Positionierung als Sportmarke für alle mit der mehr als einfühlsamen, verständnisvollen und überaus motivierenden Botschaft: »Bring Inspiration And Innovation To Every ATHLETE* In The World. *If you have a body, you are an athlete« (Nike.com, 2022). Inklusion im besten Sinne, die niemanden ausschließt und jeden mitnimmt – ob beim Sport oder generell im Leben der Zielgruppe. Nike akzeptiert jeden so, wie er ist, und macht auf diese Weise Sport für alle zugänglich. Sport als Option für jede, als menschliche Möglichkeit und nicht als Darwin'scher Wettbewerb. Die Marke umarmt die gesamte (aktive und passive) Sportgemeinde – von denen, die aktiv Sport treiben, bis zu denen, die den Sport lieber mit Abstand genießen und zusehen. Denn beide eint immer die Begeisterung für den Sport, sei es praktisch oder auch nur theoretisch. Für all diese Sportbegeisterten bildet Nike die Klammer und den gemeinsamen Nenner in Form des berühmten Swoosh. Denn auch Nike kann, wie Apple, bereits seit Langem auf die ständige Nennung beziehungsweise Kennzeichnung seines Markennamens verzichten. Der Swoosh ist längst gelernt als Zeichen der Marke Nike, als DAS Kennzeichen und Aufmerksamkeitssymbol von Nike. Sieht man das schwunghafte Symbol, weiß man, dass es um Nike geht, dass es um Sport geht. Wenn man dann noch beachtet, dass der Swoosh ursprünglich ein Zeichen der Siegesgöttin Nike ist, nimmt die Persönlichkeit der Marke Nike nicht nur eindringlich Gestalt an, sondern wird im besten Sinne ganzheitlich und letztlich vollkommen.

> **Marken, die Profil haben und zeigen.**
>
> Für Markenmanager heißt das, sich selbst zu fragen, ob man die eigene Marke mit einem Menschen vergleichen, als Mensch darstellen kann – für Menschen, für eine Marke offener und verführbarer zu sein, wenn sich diese menschlich darstellt oder sogar anfühlt.

Produkte und Dienstleistungen sind austauschbar. Marken nicht. Nicht, wenn sie unverwechselbar und unverzichtbar sind. Und vor allem nicht, wenn sie Charakter, wenn sie eine Persönlichkeit haben. Nike hat Persönlichkeit, Reebok nicht (mehr), Mercedes hat Charakter, Suzuki (noch) nicht. Das Schaffen einer Markenpersönlichkeit ist die Kür im Marketing und Markenmanagement. Marken als Menschen darzustellen, mit all ihren Stärken, schafft Nähe zwischen Mensch und Marke. Zu Nike und Mercedes fühlen sich viele Menschen hingezogen, möchte mit ihnen in Kontakt treten, bei Reebok und Suzuki können die meisten auf einen Austausch eher verzichten. Und eine Versicherung, die Schäden abdeckt oder begrenzt, ist schlicht eine Versicherung. Aber eine Versicherung, die sich als »Fels in der Brandung« darstellt, ist ein Partner, den man stets und selbstverständlich an seiner Seite wissen will. Starke Charaktereigenschaften von Marken verfügen über Anziehungskraft und Attraktivität, sie begeistern Menschen kurzfristig und binden diese im Idealfall langfristig. Abseits vom Charakter einer Marke ist auch deren Verständnis der Persönlichkeitsfacetten ihrer Zielgruppe relevant. Wer als Marke nicht nur die eigene Persönlichkeit, sondern auch die der Zielgruppe begreift, ist klar im Vorteil. Deswegen geht es jetzt um das Selbst-Verständnis von Menschen als Konsumierende.

4.3 Das Selbst: Echte und gewünschte Realitäten.

Das reale Selbst und das ideale Selbst von Menschen.
In unserer Brust schlagen zwei Herzen, was Marken betrifft. Zwei Herzen, die uns repräsentieren, die uns und unser Selbstbild repräsentieren: das wahre Selbst und das ideale Selbst. Das reale Selbst zeigt unser wahres Ich, es zeigt, wie und wer wir wirklich sind: »So bin ich!« Das ideale Selbst hingegen zeigt unser wünschens- und erstrebenswertes Ich, es zeigt, wie und wer wir letztlich sein möchten: »So möchte ich sein!« (Sirgy, 1985) Und diese beiden Selbst schlagen nicht immer im selben Takt, sie widersprechen sich gar nicht so selten. Manch einer ist beispielsweise unsicher und introvertiert, erkennt klar und deutlich, dass er eher zu den schüchternen Mitmenschen gehört, während er viel lieber selbstsicher und weniger schüchtern sein und so auch gerne nach außen auftreten würde.

Normen als Maßstab und Richtlinie von Marken.
Unser ideales Selbst ist vor allem durch (soziale) Normen geprägt. »Das gehört sich« versus »Das gehört sich aber nicht« prägen uns von Kindheit an. Gemeinsame gesellschaftliche Werte, die (fast) alle Menschen teilen, nach denen wir uns richten wollen und auch müssen, bilden das Fundament allen menschlichen Miteinanders. Wie lernen diese Werte und Normen durch Sozialisation bereits in und seit unserer frühesten Kindheit (Fend, 2003). Wir lernen früh, was aus der Sicht von anderen wünschenswert und akzeptiert ist – und was nicht. So verstehen wir es, uns entsprechend dieser Werte und Normen anzupassen und gegebenenfalls selbst zu regulieren.

Normen schaffen Sicherheit und Begehrlichkeit für Marken.
Wenn wir diesen (von außen auferlegten) Normen entsprechen, scheint alles in Ordnung. Wenn wir die Werte leben, die uns wichtig sind und die Werte widerspiegeln, die

wir schätzen, ist alles bestens. Dann entspricht das Ideale der Realität, das ideale dem realen Selbst (Sirgy, 1985). Nur ist das eben nicht immer der Fall. Leider entsprechen sich die beiden Selbst-Versionen häufig nicht, die Realität entspricht nicht dem Ideal, das reale Selbst kommt nicht an das Idealbild von uns heran. Das fühlt sich nicht gut an, wir werden unzufrieden und suchen nach Lösungen. Daher betrachten wir diese Differenzen und Diskrepanzen zwischen realem und idealem Selbst sehr genau. Denn sie verfolgen uns, nerven und nagen an uns. Und je nachdem, ob wir uns gut kennen, regelmäßig hinterfragen, uns selbst durchleuchten und verstehen, werden uns diese Diskrepanzen umso bewusster. Bei einem hohen Selbst-Fokus fällt entsprechend auch unsere Motivation deutlich höher aus, die Diskrepanz zwischen dem realen und dem idealen Selbst so weit wie irgend möglich zu reduzieren. Im Gegensatz dazu neigen wir bei einem eher niedrigen Selbst-Fokus – d. h. wenn wir uns nicht ganz so gut kennen (wollen oder können), nicht allzu kritisch uns gegenüber sind und unser Handeln auch nicht vollständig verstehen – dazu, etwaige Differenzen zwischen unserem realen und unserem idealen Selbst zu übersehen, zu unterschätzen oder zu verdrängen.

Mechanismen der auferlegten Normerfüllung.
Das Markenmanagement kennt die zwei Seiten in uns, versteht die Mechanismen unserer Ansprüche an uns selbst und weiß diese für sich und ihre Marken zu nutzen (Sirgy, 1982). Ihr Ziel ist es, das reale Selbst zu verstehen und das ideale Selbst zu befriedigen. Veranschaulichen wir das anhand von Marken, die das wahre und das gewünschte Bild von Menschen kennen.

Wraps und Salate als Image-Booster für Fleischfans.
Betrachten wir das reale Selbst eines McDonald's-Kunden und nennen wir ihn Robert. Er liebt Burger, vergöttert den Big Mac® und vor allem das Big Mac®-Menu, gerne auch im XL-Format. Er ist (und bleibt) ein Fleischfan, ist und bleibt ein Fan von Coca-Cola und Co. (natürlich mit Zucker, bloß keine ZERO). Das ist ihm bewusst und seiner Umwelt auch. Robert ist bei Freunden und Kolleginnen bekannt für seinen »unhealthy« Lebensstil, der so gar nicht nachhaltig ist, und vor allem für seinen Foodfaible. Zwar hat er damit kein (allzu großes) Problem, aber so richtig wohl fühlt er sich nicht (mehr) damit. Mit leichtem Übergewicht und Bluthochdruck sowie angesichts der Klimakrise und immer mehr Vegetariern in seinem Bekanntenkreis merkt er, dass sein reales Selbst nicht mehr so richtig in die Zeit passt. Das ideale Selbst ist bei Robert recht weit von der Realität entfernt. Und jetzt tritt das Marketing in Aktion. Sie kennen und verstehen die Roberts dieser Welt – und liefern ihm die perfekte Befriedigung genau der Bedürfnisse, die sein ideales Selbst stellt. Das nämlich möchte in der Öffentlichkeit gut dastehen, mindestens gegenüber Freundinnen und Bekannten. Man bietet Robert daher die Chance, weiterhin bei McDonald's (ungesund) zu schlemmen und zugleich das eigene Image aufzupolieren, indem vegetarische Burger und Wraps, Salate, zuckerfreie Coke und Mineralwasser auf der Karte stehen. McDonald's wird in der Wahrnehmung plötzlich zum vegetarisch-nachhaltigen Gourmettempel, in dem man sich

ohne Scheu oder Kritik sehen lassen kann – obwohl Robert selbstverständlich weiterhin mit dem Big-Mac®-Menu XL seiner gustatorischen Leidenschaft frönt.

Grill als Gütesiegel für Burgerfans.
Roberts bester Freundin Clemens gehört der Burger-King-Fangemeinde an. Auch ihm ist vollends bewusst, dass ein Besuch bei Burger King, geschweige denn mehrmalig pro Woche, nicht dem Zeitgeist entspricht und auch nicht das Beste für die Gesundheit sind. Das reale Selbst von Clemens liebt Fleisch und Fast Food, mag den Whopper und schert sich recht wenig um Nachhaltigkeit. Da ihn aber immer mehr und immer häufiger seine Kollegen mit diesen Vorlieben aufziehen, realisiert er allzu deutlich, dass etwas getan werden muss in Sachen Imagepflege. Sein ideales Selbst verlangt nach einer Veränderung und nach einem Update: Clemens reloaded, Clemens 4.0. Clemens befindet sich dementsprechend im Zwiespalt. Glücklicherweise bietet Burger King Clemens eine Lösung. Auch hier kennt das Marketing die Clemens dieser Welt und so heißt die Lösung für ihn ganz einfach »Grill« oder vielmehr Upgrading der »alten« Burger-King-Welt durchs Grillen. Denn ein Burger bei Burger King ist dann eben nicht mehr ein gebratenes Stück Fleisch, sondern nun vielmehr ausgewähltes Rindfleisch aus Deutschland, dessen Zubereitung auf dem Grill gekonnt von Grillmeistern zelebriert wird. So wird aus dem Burgerfan Clemens plötzlich und ohne sein Zutun ein Beef-Connaisseur. Denn Clemens kann sich nunmehr als der wirkliche Fleischkenner mit Anspruch positionieren – ein Fest für sein Ideal-Selbst – und gleichzeitig weiter zu Burger King pilgern wie zuvor – eine Freude für sein Real-Selbst.

Adelung als Veredelung für Bier-Bekenner.
Schauen wir uns weiter im Umfeld von Robert und Clemens um. Deren Kollegen trinken gerne ein Bierchen oder auch mehrere, das gehört einfach dazu, zum Feier- und Spieleabend, zum Essen und Quatschen und zum Fußball und zum Leben sowieso. Das entspricht ihrem realen Selbst. Nur passt dieses nicht so ganz zu den Weltanschauungen ihrer Freundinnen. Die finden Bier prollig und würden ihre Partner gerne eines Besseren belehren, gemeinsam zu Prosecco und Wein wechseln. Ein Drama für das Ideal-Selbst der Kollegenclique. Diese Problematik ist so manchen Biermarken nicht neu. Bier hat ein Imageproblem, es muss deutlich mehr für das ideale Selbst bieten. Es muss mehr Stil und weniger Gewöhnlichkeit in die Waagschale werfen. Und das funktioniert besonders gut mit Marken wie König Pilsener oder Warsteiner. Hier wird der Gerstensaft nicht nur vom Nahrungsmittel zum Kulturgut, sondern zum Luxusgut erhoben – Biere, die mit einem guten Wein mithalten können und sich weder auf der Getränkekarte noch auf dem Tisch im Restaurant verstecken müssen. Sind sie ja schließlich ausgezeichnet als »das König der Biere« (König der Pilsner, darüber käme nur noch ein Kaiser) beziehungsweise als »das einzig wahre (Warsteiner)« (der Wortwahl nach muss es sich bei allen anderen Bieren um Nachahmer, wenn nicht Fälschungen handeln). So geehrt und geadelt müssen dann auch die imagebemühten Freundinnen klein bei- und dem Bier ihrer Freunde ihren weiblichen Segen geben.

4 Manipulation im Marketing. Das Herz im Visier.

Realität versus Traumwelt – Marken können beides.
Erfolgreiche Marken müssen das Real-Selbst verstehen, um das Ideal-Selbst bedienen zu können (Abb. 21). Sie tauchen mittels Marktforschung in ihre Zielgruppen ein, erkennen die Realität und identifizieren Schwachpunkte bei Mensch und Ansatzpunkte bei Marke. Sie sehen Schwächen im Image der Zielgruppe, die es zu beheben gilt, um die Marke fest im Leben von Menschen zu etablieren. So wird aus einem Burger ein angesehen-akzeptables Weltverbesserer-Essen, das nicht mehr belächelt oder verachtet wird, und aus einem simplen Bier ein edel-adeliges Hopfengeschöpf, das gerne am Tisch seinen Platz einnehmen darf.

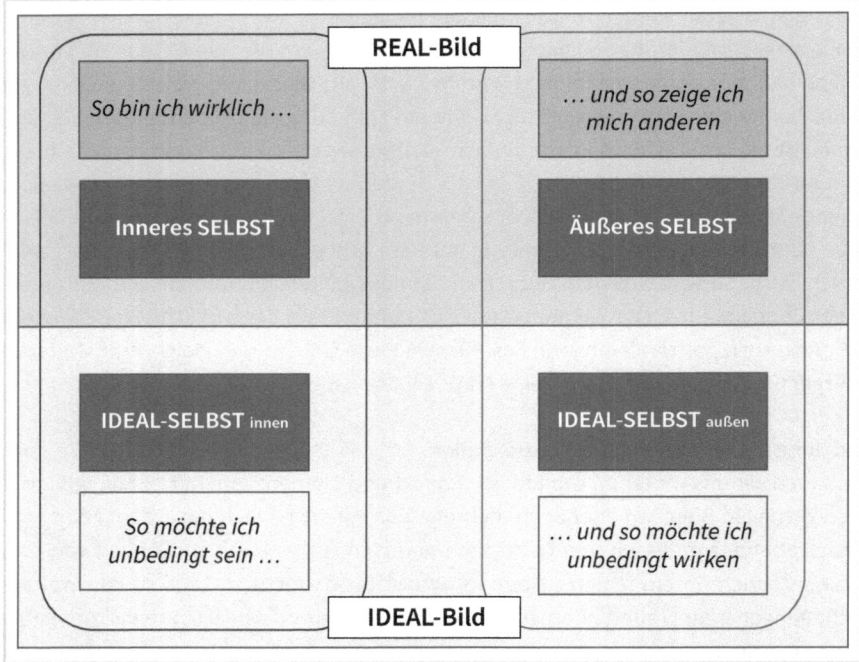

Abb. 21: Menschen. Bilder. Real-Bild versus Ideal-Bild von Menschen mittels Marken. (eigene Darstellung in Anlehnung an Fend, 2003)

Marken helfen Menschen, der zu sein, der man will. Nach außen (gegenüber anderen) möchte jeder Mensch ein ganz bestimmtes Bild darstellen, will kompetent, erfolgreich oder attraktiv erscheinen. Aber auch nach innen (gegenüber sich selbst) möchte jede dieses Bild von sich schaffen und erhalten. So helfen Premiummarken im Automobilmarkt dem Schaffen eines erfolgreichen Bildes nach außen und nach innen, Ökomarken im Beautymarkt dem Kreieren eines nachhaltigen Bildes oder preiswerte Marken wiederum dem Aufbau eines smarten Bildes, das man nach außen und innen verkörpern möchte.

4.3 Das Selbst: Echte und gewünschte Realitäten.

Ernie und Bert in uns.
Tatsächlich schlagen aber nicht nur zwei Herzen in unserer Brust, wir sind als Kundinnen und Konsumenten noch deutlich facettenreicher und vielfältiger. Denn neben dem realen und dem idealen Bild, die sich teils unversöhnlich gegenüberstehen, gibt es noch eine weitere Facette, der sich das Markenmanagement mit großem Interesse widmet. Wir sprechen von inneren Konflikten, dem ständigen Hadern, wenn es um Entscheidungen für oder gegen Marken geht (Sommer, 2006).

Erwachsener und Kind in uns.
Zum einen sind wir rationale Erwachsene (so wie Bert aus der Sesamstraße). Wir sind nicht nur vernunftbegabt, sondern in der Tat vernünftig, sind interessiert an Fakten und offen für überzeugende Argumente. Zum anderen aber sind wir eben auch emotionale Kinder (so wie Ernie aus derselben Straße). Wir sind gefühlsbetont, interessiert an der Sonnenseite des Lebens, wo immer Freude und Spaß zu Hause sind (Sommer, 2006). Und diese beiden, der Erwachsene und das Kind in uns, sind nicht immer einer Meinung. Sie beide sprechen auf teils völlig unterschiedliche Themen an, wollen unterschiedlich bedient und befriedigt werden. Die beiden sind wie Ernie und Bert. Ernie will Spaß, folgt seinem Bauch(-Gefühl) und seinen ureigenen Emotionen. Ernie denkt nicht groß nach und legt immer sofort los, gibt gerne Vollgas, während Bert Kontrolle will, gesellschaftlichen Normen entspricht und rationale Argumente sucht. Bert wägt ab, überlegt und geht bedächtig vor. Die beiden können nicht ohneeinander, beide müssen miteinander, bilden eine Einheit. Dieselbe Einheit wie der Erwachsene und das Kind in uns. Der eher spaßbefreite Bert ist der vernünftige Erwachsene in uns, der gegen einen spaßgetriebenen Ernie antritt, der ausschließlich seinem Lustgefühl folgt (Abb. 22).

Unvernunft-Ernie *versus* Vernunft-Bert

Versicherungen? Was soll ich denn damit?! Da zahlt man doch nur und hat im Notfall ohnehin nichts davon.

Selbstverständlich muss man sich gegen vorhersehbare Gefahren absichern – am besten auch gegen unvorhersehbare.

Mein Traumauto muss ordentlich PS unter der Haube haben, muss röhren und dann noch am besten ein Cabrio.

Mein nächstes Auto wird ein e-car. Das ist mittlerweile vernünftig, zahlt sich aus und unterm Strich auch günstiger.

Vegane Pizza? So ein Quatsch. Meine Pizza bitte mit doppelt Käse, jede Menge Salami und dazu noch 'ne Cola.

Auf Cholesterinspiegel, BMI und Kalorien zu achten ist wichtig. Da kann man beim Genuss auch mal ein paar Abstriche machen.

Abb. 22: Mensch. Vernunft. Unvernunft. Emotionaler Ernie und rationaler Bert im Dialog von Menschen und Marken.

Bei den meisten Entscheidungen für oder gegen eine Marke treten Bert (Vernunft) und Ernie (Unvernunft) gegeneinander an. Ganz gleich, ob es sich um die Entscheidung und das Für-und-Wider hinsichtlich Versicherungsdienstleistungen, Automobilen oder Nahrungsmitteln handelt – Konsumentinnen sind meistens hin- und hergerissen zwischen Argumenten, die das Spaßbedürfnis befriedigen oder aber den Anspruch von Vernunft und Verstand erfüllen.

Der Erwachsene will Kontrolle.
Erstrebenswert für den Erwachsenen in uns ist ein ausnahmslos vernünftiges Handeln. Denn nur dies garantiert Sicherheit, gibt Kontrolle und gewährleistet Entscheidungen, die den eigenen Werten und den gesellschaftlichen Normen entsprechen (Sommer, 2006). Der Erwachsene ist der Gatekeeper für alles, was das Kind in uns will. Bekommt er die für ihn dringend notwendigen Argumente, lässt er sich auf die Wünsche des Kindes ein. Gibt er sein Go, kann das Kind loslegen. Verweigert man ihm Fakten und rational Überzeugendes, verschließt er sich und verlangt nach mehr Vernunftargumenten. Da kann das Kind in uns schreien, strampeln und sich auf den Boden werfen, der Erwachsene in uns bleibt hart und uneinsichtig gegenüber jeglichen Spaßargumenten.

Das Kind will Spaß.
Verführerisch für das Kind in uns ist ein lustbetontes bis lustgetriebenes Tun. Es will Genuss und Vergnügen – und möglichst wenig bis keine Freudlosigkeit oder gar Langeweile. Es tut alles, um Lust zu maximieren und ebenso alles, um jegliche Unlust im Keim zu ersticken (Sommer, 1998). Und Lust verspricht alles, was Spaß und was Freude macht, was Abwechslung und Reiz verspricht. Die Gier nach Neuem treibt das Kind in uns an.

HARIBO für das Kind in uns.
Jeder kennt ihn, den legendären und scheinbar unveränderlichen HARIBO-Claim »HARIBO macht Kinder froh, und Erwachsene ebenso.« (Die-wirtschaft.at, 2020). Laut eigener Aussage ist dieser Claim »weit mehr als ein Werbeclaim, er ist für HARIBO eine Mission« (haribo.com, 2020) – denn er hält, was er verspricht. Spricht die Marke doch tatsächlich genau das Kind in uns an, egal in welchem Alter (Hirn & Sucher, 2006). Als Erwachsene sollen und müssen wir möglichst immer vernunftgetrieben agieren, Spaß ist nur in Maßen erlaubt, wir beugen uns Normen, Bauchentscheidungen sind oft verpönt. Da ist es eine Wohltat, hin und wieder Kind sein zu dürfen. Um Kraft zu schöpfen, Energie zu tanken und uns fallen zu lassen. Und HARIBO ist der Freifahrtschein hierfür. Die Marke HARIBO gibt uns die Chance, durch etwas Süßes zwischendurch für ein paar Minuten in die Unvernunft abzutauchen und sich Freuden hinzugeben. Der Claim ist fast vergleichbar mit der »Freiwilligen Selbstkontrolle der Filmwirtschaft« (FSK), bei der Kinofilme in Kategorien wie »Ab 18« unterteilt werden – nur lautet die freiwillige Selbstkontrolle bei HARIBO »Süßigkeiten ab Kindesalter – und von da an für immer«, verspricht das Ende jeglicher Kontrolle und somit Spaß ohne Ende. Denn in jedem Er-

wachsenen schlummert immer auch ein Kind, der Erwachsene in uns ist angesichts von HARIBO daher ziemlich machtlos und hat verdammt wenig zu sagen oder gar zu entscheiden. Und genau diese Botschaft vermittelt HARIBO auch auf unglaublich sympathische und vereinnahmende Weise in der aktuellen Werbekampagne (Stand 08/2022), in dem Erwachsene mit Kinderstimmen über die Geschmäcker von Gummibärchen, Color-Rado und Co. fabulieren und sich dabei gemeinschaftlich nicht allein den Inhalt einer Tüte, sondern den kindlichen Blick aufs Leben teilen (https://www.youtube.com/watch?v=6Cf_mLBcuUg).

Katjes für den Erwachsenen in uns.
Zwar genauso süß, aber doch ganz anders agiert Katjes. Eine Marke, die nicht nur das Kind, sondern auch den Erwachsenen in uns anspricht. Katjes ist erst einmal sehr, sehr, sehr bejahend – und das in erster Linie für das Kind ins uns. Der Claim »Katjes, jes, jes, jes« erlaubt ganz einfach kein Nein und verlangt nach mehr – nach immer mehr Süßem, nach immer mehr Katjes. Das ist zuerst einmal eine Einladung an das Kind in uns, das ohnehin ein Faible für Süßigkeiten und vor allem für ein Viel-Davon hat. Maßlosigkeit ist Elixier des Kindes in uns, vor allem, wenn es um Naschereien geht. Das ist dem Erwachsenen eher fremd, Maß halten und nicht über die Stränge zu schlagen sind seine DNA. Der Erwachsene in uns wird von Katjes aber dennoch nicht nur nicht vergessen. Er spielt vielmehr die Hauptrolle bei Katjes. Denn der große Katjes-Moment ist eine Argumentation, die in totalem Kontrast zu HARIBO steht: Die fundamentalen Fakten zu allen einzigartigen Vorteilen dieser doch eher vernunftgetriebenen Fruchtgummis, als da wären vegetarisch bis vegan, ohne jegliche tierische Zusätze, ohne tierische Gelantine, ohne Kuhmilch, ohne Palmöl – ganz einfach »ohne alles«. Und andererseits unbeschreiblich vielfältig wie das Produktportfolio und vor allem die Kampagnen der letzten Jahre zeigen (Terstiege & Bembeneck, 2019). Katjes bedeutet daher immens viel »ohne«, etwas, was das Kind in uns eigentlich widerspenstig macht, da diese ganze »ohne«-Argumentation nach äußerst wenig Lust klingt. Und zugleich bietet Katjes viel, was Erwachsenen wichtig ist. Der Erwachsene in uns springt auf genau diese vernünftigen Aspekte an (Klimaneutralität, vegane beziehungsweise vegetarische Inhaltsstoffe etc.). In Kombination mit Katjes liebt der Erwachsene in uns dieses »ohne«, denn es gibt ihm Futter für seinen Hunger auf rationale Gründe, die für die Marke, vor allem aber für diese Süßigkeiten sprechen. Ist Naschwerk ursprünglich für den Erwachsenen in uns verbotenes bis vermintes Gelände, reicht Katjes ihm durch die unverwechselbare und eher vernunftgetriebene Argumentation die Hand – und macht Süßes so endlich erlaubbar.

Sansibar entführt erwachsene Kinder ins Abenteuerland.
Eine Marke, die den Erwachsenen und das Kind in uns gleichermaßen anspricht, ist die Kultmarke Sansibar – das verheißungsvoll-unbekannte Island von der verführerischen Nordsee-Insel, kurz gesagt: die Insel von der Insel – und so eine doppelte Verführung. Sansibar klingt verführerisch (obwohl recht unbekannt), Sylt ist verführerisch (nahezu

jedem bekannt). Dabei wissen nur wenige Fans der Marke Sansibar, was Sansibar überhaupt ist. Ob es Insel, Land, Region oder Stadt ist, da scheiden sich die Geister, ganz zu schweigen davon, wo Sansibar auf der Weltkarte überhaupt liegen könnte. Und ehrlich gesagt, es interessiert auch kaum jemanden. Denn interessant an der Marke ist nur, wo die Marke herkommt – und die kommt von der Insel Sylt. Einer Insel, die bei vielen das Kopfkino beginnen lässt. Alles, was von Sylt kommt und dann noch zudem die Marke Sansibar ziert, jedes Produkt, auf dem das Sansibar-Logo zu sehen ist, wirkt kostbar, edel, ist teuer beziehungsweise überteuert. Wo Sansibar draufsteht, ist Sylt drin. Quasi eine All-in-one-Solution, zwei Inseln zum Preis von einer, zwei Traumdestinationen mit einem Schlag. Die Marke Sansibar kann es sich erlauben, vermeintliche 08/15-Produkte mit einem (oft äußerst sportlichen) Preisaufschlag anzubieten – und die Menschen reißen es ihr aus den Händen (Danne, 2015). Ob Prosecco und Bellini, Pfeffer und Salz, Baseballkappe und Polohemd oder Weinkühler und Grillzange: Sobald Sansibar als Absender zu erkennen ist, zeugt das aus Sicht der Zielgruppe von Qualität, Herkunft und Heritage. Sansibar als eine Art Stiftung-Warentest-Zertifikat der sylteigenen Qualitätskontrolle. Dabei schafft es die Marke in erstaunlicherweise Weise, den Erwachsenen und das Kind in uns gleichermaßen zu adressieren – fast wie HARIBO, allerdings auf einer ganz anderen (monetären) Ebene. Der Erwachsene will Fakten, glaubhafte Bezeugungen der Qualität der Marke und der mit der Marke Sansibar gekennzeichneten Produkte. Und Sansibar liefert, was der Erwachsene in uns verlangt. Die Marke schaffte es nämlich, ihre Herkunft als Monopol des Savoir-vivre zu manifestieren und Sylt als Keimzelle der Kunst zu leben. Wer auf Sylt weilt, weiß zu leben – und weiß eben auch, was gut ist. Et voilà, und schon ist das Qualitätssiegel Sylt Sansibar geboren (Danne, 2015). Das war vorerst genug für die anspruchsvolle Vernunft des Erwachsenen in uns. Das Kind in uns verlangt aber mehr oder vielmehr anderes. Dass die Marke Sansibar auch bei unserem inneren Kind, bei Ernie, so hervorragend funktioniert, liegt an mehreren Spaß- und Erfolgsfaktoren. Zum einen steht Sylt mittlerweile nicht allein für Anspruch und Qualität, sondern auch für Feste und Feiern. Da ist der Spaßfaktor für das Kind in uns garantiert. Zum anderen aber kommt bei unserem inneren Kind das Thema Sansibar an sich ganz besonders gut an. Denn allein der Klang des Wortes »Sansibar« verspricht Aufregung und Abenteuer, sprüht vor Erotik und Exotik, verheißt eine Reise in verführerische und unbekannte Gefilde. Sansibar klingt fremd und vielversprechend – selbst wenn man keine Ahnung hat, was es mit dieser Insel in der Realität auf sich hat. Sansibar schafft das Kopfkino, Sylt das Vertrauen.

Mode für arrivierte Feldherren und flippige Diven.
Wenden wir uns als letztes Beispiel der Mode und ihren Marken zu. Die Marken Camp David und Desigual scheinen ihren Zenith bereits etwas überschritten zu haben, erfreuen sich jedoch ungebrochen einer großen Beliebtheit, weil beide Marken sehr gekonnt das Kind, den Ernie, in uns ansprechen. Für den Erwachsenen, den Bert in uns, haben beide Marken recht wenig zu bieten: Eine ordentliche Qualität, die dem

Durchschnitt entspricht und akzeptabel ist, und eine Preisgestaltung, die ebenfalls nicht exorbitant über die Stränge schlägt. Dann aber kommt der Moment des Designs, der werblichen Kommunikation und der gesamten Ausstrahlung der beiden Marken. Beide schreien »Hier bin ich!« – und das nicht leise, sondern laut. Wer diese Marken trägt, ist vielleicht selbst eher still, möchte aber gerne einfach mal etwas laut(er) sein. Möchte präsenter wirken, als er von Natur aus ist. Die Marken schreien geradezu nach Aufmerksamkeit – und ihre Trägerinnen mit ihnen. Gleichzeitig bieten diese Marken dadurch eine Reise in die Kindheit, in eine Zeit, wo man laut sein durfte und bunt normal war. Desigual gibt sich dabei äußerst vielfältig (Eberhardt, 2019). Mit Desigual sind Frauen automatisch wieder Mädchen beziehungsweise Teenager. Bunt, grell und laut scheint die Mode ursprünglich für Jugendliche konzipiert, entführt in eine Zeit, als man (modisch) noch zu experimentieren wagte und gesellschaftliche Normen einem egal waren. Gekauft und getragen aber wird Desigual hauptsächlich von sehr erwachsenen Frauen. Von Frauen, die (sehr) gerne Grenzen sprengen würden und endlich Normen außer Acht lassen möchten. Ähnlich verhält es sich mit der Marke Camp David (Seydack, 2019): Camp David ist die Marke für den Möchtegern-Abenteurer im Manne. Die Marke dient als Abenteuerspielplatz, auf dem Männer sich austoben und zugleich wohlfühlen können. Camp David klingt nach großem Kino und großem Tennis, ein Platz, an dem große Männer große Entscheidungen treffen. Da möchte man mitspielen – und wenn auch nur mit einem erkauften Polohemd mit übergroßen Buchstaben. Auch diese Marke wird vorwiegend von einer eher älteren Zielgruppe getragen. Der als Markenbotschafter fungierende Dieter Bohlen tut hierbei sein Übriges an Wirkung. Das erwachsene bis überreife Kind im Manne hat mit Camp David seine Spielwiese gefunden.

Gefühl und Verstand auf Gleichstand.

Für Markenmanager heißt das, für jede Marke, Produkt- oder Dienstleistungskategorie die Gefühle zu identifizieren, die die Zielgruppe nicht nur ansprechen, sondern im Innersten bewegen – für Menschen, dass sich von ihnen geliebte und verehrte Marken dadurch auszeichnen, dass diese emotionale Bedürfnisse pflegen.

Menschen vereinen Vernunft und Unvernunft, wenn es um Marken geht. Man greift lustvoll zu einer Marke, obgleich man weiß, dass der Kauf entgegen jeder Vernunft ist, wie beispielsweise beim Lippenstift von Chanel, obwohl der Lippenstift von Max Factor auch funktionieren würde. Beide Faktoren haben ihre Berechtigung. Zielgruppen sprechen auf Emotionales und auf Rationales an, sind Ernie und Bert zugleich. Während unsere rationale Seite nach Fakten verlangt, will unsere emotionale Seite Verführung. Ein gelungenes Markenmanagement befriedigt beide Seiten, gibt der Ratio überzeugende Fakten zur wirklichen Kompetenz seiner Marke und der Emotion mitreißende Vorstellungen, was alles mit und dank der Marke möglich wäre. Marken, die beide Seiten zu spielen verstehen und beiden Seiten Futter geben, schaffen Vorteile abseits von der reinen Produktperformance. Das alles funktioniert noch besser, wenn Menschen dabei vor Involvement geradezu strotzen, wenn sie Marken ernst, sich für sie Zeit nehmen und sich in Marken wiederfinden. Involvement als Beteiligung des Selbst und des Ich von Menschen im Zusammenhang mit Marken ist daher unser nächstes Thema.

4.4 Involvement: Sich Marken hin- und ergeben.

Menschen setzen sich mit Marken auseinander.
Bei der Beeinflussung von Menschen spielt das Thema Involvement eine bedeutsame Rolle (Jaritz, 2008). Hierbei dreht sich alles um die sogenannte kognitive und affektive, die rationale und emotionale Beteiligung von Menschen an der mentalen Verarbeitung von Informationen, die in Bezug auf ein Einstellungsobjekt (also eine Marke oder ein Produkt) besteht. Manche Marken nehmen uns gefangen, nehmen uns in Beschlag, berühren uns. Und wir lassen uns leichter beeinflussen, wenn eine Marke uns nahegeht, wenn sie uns tatsächlich oder auch nur vermeintlich nahe ist und wenn wir eine Beziehung zu einer Marke aufbauen und uns an ihr selbst mit unserer Persönlichkeit und mit unserem wahren ICH beteiligen (Abb. 23).

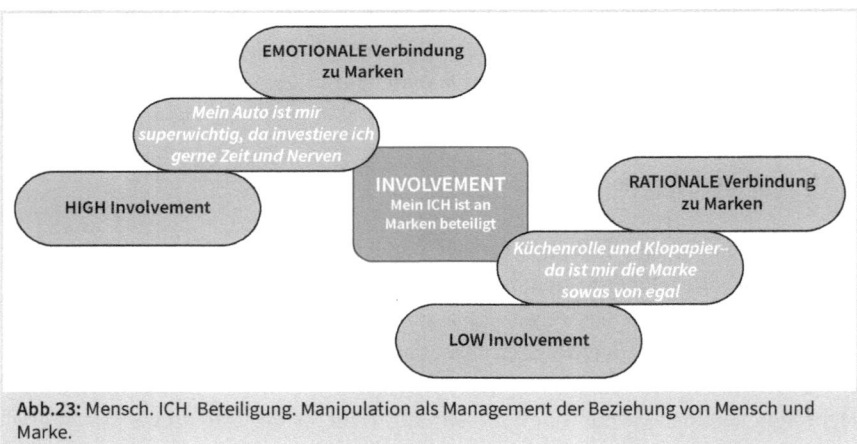

Abb.23: Mensch. ICH. Beteiligung. Manipulation als Management der Beziehung von Mensch und Marke.

Menschen unterscheiden sich größtenteils in ihrer ICH-Beteiligung hinsichtlich verschiedener Marken, Produktgattungen und Dienstleistungen. Je wichtiger der Einzelnen eine Marke ist, umso mehr ihres ICHs investiert sie bei der Entscheidung für oder gegen diese Marke, umso mehr Ressourcen investiert sie – sei es Zeit, Energie, Nerven, Gefühl oder Geld. Für gewöhnlich ist das Investment jeglicher Ressourcen (und somit der ICH-Beteiligung) größer, wenn es sich um Anschaffungen und Entscheidungen handelt, die einem am Herzen liegen und/oder den Geldbeutel stressen.

Marken nehmen von Menschen Besitz.

Diese sogenannte ICH-Beteiligung kann individuell und persönlich sein, beispielsweise wenn man sich schon länger oder intensiver mit einer Marke beschäftigt – bei Autos ist das fast ausnahmslos der Fall (Scientific-economics.com, 2020b). Wenn es um einen Pkw, einen SUV oder einen Kombi geht, ist fast jeder Mensch recht intensiv mit seinem ICH beteiligt. Autos nehmen wir ernst, wir nehmen sie uns fast schon zu Herzen. Wir nehmen uns Zeit und investieren diese meistens recht großzügig, wenn es um die Entscheidung für eine Automarke und den Kauf eines Fahrzeugs geht.

Marke und Mensch sind wankelmütig.

Andererseits kann die ICH-Beteiligung durchaus situativ geprägt sein und sich aus einer konkreten Situation heraus ergeben, z. B. wenn man aufgrund eines viralen Werbespots plötzlich begeistert von einer Marke ist. Die Marke EDEKA liefert hierzu regelmäßig hervorragende Beispiele. Fast schon legendär sind die viralen Spots, die EDEKA in den letzten Jahren regelmäßig zur Weihnachtszeit ins Netz stellt (Becker, 2020). Die Geschichten dieser Spots drehen sich meist um die Bedeutung von Familie und Freunden, von Zusammenhalt und Zusammensein vor dem Hintergrund des nahenden Weihnachtsfestes. Sie sind gekennzeichnet durch extrem gefühlvolle, emotional aufgeladene und auch humorvolle bis fast schon pathetische Geschichten, die einfach niemanden unberührt lassen – und selbst die größten Weihnachtsfest-Konsumkritiker zu Tränen rühren können. Hier kann im besten Sinne von einer situativen ICH-Beteiligung gesprochen werden, da Weihnachten (zumindest gefühlt) fast jeden betrifft, für fast jede wichtig ist und allzu oft auch eine familiäre bis situative und terminliche Herausforderung darstellt. Wie wunderbar, wenn einem da ein verständnisvoller Partner zur Seite steht.

Marken machen etwas mit Menschen.

Marketingexperten sprechen von Involvement, wenn Käuferinnen oder Konsumenten das Empfinden haben, dass Marken, konkrete Produkte oder bestimmte Dienstleistungen etwas mit ihnen machen, wenn Marken etwas mit der eigenen Persönlichkeit zu tun haben, sie wirklich betreffen und angehen, sodass die Entscheidung für die Marke und der anschließende Kauf eine deutlich spürbare (positive) Auswirkung auf die Kaufenden haben (Scientific-economics.com, 2020b). Es ist eben ein Unterschied, ob man ein T-Shirt von Nike oder Under Armour, ein Polohemd von Lacoste oder Tommy Hilfiger oder Sneaker von Veja oder Adidas trägt. Mit dem Shirt von Under Armour zeigt man sich kämpferischer, mit dem Hemd von Lacoste frankophiler und mit den Schuhen von Veja definitiv nachhaltiger.

Marken treiben Menschen zur Höchstform.

Gleichzeitig beschreibt Involvement im Marketing das eigene Engagement, mit dem sich Menschen Marken, Produkten oder Dienstleistungen emotional und/oder zeitlich zuwenden. Gemeint ist damit die (emotionale) Bedeutung, die Menschen der Entscheidung für den und schließlich dem Kauf einer Marke beimessen (Michaelidou & Dibb, 2008). Sie ist ein Gradmesser dafür, wie viel Zeit und vor allem wie viel Energie Menschen nicht nur in die Marke, sondern in den entsprechenden Prozess der Kaufentscheidung, also in die Suche, die Bewertung und letztlich in die Entscheidung für eine Marke bereit sind zu investieren.

Marken schaffen Liebe und auch Leiden.
Marketingprofis versuchen daher, Involvement für Marken zu schaffen und dies für ihre Marken zu nutzen. Denn es beeinflusst die Art und Weise sowie die Tiefe jeglicher Informationsverarbeitung, wie man auf Werbung reagiert. Involvement beeinflusst, was man einer Marke gegenüber empfindet, ob man eine Marke liebt (oder hasst), ob man einer Marke gegenüber Emotionen zeigt oder ob man sie mit Gleichgültigkeit straft (Mittal, 1995).

Marken können Menschen entzweien.
Das erklärte Ziel des Marketings ist es, Marken zu kreieren, die berühren, motivieren und mitreißen. Man spricht vom sogenannten High Involvement (Homburg, 2016), wenn Menschen sich für Marken begeistern, diese ihnen wichtig sind und ihnen am Herzen liegen. Diese High-Interest- beziehungsweise High-Involvement-Marken und -Produkte (Deimel, 1989) werden seitens Zielgruppen äußerst individuell und mehr als subjektiv bewertet. Manchen Menschen ist vor allem Kosmetik wichtig, anderen Autos, wieder anderen Waschmittel – High Interest und High Involvement sehen bei nahezu jedem Menschen unterschiedlich aus. Wessen Herz für Kosmetik schlägt, sieht einen Unterschied zwischen Marken wie Nivea und Dove, Lancome und Biotherm, MAC und Benefit. Wen Kosmetik nicht interessiert, für den ist Creme gleich Creme und Bodylotion gleich Bodylotion. Man macht sich als Konsument dann keinerlei Gedanken um jegliche Markenraffinesse oder -unterschiede, macht keine Schleifen um die Entscheidung für oder gegen eine spezielle Bodylotion-Marke – und greift dementsprechend häufig nach Angeboten im Sinne des Gedankens »Hauptsache, irgendeine Creme, die es irgendwie tut«. Wer sich für Wäschewaschen und somit für Waschmittel begeistern kann, dem ist es nicht egal, ob man mit Ariel oder Persil, Spee oder der Weiße Riese wäscht. Gleichzeitig sind gerade Waschmittel vielen Menschen schlichtweg egal, es soll Wäsche einfach wieder sauber machen und damit seinen Job erledigen – nicht mehr und nicht weniger. Und genau diesen Job erledigt eine Handelsmarke aus Sicht der leidenschaftslosen Waschmittelfatalistinnen genauso gut wie ein teureres Markenprodukt von Henkel, Procter&Gamble oder Unilever.

Marken, die Menschen vereinen.
Nichtsdestotrotz gibt es Marken, die bei (nahezu) allen Menschen ein hohes Involvement erzeugen, beispielsweise Apple, Red Bull oder Porsche (Ausnahmen bestätigen auch hier wieder die Regel). Es gibt Marken mit einer Strahlkraft, der sich niemand entziehen kann, die man haben will (oder muss) und die man an seiner Seite wis-

sen möchte. Produkte, die nahezu niemanden kalt lassen, sind beispielsweise Mode, Schmuck oder eben Autos. Bei solchen High-Interest- beziehungsweise High-Involvement-Marken und -Produkten gibt man sich als Kundin und Konsument voller Begeisterung und in jeder Hinsicht wirklich Mühe. Man betreibt einen enormen Aufwand und hängt sich richtig rein, bevor man sich für ein Produkt entscheidet und das Objekt der Begierde dann endlich kauft (Scientific economics.de, 2020b). Wenn Menschen rational – mit ihrem Wissen und Verstand – und/oder emotional – mit ihren Gefühlen – stark in den Kaufprozess involviert sind, ist auch das Involvement hoch – und genau dann sprechen wir von High-Involvement-Produkten (Jaritz, 2008). Dieses hohe Involvement basiert häufig auf dem befürchteten Risiko, beim und nach dem Kauf dieser Produkte Geld und/oder Zeit zu verlieren. Beim High-Involvement-Produkt Auto, insbesondere bei Neuwagen, gibt man viel Geld aus und verbringt dann auch viel Zeit mit dem Produkt. Also müssen die etwaigen Risiken gut abgewägt werden, bevor die finale Entscheidung dafür oder dagegen fällt. Das Risiko ist also recht hoch, wenn das Auto nach dem Kauf nicht gefallen sollte, hat man nicht nur viel Geld dafür ausgegeben, sondern muss es voraussichtlich dennoch eine Weile fahren. Oft handelt es sich um Produkte oder Dienstleistungen, die selten oder nur ein paar Mal im Leben gekauft werden. Da ist es verständlich, dass bezüglich der Recherche und dem Abwägen von Für und Wider ein großer Aufwand betrieben wird. Weitere klassische Beispiele hierfür sind das Brautkleid, das (im Idealfall) nur einmal im Leben zum Tragen kommen sollte, die private Krankenversicherung, die (monetär gesehen) eine der Ehe ähnliche Verbindung fürs Leben darstellt oder die Eigentumswohnung, die in einem erheblichen Ausmaß über Wohl oder Wehe der finanziellen und familiären Zukunft entscheiden kann.

High Involvement ist die Ausnahme, nicht die Regel.
Die Mehrheit der Marken ist den meisten Menschen jedoch ziemlich gleichgültig. Viel mehr Produkte und Dienstleistungen lassen uns eher kalt, als dass wir für sie brennen. Nur ungefähr fünf bis zehn Prozent all unserer Kaufentscheidungen basieren auf High Interest beziehungsweise High Involvement (Magnetmarke.de, 2022), d. h. hier treffen wir als Käufer unsere Entscheidungen sehr bewusst, haben uns mit der Marke und dem Produkt so intensiv wie irgend möglich auseinandergesetzt und gehen dabei weder desinteressiert noch leidenschaftslos oder routinemäßig vor.

High Involvement führt zu hohen Ansprüchen.
Dabei stellen Kunden und Konsumentinnen allerlei Fragen und haben so einige Anforderungen an Marken. Sie haben einen immens hohen Informationsbedarf (»Ich will und muss alles zu dem Produkt und zu der Marke wissen!«), arbeiten sich entlang gezielter Informationssuche (»Wo und wie kann ich bitte noch mehr über ›meine‹ Marke erfahren?!«) und durchleben einen meist differenzierten Entscheidungsprozess (»Was spricht wirklich für und was eventuell auch gegen die Marke!?«).

4   Manipulation im Marketing. Das Herz im Visier.

High Involvement entsteht durch menschliche Neugierde.
Was High Involvement bei Marken, Produkten und Dienstleistungen typischerweise ausmacht, ist zum einen die Neugierde, die Wissbegierde. Menschen wollen so viel wie möglich über Marken wissen, die ihnen am Herzen liegen, in die sie viel Zeit beziehungsweise Geld investieren und die einen gewissen Reiz auf sie ausüben (Michaelidou & Dibb, 2008). Produkte und Dienstleistungen mit einem hohen Grad an ICH-Beteiligung (Involvement) ziehen Blicke, Fragen und das Interesse auf sich. Sie schillern und scheinen, da möchte man unbedingt einen Blick hinter die Kulissen und Fassade dieser Marken werfen. Wer Nike, Astra oder Tesla liebt, will wissen, wo die Marken herkommen, wer dahintersteht, was sie leisten und warum man sein Herz gerade an sie verschenken soll. Da macht es schon einen enorm großen Unterschied, wie progressiv und selbstbewusst Nike beispielsweise mit dem Thema »Black lifes matter« umgeht, warum Astra stolz darauf ist, das einzig echte Hamburger Kiez-Bier zu sein oder was Herr Musk in seiner Freizeit und auf Twitter so treibt. Viele Marken sehen im Vergleich zu diesen schillernden Marken letztlich blass aus. Marken, die diesseits, jenseits und abseits von Werbung etwas zu sagen haben, sind beim Thema Involvement meist ganz weit vorn.

Eine der wichtigsten Aufgaben des Markenmanagements ist daher das ständige Schaffen von neuen Anreizen, sich mit Marken auseinanderzusetzen und ständig neues Interesse für sie zu schüren.

High Involvement wächst durch Bekanntheit.
Gleichzeitig erfreuen sich Marken, Produkte und Dienstleistungen mit hohem Involvement meist einer hohen Bekanntheit und verfügen in der Regel über einen hohen Wiedererkennungswert (Mittal, 1995). Wenn wir uns Coca-Cola, Mercedes Benz, Nivea oder McDonald's anschauen, handelt es sich um Marken, die sowohl sehr bekannt als auch sehr gut wieder erkennbar sind. Coca-Cola kennt im wahrsten Sinne des Wortes fast jedes Kind, wir erkennen die Marke an der Flasche, am speziellen Coca-Cola-Rot oder am weißen Schriftzug des Markennamens – also nicht nur am Namen selbst. Bei Nivea spricht das Nivea-Blau der Dose genauso für die Marke wie der Name der Marke, die blaue Dose würden wir auch ohne Schriftzug erkennen. Der Mercedes Stern prangt aktuell zwar nicht mehr auf der Kühlerhaube wie in den 1970er- und 1980er-Jahren, sondern übt sich rein optisch eher in vornehmerer Zurückhaltung. Nichtsdestotrotz ist das Symbol des markanten Stern-Emblems stark und eindeutig mit der Marke Mercedes verknüpft und hat es als Schmuckstück sogar in die Musik- bzw. Rapper-Szene geschafft. Und McDonald's kann wiederum chamäleonähnlich die Farben seines Logos von Rot auf Grün ändern, wir erkennen Mäcces trotzdem sofort wieder.

Das Markenmanagement hat daher ständig dafür Sorge zu tragen, dass sein Produkt bekannt und erkennbar ist und bleibt, dass das Produkt von sich reden macht und sich im Gedächtnis der Menschen dauerhaft einen Platz erkämpft.

High Involvement ist garantiert durch Unverwechselbarkeit.

High-Involvement-Marken zeichnen sich auch durch einen überdurchschnittlich hohen Grad an Differenzierung aus (Scientific economics.de, 2020b). Differenzierend meint einzigartig und unverwechselbar, anders zu sein als andere. Gerade Marken wie Apple, Fielmann, Lego, SMART oder Victorinox nutzen einen differenzierten Auftritt als Marke, um sich im Herzen und im Hirn von Menschen festzusetzen. Denn Apple ist nicht nur Anbieter von sogenannten Technical Devices. Die Marke bietet die Möglichkeit, sich der Liga kreativer Erfolgsmenschen zugehörig zu fühlen. Fielmann zeigte früher, dass gute Brillen und somit gutes Sehen keine Frage des Geldbeutels sind – heute hingegen positioniert sich die Marke als Unterstützer der viel gescholtenen und oft belächelten Brillenschlange, gibt Brillenträgern ein Gesicht und vor allem Selbstvertrauen und Standing. Lego ist kein Spielzeug, sondern eine spielerische Herausforderung, mit der Jung UND Alt ihre kreative Ader ausleben können. Ein SMART ist nur bedingt ein praktisches Auto für die Innenstadt, sondern vielmehr ein cleverer Cityflitzer. Und Victorinox produziert nicht einfach nur (Taschen-)Messer, sondern verkauft dank ihres sagenhaften Multitools jedem Käufer die Aura eines Survival-Meisters, den nichts überraschen und noch weniger erschüttern kann.

Das Markenmanagement muss daher unverwechselbare und unnachahmbare Produkte schaffen, die ihresgleichen suchen (aber nicht finden).

Billig(er) passt nicht zu High Involvement.

Marken mit hoher ICH-Beteiligung und High Interest sind häufig etwas oder deutlich teurer als ihre Low(er)-Interest-Konkurrenten. Nehmen wir das Beispiel Schokolade: Die Begeisterung oder zumindest die Liebe für eine Schokolade wie Milka oder Ritter Sport ist sicherlich größer als für Schogetten oder die REWE-Tafelschokolade von JA. Und Milka oder Ritter Sport wiederum können hinsichtlich Passion und Emotion längst nicht mit Lindt mithalten. Konkret lässt sich das am Schokohasen festmachen, der in Deutschland zu Ostern geradezu ein gesellschaftliches Muss und eine süße Selbstverständlichkeit darstellt. Aus Marken- und aus Menschensicht macht es einen geradezu riesigen Unterschied, ob man an den Ostertagen »nur« einen Hasen von Milka oder von KitKat geschenkt bekommt – oder einen Goldhasen von Lindt. Drittliga gegen Erstliga.

Das Markenmanagement darf High-Involvement-Produkte nicht verramschen, denn schließlich hat Qualität ihren Preis – und so müssen diese Produkte auch aus psychologischer Sicht immer etwas mehr kosten, um nicht an Strahlkraft zu verlieren.

Kommunikation für High Involvement schlaut Menschen auf.

Werbung für High-Involvement-Marken, -Produkte oder -Dienstleistungen ist informativ (Deimel, 1989). Man versucht, Kundinnen genau das Informationsfutter zu geben, nach dem sie aufgrund ihrer Passion für bestimmte Marken geradezu gieren.

Gleichzeitig gibt Werbung für High-Involvement-Marken idealerweise Argumente und Beweise an die Hand, die einen mehr als glaubhaften, nachvollziehbaren und geradezu felsenfesten Grund für den Kauf geben. Und last, but not least ist Werbung für High-Involvement-Marken meist auch noch überdurchschnittlich mitreißend, indem sie Kunden in ihrer Begeisterung für die Marke selbstbewusst entgegenkommt, diese zelebriert und auch feiert. High-Involvement-Marken gewinnen Menschen durch eine Argumentation für sich, die die emotionalen oder rationalen Vorteile, die man durch diese Marken hat, mehr als deutlich in den Vordergrund stellt. Schaut man sich die Marke MINI an, sind die Vorteile, die Verstand und Vernunft der Kundinnen ansprechen, sicherlich ein (relativ) geringer Verbrauch, eine gute Verarbeitungsqualität und die für den Stadtverkehr sowie für das Parken vorteilhafte Größe des Wagens. Das Herz schlägt beim MINI aber hoch und höher, weil das Auto nicht nur großen Spaß verspricht, sondern auch einen riesigen Spaß macht, weil es für Kreativität und Individualität steht und weil es ein Auto ist, das sich selbst und den Fahrer nicht zu ernst nimmt.

Das Markenmanagement muss daher vor allem eins: aufklären. Es muss über die Produkte informieren und deren reellen sowie ideellen Wert erklären, um das Involvement hochzuhalten und Preise zu rechtfertigen.

Low Involvement: Marken lassen uns kalt.
Doch längst nicht alle Marken sind mitreißend, nehmen Menschen für sich ein. Viele Marken sind reizlos, sind von geringem Involvement und Interesse. Diese Low-Involvement- beziehungsweise Low-Intererst-Marken werden üblicherweise von einer geringen emotionalen und/oder rationalen ICH-Beteiligung begleitet (Mittal, 1995). Solche Produkte sind uns schlichtweg egal. Wir geben uns bei der Entscheidung für diese Produkte und beim Kauf keine Mühe, nehmen uns keine Zeit und sind auch nicht bereit, überdurchschnittlich viel Geld für sie auszugeben. Denn einige Marken und Produkte sind vielen Menschen egal, weil bei typischen Low-Involvement-Markenvertretern kein klar erkennbarer Unterschied in der Qualität zu erkennen ist (Mittal, 1995). Klassische Beispiele, bei denen nahezu kein Mensch Begeisterung zeigt, sind Papiertaschentücher, Toilettenpapier oder Haushaltsrolle, Zucker oder Mehl, d. h. viele Konsumgüter, Lebensmittel und Massenprodukte. Wenn man einige Produkte zwar zum Leben braucht, diese Produkte aber austauschbar erscheinen, ist natürlich auch das Involvement in die Kaufentscheidung eher niedrig. Man ist weder gedanklich noch emotional am Kaufprozess beteiligt und kauft eher gedankenlos und nebenbei.

Low Involvement ist die Regel (und nicht die Ausnahme).
Tatsächlich werden ca. 90 Prozent aller Kaufentscheidungen als Low Involvement getroffen (Magnetmarke.de, 2022). Bei Entscheidungen mit geringem Involvement laufen und kaufen Menschen sozusagen auf Autopilot, was ihr Kauf- und Entscheidungsverhalten angeht. Man entscheidet sich für ein Produkt mehr oder weniger automatisch, kauft aus Gewohnheit, aus dem Bauch heraus. Der Kauf von Low-Interest-Produkten

ist dementsprechend durch einen geringen Informationsbedarf (»Küchenpapier ist aus, wir brauchen Nachschub – die Marke ist mir völlig gleichgültig«) und vor allem durch Spontaneität (»Das haben ich eben noch im Vorbeigehen mitgenommen, war auch noch im Angebot«) geprägt (Michaelidou & Dibb, 2008). Wenn Menschen solche Produkte kaufen, beschäftigen sie sich nicht mit möglichen Alternativen, weil sie dem Kauf dieser Produkte keine allzu große Bedeutung beimessen.

Low Involvement steht für no risk, no fun.
Wenn man ein Produkt mit niedrigem Involvement kauft und anschließend damit nicht zufrieden oder sogar unglücklich ist, ist das recht leicht zu verschmerzen. Beim Kauf von Produkten mit einer geringen ICH-Beteiligung ist der Risikofaktor zudem äußerst gering (Michaelidou & Dibb, 2008). Die Konsequenzen, wenn man zum falschen Toilettenpapier greifen sollte, sind überschaubar, man muss nicht wirklich über sie nachdenken. Wenn man falsch gelegen hat, ist das kein Drama und macht es beim nächsten Mal ganz einfach anders beziehungsweise besser und kauft einfach ein anderes.

Das Markenmanagement muss daher betonen, dass man keinerlei Risiken beim Kauf eingeht – und schon kaufen wir acht- und sorglos.

Low-Involvement-Produkte sind immer da, immer nah.
Gleichzeitig ist für Produkte mit geringem Involvement kennzeichnend, dass sie allseits und allzeit verfügbar sind (Mittal, 1995). Diese hohe Verfügbarkeit und Präsenz machen den Reiz einer einfachen Zugänglichkeit dieser Produkte aus, sie sind für jeden immer und überall zu haben. Man muss sich nie wirklich anstrengen, an sie zu gelangen. Letztlich ist die nächste Packung Küchenrolle, der nächste Liter Milch oder das nächste Päckchen Salz (zumindest gefühlt) nur eine Armlänge entfernt. Grund dafür ist die umfassende Distribution von Low-Involvement-Produkten. Wenn bei diesen Produkten für eine möglichst flächendeckende Verteilung gesorgt ist, sind die Verkaufschancen entsprechend höher.

Das Markenmanagement muss also lediglich dafür sorgen, dass Toilettenpapier und Co. überall erhältlich sind, dann greifen wir Menschen (nahezu) gedankenlos zu.

Low-Involvement-Produkte sind austauschbar und verzichtbar.
Low-Involvement-Produkte sind einander sehr ähnlich (Deimel, 1989). Wenn beispielsweise die Nudelmarke, die man normalerweise kauft, nicht vorrätig ist, kauft man einfach eine andere Marke oder im Worst Case sogar No-Name-Pasta. Nur wenige Menschen kämen auf die Idee, für eine bestimmte Marke oder Sorte Nudeln extra den Supermarkt zu wechseln. Bei seiner Lieblingsschokolade würde man das vermutlich eher tun, dafür gehen viele Konsumentinnen gerne auch mal einen Umweg. Konsumenten sind bei Low Involvement weniger loyal, sie sind weniger (marken)treu, dafür jedoch probierfreudig, und sie lassen sich öfter mal auf neue oder alternative Marken ein.

Das Markenmanagement hat daher die Aufgabe, im Kopf von Konsumentinnen ständig präsent zu sein – denn wenn alle Produkte und Marken gleich und somit austauschbar erscheinen, muss man sich als Marke einen vorderen Platz im Gedächtnis verschaffen, um als Erste und Einzige im Warenkorb zu landen.

Kommunikation für Low-Involvement-Produkte ringt um Aufmerksamkeit und Emotionen.
Werbung für Low-Involvement-Produkte zeichnet sich in erster Linie durch Aufmerksamkeitsstärke aus (Deimel, 1989), Marken kommunizieren offensiv »Hier bin ich, probiere mich, kaufe mich!«. Wenn eine Marke austauschbar erscheint, bleibt ihr schlichtweg nichts anderes übrig, als unüberhörbar und vor allem lauter als andere zu sein. Mittels einer derart geräuschvollen Präsenz rüttelt man Menschen auf – sei es durch ein extrem auffälliges Verpackungsdesign (was bei zahlreichen Nahrungsmitteln für Kinder sowie bei Süßwaren zu »hören« ist) oder durch laute Preise in Form verführerischer Preisaktionen und -rabatte (beispielsweise bei Wasch-, Putz- und Reinigungsmitteln). Eine derartige Präsenz schafft Aufmerksamkeit und Begehrlichkeiten. Werbung in dieser Kategorie muss versuchen, einen gedanklichen Anker zu werfen. Deswegen müssen Werbebotschaften für Low-Involvement-Produkte häufig geschaltet, d. h. überdurchschnittlich oft gezeigt (Online, TV, Kino) beziehungsweise gespielt (Radio) werden – bis hin zur Penetranz (»Ach, diese Werbung schon wieder?! Die kommt aber oft«) oder Reaktanz seitens der Zielgruppe (»Bloß nicht schon wieder diese Werbung!«). Daher läuft einiges an Werbung (zumindest gefühlt) in einer scheinbaren Endlosschleife – wie bei Seitenbacher. Seitenbacher. Seitenbacher. Es gibt scheinbar kein Entrinnen von diesem Ohrwurm, der Marke und Werbung – die unbeschreiblich erfolgreich ist.

Über Marken nachdenken oder nicht – das ist hier die Frage.
Bei High- und Low-Involvement geht es darum, ob Menschen beim Einkaufen bewusst (nach)denken und sich einbringen oder ob sie unbewusst aus dem Bauch oder einer Gewohnheit heraus entscheiden. Dabei ist es natürlich legitim, dass wir beim Einkaufen mal mehr und mal weniger denken (Jaritz, 2008). Da wir tagtäglich viele verschiedene (Kauf-)Entscheidungen treffen, können wir nicht bei jedem Kauf in uns gehen und jegliches Für und Wider abwägen. Das hängt unter anderem von unserer Tagesform ab sowie natürlich von der Art des Produktes. Wenn wir uns ein Haus oder einen Pkw kaufen oder eine Lebensversicherung abschließen, spielen gänzlich andere Faktoren eine Rolle als beim Einkauf von Lebensmitteln im Supermarkt oder Discounter. Denn vor allem bei wichtigen und großen Investitionen nehmen wir uns wesentlich mehr Zeit, benötigen mehr Informationen und verlangen nach kompetenter Beratung. In unserem Alltag hingegen muss es schnell gehen, muss alles möglichst einfach und bequem sein. Im Supermarkt suchen wir nicht nach Beratung, wir brauchen sie schlichtweg nicht. Dort entscheiden wir uns schneller, kaufen ruckzuck und häufig im Automodus.

4.4 Involvement: Sich Marken hin- und ergeben.

Emotionales und kognitives Involvement.
Wichtige Facetten im Zusammenhang mit High und Low Involvement sind Emotionalität und Rationalität von Herz und Hirn. Es gibt Produkte und Marken, die uns eher über unser Gefühl und solche, die uns eher über unseren Verstand ansprechen. Denn was und warum wir kaufen, hängt nicht allein von der Stärke des Involvements ab, sondern auch von zwei weiteren, teils entgegengesetzten Komponenten – dem kognitiven und dem emotionalen Involvement.

Die Vernunft ist des Menschen Motor ...
Kognitives Involvement giert nach Informationen, lebt von Wissen. Wir suchen mit mehr oder weniger Aufwand nach Informationen, um möglichst alles über eine Marke oder über ein Produkt zu wissen, was es zu wissen gibt (Deimel, 1989). Da hört man sich im Freundeskreis um, durchforscht das Internet, checkt die sozialen Medien – und das Stunde um Stunde, tage- bis wochenlang. Unsere Bereitschaft, nach relevanten Informationen zu suchen, zu hinterfragen und zu verarbeiten, ist teils grenzenlos. Dabei wird oftmals viel Zeit darauf verwendet, (scheinbar) relevante Informationen über Marken und Produkten zu sammeln, um diese dann zu vergleichen und so zu einer (vermeintlich) fundierten und vernünftigen Entscheidung zu gelangen.

Schauen wir uns die Vernunft beim Entscheiden und Kaufen am Beispiel der Marken ŠKODA oder Dacia an: Wir sprechen von zwei Automarken, die (fast) niemand aus purer Begeisterung oder Leidenschaft kauft. Die Marken haben es jedoch recht erfolgreich geschafft, an die Vernunft potenzieller Kunden zu appellieren und so kognitives Involvement zu schaffen. ŠKODA und Dacia sprechen in ihrer Werbung vor allem das »smarte Cleverle« in uns an. Sie reden uns ein, wie unbeschreiblich schlau es ist, ein Auto zu kaufen, das nicht primär durch sein Image, sondern durch ein überzeugendes Preis-Leistungs-Verhältnis besticht. Unsere Vernunft wird hier durch gute Test-, CO_2- und Verbrauchswerte überzeugt und lässt das eher blasse Prestige dieser Marken in den Hintergrund treten (Faust, 2022).

... und Gefühle sein Benzin.
Wenn die Vernunft der Motor des Menschen ist, können die Gefühle als dessen Benzin verstanden werden. Und daher spielt das emotionale Involvement eine ebenso bedeutende Rolle wie das kognitive. Emotionales Involvement hingegen spielt mit unseren Gefühlen (Deimel, 1989). Wir entwickeln mehr oder wenig stark ausgeprägt Zuneigung oder Abneigung, manchmal sogar Liebe oder sogar Hass gegenüber Marken. Und dieses emotionale Involvement entscheidet in einem erheblichen Ausmaß über den Kauf von Marken und Produkten. Wir lassen uns von (positiven) Emotionen (an)treiben, wenn wir pures Gefallen an einer Marke finden und sie unser Inneres anspricht. Genauso lassen wir uns von (negativen) Emotionen vertreiben, wenn eine Marke oder ein Produkt uns irritiert oder abstößt. Nehmen wir als Beispiel für eine Marke mit einem hohen emotionalen Involvement die Marke Sephora und schauen uns die

Heerscharen an, die in die Sephora-Shops pilgern (Cio.de 2017). Sephora verkauft Parfums und Kosmetik, nicht(s) mehr und nicht(s) weniger. Nur bekäme und tatsächlich bekommt man genau all diese Marken und Produkte, die Sephora vertreibt, auch in anderen Läden und selbstverständlich im Internet. Trotzdem nehmen viele Menschen den Weg in die (Innen-)Stadt, die Suche nach einem Parkplatz oder überfüllte öffentliche Verkehrsmittel sowie die Wartezeit an der Kasse selbstverständlich in Kauf. Denn bei Sephora erwarten uns eben nicht nur Parfums und Kosmetik, sondern eine mit allen Sinnen erlebbare Einkaufswelt, die für pures emotionales Involvement sorgt. Eine durchgestylte Emotionsorgie, die gefüllt ist mit innovativen Marken, die einen nennenswerten Instagram-Touch haben und in einem Up-to-date-Designambiente mit einem frankophilen bis kosmopolitischen Flair dargeboten werden – was alles so gar nichts mit dem eher piefigen 80er-Jahre-Charme des Beauty-Konkurrenten Douglas zu tun hat. Ein Sieg des emotionalen Involvements für die Marke Sephora, der recht wenig mit Vernunft und rationalen Argumenten zu begründen ist.

Der Mensch im Widerstreit von Herz und Hirn.
So sind wir also hin- und hergerissen zwischen Herz und Hirn, zwischen Gefühl und Verstand. Je nach Anteil der ICH-Beteiligung wenden wir uns mehr oder weniger intensiv einer Marke zu. Und je nach emotionaler oder kognitiver Bindung lassen wir uns von Marken begeistern oder aber überzeugen. Letzten Endes wirken sich genau diese Faktoren auf unser Kaufverhalten aus. Und so kaufen wir nicht nur nach Laune, sondern nach Involvement. Denn je nachdem, wie stark unser Involvement gegenüber einer Marke ausgeprägt ist, treffen wir unterschiedlichste Kaufentscheidungen. Schauen wir uns an, welche emotionalen, rational-kognitiven und vor allem psychologischen Kaufprozesse vor dem Hintergrund des Involvements zu unterscheiden sind.

Der Mensch ist ein Konsum-Gewohnheitstier.
Die habitualisierten Kaufentscheidungen sind die wohlbekannten Gewohnheitskäufe, die jeder kennt und wohl auch regelmäßig macht. Bei Produkten, die wir in aller Regelmäßigkeit aus Gewohnheit kaufen, spielen weder das emotionale noch das kognitive Involvement eine Rolle (Raback, 2011). Weder Herz noch Hirn kommen hier groß zum Einsatz. Bei Gewohnheitskäufen wie Küchenpapier, Kaffee oder Brot schlägt unser Herz nicht höher und auch unser Hirn hält ziemlich still. Meistens fühlen wir uns damit aber wohl, da diese Art von Kaufentscheidung häufig dadurch entsteht, dass wir zuvor getroffene Entscheidungen aus der Vergangenheit als gut beziehungsweise richtig befunden haben. Am Kauf einer bestimmten Marke Kaffee gab es nichts zu mäkeln, daher spricht letztlich nichts dagegen, genau dieses Produkt wieder in den Warenkorb zu legen. Man muss sich also nicht aufwendig nach Alternativen umschauen.

Der Mensch wägt Für und Wider ab.
Ganz anders verhält es sich bei extensiven Kaufentscheidungen, dem Gegenteil von Gewohnheitskäufen. Beim Kauf eines Neuwagens oder einer Wohnungseinrichtung

ist man emotional und kognitiv stark involviert, sowohl das emotionale als auch das kognitive Involvement sind gleichermaßen stark ausgeprägt (Raback, 2011). Herz und Hirn werden in gleichem Maße angesprochen und beansprucht. Und wenn zwei sich streiten, freut sich bekanntermaßen der Dritte – und das ist in diesem Falle die Entscheidungsfindung. Denn die dauert bei extensiven Kaufentscheidungen tendenziell bis deutlich länger, wenn man sowohl mit dem Herzen als auch mit dem Hirn involviert ist. Marken und Produkte für zugleich Herz und Hirn sind meistens etwas oder sogar deutlich kostspieliger, zudem sind sie qualitativ hochwertiger. Typischerweise sammelt man bei extensiven Kaufentscheidungen zuerst äußerst motiviert möglichst viele Informationen, um dann die nächste Phase anzugehen und gegebenenfalls schier endlos Vergleiche zwischen verschiedenen Angeboten zu ziehen. Das Ergebnis sind häufig Pro-Contra-Listen für und gegen eine Marke, die aufgrund eines kognitiven Involvements extrem vernünftig und superrational sind (oder zumindest so aussehen), um dann letzten Endes mit einer gesunden Portion Gefühl (entsprechend des emotionalen Involvements) bewertet zu werden.

Der Mensch im Täglich-grüßt-das-Murmeltier-Modus des Konsums.
Es gibt aber auch Kaufentscheidungen und -szenarien, bei denen wir zwar nachdenken und abwägen, gleichzeitig aber auch wenig Herzblut vergießen. Bei den sogenannten limitierten Kaufentscheidungen spielt die kognitive ICH-Beteiligung eine ebenso große Rolle wie bei extensiven Kaufentscheidungen, jedoch mangelt es an Emotionen. Wir sehen bei solchen Marken und Produkten keinen nennenswerten Grund für große Emotionen beziehungsweise um Energie oder Zeit in derartige Kaufentscheidungen zu investieren. Um alle unnötigen oder ein Zuviel an derartigen Investitionen zu vermeiden, limitieren wie die Auswahl an Marken und Produkten, um uns die Entscheidung zu erleichtern sowie um Energie und Zeit zu sparen (Raback, 2011). Meist treffen wir dann Entscheidungen aufgrund von Faustregeln, die wir von anderen übernommen oder anhand von vermeintlichen Regeln, die wir selbst entworfen haben. »Schokolade aus der Schweiz ist die Beste«, »Werkzeug aus China ist nix« oder »Veggie-Wurst ist fake«. Oder aber wir entwickeln eine Gleichung aufgrund von Kaufentscheidungen aus der Vergangenheit, die sich als erfolgreich erwiesen haben. »Die Eigenmarken im Supermarkt sind absolut in Ordnung – mehr braucht man nicht«. Gerade bei Eigenmarken, den No-Name-Produkten von Supermarkt- und Discounter-Ketten (wie »JA« und »Beste Wahl« von REWE), kommt es häufig zu limitierten Käufen. Wir entscheiden uns für die Eigenmarke, da sie uns ausreichend Nutzen bringt und unsere Bedürfnisse grundlegend erfüllt sowie wenig(er) kostet und uns beim Kauf wenig(er) Zeit für Nachdenken, Entscheidungsabwägung & Co. abverlangt. Eigenmarken machen es uns einfach, sie erleichtern uns die Entscheidung und den Kauf, sparen uns Zeit und Nerven.

Der Mensch und sein Konsum-Bauch.
Last, but not least lassen wir oft unseren Bauch entscheiden. Dann sprechen wir von einem Spontan- oder Impulskauf (Tonn, 2020). Und im Supermarkt herrscht dieser

häufig vor, mehr als die Hälfte der im Supermarkt getätigten Käufe erfolgen aus dem Bauch heraus. Bei Impulskäufen treffen wir keine (bewussten) Entscheidungen, überlegen nicht lange. Der Kauf an sich ist zwar rein impulsiv, wird dabei aber stark von außen, von unserem Umfeld beeinflusst. Da kommen Pro- und Kontra-Argumente zu kurz. Alles, was Energie und Zeit kostet, was die Entscheidung und den Kauf verlängert beziehungsweise verzögert, wird verdrängt und kurz entschlossen zur Seite geschoben. Denn wir lassen uns bei Spontankäufen vor allem von Stimmungen und Emotionen wie Belohnung, Sehnsucht, Frust oder Trost leiten. Da kauft man sich eine Flasche Champagner als Belohnung nach einem erfolgreichen Geschäftsabschluss, Schuhe als Trost nach einem stressigen Tag, Schokolade bei Liebeskummer oder die XL-Pizza, wenn der Magen sehr laut und schon viel zu lange knurrt. Dass dabei unsere Gefühle die Oberhand haben, ist offensichtlich, Herz geht hier über Hirn. Unser Verstand ist abgeschaltet, während Emotionen uns entscheiden und zugreifen lassen. Wir sind Opfer unserer Lust, Sklaven unserer Gefühle.

Gründe, warum sich das ICH mal mehr, mal weniger beteiligt.
Sicher ist: Kein Mensch kann sich der ICH-Beteiligung entziehen, jede und jeder ist immer und irgendwie beim Kauf von Marken involviert. Was aber beeinflusst den Aufbau von Involvement? Die Faktoren lassen sich folgendermaßen zusammenfassen:
- **Situationen bestimmen Involvement – vor allem beim Konsum.**

Kauf- und Konsumentscheidungen sind vielfach situationsabhängig. Daher können Kaufentscheidungen plötzlich von Low Involvement zu High Involvement wechseln, wenn wir in einer Situation eine Art von Risiko oder Unsicherheit wahrnehmen. Im Bereich von Produkten: Lädt man Gäste zum Frühstück oder Brunch ein, überlegt man sich mehr als zweimal, ob man zu der No-Name-Marmelade und dem preiswerten Aufschnitt greift, welche man üblicherweise kauft – oder ob man nicht doch lieber Bio- oder Premiummarken wählen sollte. Man möchte vor den Gästen schließlich gut dastehen und Eindruck schinden. Oder im Bereich der Dienstleistungen: Ebenfalls zu einem schnellen Wechsel von Low zu High Involvement kommt es, wenn die Reinigung, bei der man Stammkunde ist, völlig unerwartet Betriebsferien hat und man dringend frisch gewaschene und gebügelte Hemden braucht. Waren frische Hemden zuvor eine Selbstverständlichkeit, so mutiert das Thema angesichts eines bevorstehenden Geschäftstermins plötzlich zum Notfall. So bestimmen Situationen über den Grad des Involvements, können eine Situation mit niedriger ICH-Beteiligung zu einer Situation mit hohem Involvement verändern, was sich deutlich auf unsere Entscheidungen und auf unser Kaufverhalten auswirkt.
- **Echtes Interesse schürt Involvement.**

Wenn wir ein Produkt kaufen, das uns wirklich interessiert und das für uns Bedeutung hat, ist zwangsläufig unser Involvement hoch (Wiedmann & Walsh, 2020). Wir geben uns mehr Mühe, investieren Zeit und sind höchst motiviert, uns für das perfekte, richtige, beste Produkt zu entscheiden. Was uns wichtig ist und wo wir uns mit ICH-Beteiligung involvieren, ist individuell und subjektiv, liegt im Auge des Betrachters. Der einen sind Lippenstifte, dem anderen Dartpfeile wichtig und jemand, der sich für Handwerk und Werkzeug interessiert, wird sich äußerst involviert mit dem Kaufprozess von Hammern, Nägeln, Bohr- und Schleifmaschinen beschäftigen. Dieselben Themen spielen für andere Menschen nur eine nichtige Rolle. Ihr Interesse wird nur geweckt, wenn man ausnahmsweise mal hübsch(er) aussehen möchte, Sportleistungen zeigen will oder umzieht und plötzlich Möbel auseinander- und zusammenbauen muss oder wenn ein neues Bild oder einen Spiegel aufgehängt werden will. Dann plötzlich ist das Interesse für Schminkutensilien, Sportequipment oder Hammer, Nägel & Co. immens und Involvement entsteht – wenn auch nur kurzzeitig.

- **No risk, no fun trifft beim Konsum nicht immer zu.**

Je stärker das (empfundene) Risiko und die entsprechende Unsicherheit beim Kauf eines Produktes, umso stärker steigern wir uns in den Kaufprozess hinein und sind involviert. Dabei gibt es verschiedene Facetten des wahrgenommenen Risikos, die unser Involvement antreiben.

Finanzielle Risiken.
Da wäre zum einen das finanzielle Risiko, bei dem man ganz einfach Geld verliert beziehungsweise verlieren könnte, denn Preis und Involvement stehen in einem engen Zusammenhang, bedingen häufig einander. Beim Kauf kostspieliger Produkte sind wir daher äußerst involviert (Wiedmann & Walsh, 2000). Denn wenn wir das falsche Auto, die falsche Wohnungseinrichtung oder die falsche Luxus-Handtasche kaufen, wäre das (finanziell und meist auch langfristig) fatal.

Soziale und psychologische Risiken im Konsumdschungel.
Genauso relevant ist das soziale Risiko (Wiedmann & Walsh, 2000). Wenn beispielsweise ein Teenager die »falsche« Markenkleidung trägt oder man als Erwachsene auf dem Parkplatz des Golfplatzes mit dem »falschen« Auto vorfährt, ist man schnell sozial gebrandmarkt. Auf manchem Schulhof kann eine Jeans von KiK oder C&A den Träger ins soziale Abseits befördern. Und vor dem Golfplatz muss es der Audi, BMW und Mercedes und darf es eben nicht ein Kia oder Seat sein. Kleidung macht Leute, und genauso macht das (richtige oder falsche) Auto die (richtigen oder falschen) Leute. Auch das Trinken von Nespresso oder Starbucks Kaffee kann sich auf das eigene Image auswirken, weil die Kapseln beziehungsweise Einwegbecher alles andere als nachhaltig sind. Wir müssen immer damit rechnen, dass das unpassende beziehungsweise falsche Markenlabel uns in den Augen anderer in ein schlechtes, unerwünschtes Licht setzt.

Eng mit dem sozialen Risiko verbunden ist das psychologische Risiko. Das wird deutlich, wenn wir uns bei potenziell falschen Entscheidungen unwohl fühlen. Typische Beispiele sind das Schlemmen von Sahnekuchen und Fast Food und das Konsumieren von Alkohol oder Tabak. Man ist sich bewusst, dass all das für einen kurzen Moment (der Seele) guttut, dem Körper aber überhaupt nicht. Dennoch greift man wider besseren Wissens immer wieder zu all diesen Lastern – und wird zwar mit einem kurzen Wohlgefühl belohnt, allerdings stets in Begleitung eines schlechten Gewissens.

Aus Erfahrung werden wir klug – und involviert.
Wir kaufen, was wir kennen und was uns zuvor überzeugt oder begeistert hat. Erfahrungen aus der Vergangenheit, Erfahrungen zu früheren Käufen beeinflussen das Ausmaß unseres Involvements (Matzler, 1997). Gleichzeitig sind wir aber auch Gewohnheitstiere. Und so nimmt unsere ICH-Beteiligung ab, wenn wir Produkte mehrmals oder regelmäßig kaufen. Wenn man also selten, eher noch einmalig, ein Auto einer bestimmten Marke kauft, ist das Involvement (noch) sehr hoch. Kauft man allerdings öfter beziehungsweise über die Jahre regelmäßig Autos dieser Marke, nimmt das entsprechende Involvement selbst hier, in einer klassischen High-Involvement-Situation, drastisch ab. Schließlich ist man mit der Marke beziehungsweise mit dem Produkt vertraut, weiß, was man erwarten kann und inwiefern es den eigenen Bedürfnissen entspricht.

> **Wer Menschen für Marken brennen lassen will,
> muss zuerst Marken entflammen.**
>
> Für Markenmanagerinnen heißt das, Marken mit Bedeutung und einem Unersetzlichkeitsfaktor zu schaffen – für Menschen, sich zu hinterfragen, was genau sie für eine Marke brennen und diese so unersetzlich für sie werden lässt.

Marken müssen Involvement schaffen, um für Menschen von Bedeutung zu sein. Involvement heißt für Marken zu brennen, sich für sie zu interessieren, sie ernst zu nehmen und sich um sie zu kümmern. Mangelndes Involvement gegenüber Marken hingegen bedeutet, die Marke lässt Menschen unbeeindruckt und desinteressiert zurück. Für jede Marke ist Involvement demnach nicht nur wünschenswert, sondern vielmehr das Nonplusultra, um langfristig den Erfolg der Marke zu sichern. Nur denjenigen Marken, die Menschen an sich binden, gelingt es, unverzichtbar zu werden. Das Schaffen von Involvement sollte daher im Markenmanagement sehr weit oben auf der Agenda stehen als Möglichkeit, Menschen für Marken einzunehmen und so als Garant für Markenerfolg. Ein mittlerweile hochrelevantes Marketinginstrument, das mit dem Faktor Involvement arbeitet und vor allem selbst Involvement schafft, wird im nächsten Kapitel vorgestellt: das Content Marketing.

4.5 Content: Inhalt statt Informationen.

Inhalte schaffen Involvement.
Mit Inhalten kommunizieren, durch interessanten Content Aufmerksamkeit auf sich ziehen, durch relevante Informationen überzeugen und Involvement schaffen – so kann man die Idee des Content Marketings zusammenfassen. Es ist ein Kommunikationskonzept, das den Menschen und seine Interessen in den Mittelpunkt setzt (Grunert, 2019) und ein Marketingansatz, der die Marke in den Hintergrund stellt und nicht zu wichtig nimmt. Zielgruppen sollen durch wertvolle, relevante und konsistente Werbeinhalte gewonnen werden und nicht durch eine omnipotente Selbstdarstellung der Marke.

Erkennen, was Menschen wichtig ist.
Es geht bei diesem Kommunikations- und Marketinginstrument nicht um Werbebotschaften, sondern ausschließlich um Content, also Inhalte und Themen, die aufgrund ihrer Relevanz für Zielgruppen von Interesse sind (Schauer-Bieche, 2019). So wird für Marken mit Inhalten geworben, nach welchen Menschen ohnehin bereits von sich aus und selbstständig offline und online suchen, weil diese für sie eine Bedeutung haben. Dabei ist es dem Markenmanagement gerade durch die Onlinesuche und durch das Bewegen im Netz leicht möglich, Inhalte zu identifizieren, die für Zielgruppen von Interesse, von Bedeutung und von Nutzen sind. Die Entwicklung der sozialen Medien (Welche Inhalte interessieren die Zielgruppe?), der Suchmaschinen-Rankings (Nach welchen Themen sucht die Zielgruppe?), aber auch der Einsatz von Marktforschung (Analyse und Befragung von Zielgruppen zur Bestimmung bedeutsamer Themen) und die der Nutzung klassischer Kommunikationskanäle und -medien wie TV und Radio (Welche Formate schaut bzw. hört meine Zielgruppe?) waren und sind Treiber des Instrumentes Content Marketing und zugleich Quellen für das Identifizieren und Schaffen neuen Contents.

Inhalte nerven nicht.
Gutes Content Marketing ist erfolgreich, effizient und effektiv, weil es mittlerweile eine der wenigen Möglichkeiten darstellt, um überhaupt noch einen Zugang zu Menschen zu schaffen und zu sichern (Grunert, 2019). Denn viele Menschen sind genervt von Werbung. Daher meiden sie diese und setzen viel daran, ihr zu entgehen. Immer mehr Menschen nutzen Instrumente wie Adblocker oder auch werbefreie Streaming-Plattformen wie Netflix, um den (unfreiwilligen) Werbekonsum einzudämmen. Das geschieht jedoch nicht, weil Menschen das generelle Interesse an Marken oder Konsum verloren haben, sondern weil sie sich mittlerweile individuell, selbstbestimmt und unabhängig informieren möchten. Wer es also schafft, den gewünschten Adressaten sowohl relevante wie attraktive Inhalte anzubieten, und zwar immer wieder, der wird genau diese Effizienz erreichen und langfristig Erfolg haben.

Inhalte finden ihren Weg.
Unterscheiden lässt sich zwischen allerlei Arten von Inhalten (Schauer-Bieche, 2019): Text-Content (Blogbeiträge, Pressetexte, White Paper, E-Books, Checklisten, Mailings, E-Mailings, Newsletter, Social Media Postings, Case Studies), Video-Content (Imagevideos, Unternehmensvideos, Live-Videos, Produktvideos, animierte Videos, Tutorials, Webinare), Bild-Content (Infografiken, animierte Bilder, Slideshows, 360°-Bilder) und Audio-Content (Podcasts, O-Töne). Dabei unterliegen alle Inhalte, die im Internet und in den sozialen Medien von einer Marke selbst erstellt und veröffentlicht wurden, der vollen Kontrolle und Verantwortung der Marke. Der Einfluss, den das Markenmanagement auf die Inhalte in den jeweiligen Kommunikationskanälen hat, variiert dabei von Kanal zu Kanal (Kilian & Kreutzer, 2022). Bei der markeneigenen Website haben die Marketingverantwortlichen die volle Kontrolle über die Inhalte, dort ist dementsprechend nur Gutes über die Marke zu vernehmen. Ähnlich verhält es sich bei allen Arten von Onlinewerbung. Das Marketing zahlt dafür, dass Positives von der Marke zu hören ist, dass man Gutes über sie lesen und hören kann. Ganz anders sieht es allerdings aus, wenn man die sozialen Medien betrachtet. Hier haben Marke und Marketing nur wenig Einfluss auf das, was erzählt, (falsch) berichtet oder schlechtgemacht wird. Die User haben hier mindestens genauso viel Macht über die Marke wie das Markenmanagement. Und schließlich gibt es noch Berichterstattungen und Inhalte, die man sich als Marke verdienen muss. Erst wenn man als Marke interessant, unique, kontrovers oder schillernd genug ist (wie die Marke TrueFruits), berichten die Medien, die Presse, Bloggerinnen und Influencer freiwillig von ihr, d. h. ohne Auftrag oder Bezahlung.

Essen statt Autoreifen.
Eine der ersten Content-Marketing-Beispiele ist der Guide Michelin (Uhl, 2020). Das Unternehmen Michelin war sich bereits 1923 bewusst (damals erschienen die ersten Hotel- und Restaurantempfehlungen), dass man zwar ein exzellentes Produkt herstellt, das viele Menschen brauchen und kaufen, das aber zugleich sehr wenige Menschen wirklich interessiert. Werbung für Reifen ließ die Herzen der Menschen nicht wirklich höher schlagen. Und hier war Selbsterkenntnis wahrlich der erste Weg zur Besserung – für Michelin war es der Weg zum Content Marketing. Denn das Unternehmen konzentrierte sich aufgrund der Erkenntnis »Reifenwerbung interessiert einfach niemanden« auf ein zentrales Thema, das für ihre Kunden wirklich von Bedeutung war: Essen für Feinschmecker. So entstand der erste Michelin Guide mit Empfehlungen zu guten Lokalen, zu Orten, wo man etwas ganz Besonderes genießen konnte. Und wie schaffte Michelin den Übergang von Restaurants zu Reifen? Natürlich über den Weg zu den Lokalen, den man bereits damals und weiterhin häufig mit dem Auto bestreitet. Mit Autos, die mit und auf Reifen fahren und diese beim Fahren (zu Restaurants) abnutzen. Content Marketing darf also gerne um die Ecke denken und Themen

4.5   Content: Inhalt statt Informationen.

auch über Bande treffen. Der Ausgangspunkt: Es agiert immer aus der Zielgruppenperspektive heraus.

Cup Cakes statt Backpulver.
Weitere Beispiele liefern die Unternehmen Henkel Schwarzkopf und Dr. Oetker. Als Produzent und Vermarkter von Haarspray könnte man als eine Firma wie Henkel endlos über seine Produkte sprechen, über alle Vorteile, die diese bieten und wie viel besser die eigenen Marken im Vergleich zu allen Konkurrenzprodukten sind. Das ist heutzutage aber für ziemlich wenige Menschen interessant. All diese plumpen Werbebotschaften und Storys über die Marke und ihre neuen und neuartigen Hairstyling-Produkte hat man bereits viel zu oft gehört. Wenn Henkel Schwarzkopf hingegen über Frisuren, Schnitte und Stylings spricht, dann hört die Zielgruppe zu, denn dann handelt es sich um für sie relevante, greifbare Themen. Und wenn in diesem Zusammenhang quasi nebenbei erwähnt wird, dass diese Haarkreationen mit Drei Wetter Taft oder Syoss gestaltet wurden und auch von Laien kreiert werden können, dann schenken Konsumenten den genannten (und subtil beworbenen) Marken ihre volle Aufmerksamkeit.

Ein Beispiel aus einer ganz anderen Branche zeigt ein vergleichbares Vorgehen: Backpulver an sich erzeugt wenig Interesse und auch kein Involvement. Man braucht es zwar zum Backen, schenkt dieser Zutat jedoch wenig bis keine Aufmerksamkeit. Noch weniger Aufmerksamkeit gönnt man in der Regel einer Werbung für Backpulver. Dr. Oetker hat das frühzeitig erkannt und stattdessen den Weg zu Menschen über Backrezepte gesucht und gefunden. Denn diese sind für die Zielgruppe von Interesse, nach Rezepten sucht man als leidenschaftliche Hobbybäckerin proaktiv und leidenschaftlich. Und so findet das Backpulver als Rezeptbestandteil schlussendlich doch noch seine Kunden.

> **Wer Menschen mit Marken erreichen will, muss den Weg über Bedeutsames gehen.**
>
> Für Markenmanager heißt das, die Interessen ihrer Zielgruppen pausenlos zu analysieren und sie in ihrer werblichen Kommunikation aufzugreifen – für Menschen, von Marken bedeutsame Kommunikationsinhalte zu fordern anstelle austauschbarer Werbeversprechen.

Inhalte sind DER Königsmacher und Erfolgsfaktor im Marketing und in der werblichen Beeinflussung von Zielgruppen. »Content is King« ist mittlerweile eine der wichtigsten Prämissen im Marketing, das Schaffen und Ausspielen von Content der unverzichtbare Standard (Abb. 24). Nur wer relevante Inhalte mittels User-Analyse und Marktforschung findet und liefert, erregt zuerst und mindestens eine kurzfristig-oberflächliche Aufmerksamkeit und danach im besten Falle das tiefer gehende, ernst zu nehmende und langfristige Interesse (potenzieller) Kundinnen – und muss sie daher nicht mit Werbung langweilen. Als Partner in der Mission »Das Ende langweilig-belangloser Werbung« steht dem Content Marketing ein weiteres Instrument zur Seite: das Storytelling, dessen Bedeutung für ein belebenderes bis aufregenderes und vor allem noch involvierenderes Marketing im nächsten Kapitel dargestellt wird.

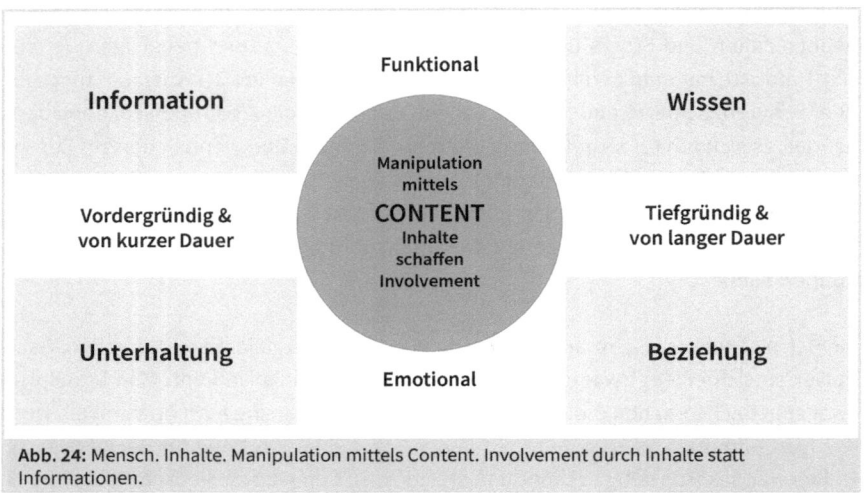

Abb. 24: Mensch. Inhalte. Manipulation mittels Content. Involvement durch Inhalte statt Informationen.

Konsumenten sind gegenüber Marken und ihren Botschaften mittlerweile abgestumpft. Die meisten Menschen interessiert es nicht, was Marken über sich zu sagen haben, womit sie überzeugen und verführen wollen. Der (aktuell) erfolgversprechendste Weg in das Hirn und in das Herz von Konsumentinnen führt über Botschaften von Marken, die für die Zielgruppe relevante Themen als Inhalte aufnimmt und widerspiegelt. Themen, die die Konsumenten angehen, interessieren und antreiben, die zugleich informieren und unterhalten, die Wissen schaffen und so eine Beziehung zu Zielgruppen schaffen, sind das Erfolgsrezept gelungener Marken- und Marketingkommunikation. So könnte Fielmann selbstverständlich über bezahlbare und modische Brillen sprechen, wählt jedoch in der aktuellen Kampagne (https://www.youtube.com/watch?v=fmZli8Xdzpw, https://www.youtube.com/watch?v=D_jSb7s6NW8, 08/2022) das für die Zielgruppe deutlich relevantere Thema des Selbstverständnisses von Brillenträgern. IKEA spricht über die entscheidenden Lebensphasen und -brüche ihrer Zielgruppe, anstatt preiswerte und moderne Möbel anzupreisen. Und Microsoft macht in seiner Kommunikation die Herausforderungen von New Work und Digitalisierung zum Thema (https://news.microsoft.com/de-de/features/modern-workplace/), statt über die entsprechenden IT-Tools zu referieren.

4.6 Storytelling: Geschichten statt Werbetexte.

Menschen lieben Geschichten.
Ganz nah am Thema Content ist das Storytelling (Schach, 2017) – die älteste Art und Weise, Emotionen, Erfahrungen, Informationen und Herausforderungen, denen wir gegenüberstehen, auszutauschen. Und so funktioniert Content Marketing auch nicht ohne Erzählen von Geschichten – und umgekehrt. Denn Menschen lieben Erzählungen, sie lieben gute Storys. Und die Methode des Storytelling nutzt emotionalisierende Geschichten, um Botschaften von Marken und Informationen über Marken zu vermitteln, die Menschen zu unterhalten und so, sofern sie sich dabei authentisch und glaubwürdig präsentieren, Involvement zu schaffen.

Bereits als Kind liebt man Geschichten.
Gelernt haben wir das Prinzip des Storytelling bereits in der Kindheit: Märchen vermitteln uns Ideale und Werte. Sie transportieren dabei viel Lehrreiches, dem man (zumindest als Kind), würde es trocken und langweilig erzählt, kaum Aufmerksamkeit schenken würde. Der Froschkönig steht beispielsweise für Emanzipation und Selbstbestimmung, Schneeweißchen und Rosenrot betonen das Ideal einer Geschwisterliebe ohne Missgunst, während Aschenputtel zeigt, wie das Gute über das Böse siegt, die Stärke bedeutend ist und wie sich Boshaftigkeit rächt. All das sind Themen, die nur ankommen, weil sie in Geschichten verpackt worden sind. Und so wie die alten Märchen funktionieren auch die aktuellen Filme von Pixar oder Disney – nach demselben Muster von Inhalten, nach denselben Mechanismen von Geschichten, die uns Werte wie Freundschaft, Solidarität oder Rücksichtnahme beibringen.

Gute Geschichten bauen Spannung auf (und ab).
Gute Geschichten und ein gutes Storytelling haben immer einen umgehend involvierenden Anfang. Sie beginnen stets mit einer Einführung, die Menschen interessiert und abholt. Storys und Werbung, die von Anfang an faszinieren, einen Spannungsbogen inklusive Höhepunkt aufbauen und möglichst mit einem Happy End abschließen, sind nicht nur in der Lage, die Aufmerksamkeit auf sich zu ziehen und Informationen über Marken zu vermitteln. Sie schaffen es vor allem, Emotionen zu transportieren (Abb. 25). Idealerweise haben solche Storys einen Helden. Jede erfolgreiche Geschichte im Storytelling dreht sich um einzelne oder mehrere Heldinnen, denen man (emotional) folgen, mit denen man mitfühlen kann. Denn dann werden die Inhalte besser erinnert, bleiben im Gedächtnis und schaffen dort Platz für Marken (Fuchs, 2015). Zum Grundrezept eines erfolgreichen Storytelling gehören Protagonisten oder Heldinnen, eine (durch die Marke) zu lösende Herausforderung und ein Happy End, in dem das Problem gemeistert wird.

4 Manipulation im Marketing. Das Herz im Visier.

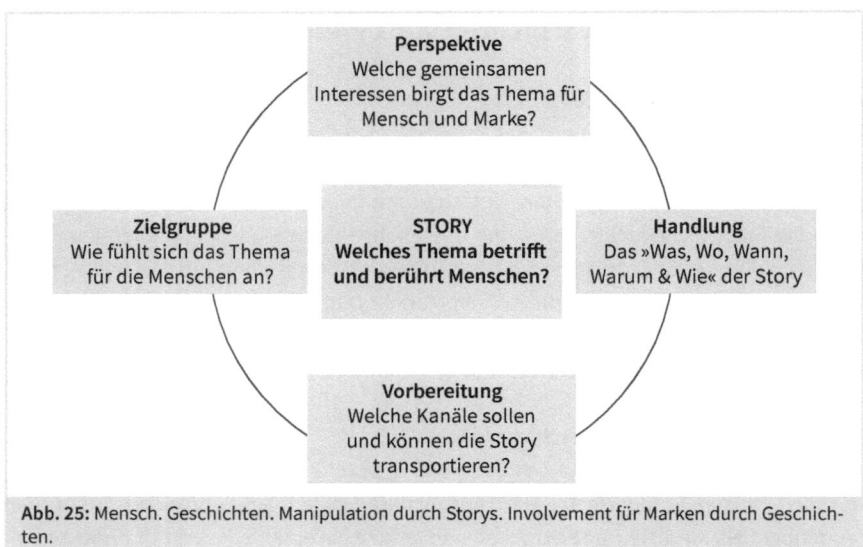

Abb. 25: Mensch. Geschichten. Manipulation durch Storys. Involvement für Marken durch Geschichten.

Storytelling stellt die Marke in den Hintergrund, fast ins Abseits, die Geschichte hinter der Marke dafür in den Vordergrund. Der Marke NIKE gelingt seit Jahren immer wieder ein mehr als gelungenes Storytelling. Ob mit den Protagonistinnen und Sportheroen Serena Williams, Roger Federer oder Colin Kaepernick (https://www.sport1.de/tv-video/video/der-umstrittene-kaepernick-nike-spot-im-video__3762F860-CED1-4521-BCDA-4947BA64C8FD) – sie alle wurden von NIKE als Hauptfiguren genutzt, um anhand ihrer Erfolgsgeschichten und ihrer Uniqueness die Sportmarke als Enabler und Empowerer mit gesellschaftlicher Relevanz und motivierender Botschaft zu positionieren. Je stärker die Story dabei einen wunden Punkt (wie die legendäre Blacklives-matter-Botschaft von Kaepernick) oder den Geist der Zeit (wie bei Williams, die in der Mehrfachrolle von Spitzensportlerin, Mutter, Ehefrau und Aktivistin brilliert, https://www.oregonlive.com/business/2022/09/nike-releases-serena-williams-tribute-ad-watch.html, https://www.youtube.com/watch?v=MolaiWzGF4w) berührt, umso erfolgversprechender können die dahinter liegenden (Werbe-)Botschaften der Marke vermittelt werden – ohne von der Zielgruppe sogleich als solche erkannt zu werden.

Gute Geschichten rocken.
Die Geschichten im Storytelling haben selbstverständlich ebenfalls mehrere Kriterien zu erfüllen, um bedeutsame Informationen auf erzählende, subtile Weise an die Zielgruppe heranzutragen (Fuchs, 2015). Vor allem müssen diese Geschichten emotionalisieren, mit Gefühlen aufgeladen sein, die für die Zielgruppe nachvollziehbar und auch miterlebbar sind. Auch sollten sie einen Aufrufcharakter aufweisen, sollten aktivieren und zum Mitfühlen, Mitdenken und Mitmachen anregen. Sie sollten Identifizierungspotenzial mit sich bringen und für die Zielgruppe einen persönlichen Zugang zum

geschilderten Problem und zu dessen Lösung ermöglichen. Die Storys sollten die Zielgruppe an sich binden, für sich einnehmen und nicht loslassen. Sie sollten ein Fenster oder eine Tür zur Marke öffnen, um sich mit der Marke gemein zu machen, sich leicht mit ihr zu identifizieren, sich als Zielgruppe in ihr und ihren Werten wiederzufinden. Und sie sollten dank einer bewegenden Dramaturgie begeistern und das Potenzial haben, im Freundes- und Bekanntenkreis mittels Mundpropaganda (analog) sowie mittels Shares, Comments, Likes und Posts (digital) aus eigenem Antrieb weiterverbreitet zu werden.

Der Supermarkt als cleverer Familienzusammenführer.
Schauen wir uns noch einmal EDEKA als ein Paradebeispiel für ein mehr als ausgefeiltes Storytelling an (Becker, 2020). Die extrem erfolgreichen Onlinespots, die zu Weihnachten viral gingen, drehen sich beispielsweise um einen alten Herrn, der sich als Vater und Opa zum Fest der Feste seine Liebsten um sich wünscht – die allerdings viel zu beschäftigt sind, um auch nur irgendetwas vorzubereiten (https://www.youtube.com/watch?v=V6-0kYhqoRo). EDEKA wählt hier den Weg des Storytelling, um sich als idealen Partner (und Ausstatter) des familiären Miteinanders zu positionieren und zu etablieren – anstatt laut und plakativ Rotkohl und Rotwein, Entenbrust und Knödel mit exklusiver Qualität besonders günstig anzupreisen. Das gelingt dank des Einstiegs (ein trauriger Großvater), dem Story-Spannungsbogen (die Verwandten hatten zuvor selten Zeit für ihn – muss er Weihnachten womöglich auch alleine verbringen?) sowie seiner Finte (alle Familienmitglieder durch Vortäuschen seines Ablebens zusammenzubringen), der Auflösung (Happy End in Form des gemeinsamen Weihnachtsfestes) und dem subtil-leisen Auftreten von EDEKA (EDEKA als Rahmengeber des Happy End). Beim erfolgreichen, faszinierenden Storytelling hören die Menschen nicht nur zu und schauen sich den Spot millionenfach an, sie teilten ihn und folgten ihm. Beim trivialen Bewerben eines Weihnachtsmenüs ist ein solcher Erfolg nie und nimmer denkbar.

Die Körperpflege als historischer Wertewandler.
Weiteres gelungenes Storytelling zeigt immer wieder Dove (Chlopczyk, 2017). Anstatt die Inhaltsstoffe, die Pflegewirkung oder die Qualität der Produkte dieser Marke direkt zu benennen und zu bewerben, hat Dove sich dazu entschieden, mittels Inhalten und mittels Geschichten für die Marke zu sprechen und so für sich zu werben (https://www.youtube.com/watch?v=wpM499XhMJQ, https://www.youtube.com/watch?v=XpaOjMXyJGk). Als eine der ersten Marken analysierte Dove die wahren Bedürfnisse, Probleme und auch Ängste vor allem der Verbraucherinnen. Die Marke entdeckte für sich und ihre Zielgruppe das Potenzial des Themas »individuelle Schönheit«. Dove thematisierte als eine der ersten Marken die Abkehr von einem universellen Schönheitsideal und von einem Schönheitsdiktat. Die Marke positionierte sich neu, indem sie sich von stark verunsichernden Vorgaben, ab wann etwas oder eine Person schön ist, ebenso abgrenzte wie von diskriminierenden (Vor-)Urteilen gegenüber Menschen, die nicht dem gängigen Schönheitsideal entsprechen.

Promis liefern Geschichten für Marken.
Das Instrument des Storytelling nutzen aber nicht ausschließlich Marken aus der Konsumgüterbranche (Schach, 2017). Auch Prominente nutzen das Geschichtenerzählen für sich. So ist die Geschichte der erfolgreichen Unternehmerin Judith Williams einer der entscheidenden Erfolgsfaktoren der Marke und der Person »Judith Williams«. Ihr Weg von der ausgebildeten Opernsängerin zur Moderatorin im TV-Shopping-Kanal und zur erfolgreichen Self-Made-Unternehmerin ist allseits bekannt, macht sie und ihre Marke sympathisch-menschlich und fasziniert durch Höhen und Tiefen, denen ein menschliches sowie wirtschaftliches Happy End folgte. Eine Faszination, die Involvement und Nähe zum Menschen und zur Marke Judith Williams schafft und die es seitens der Zielgruppe bei einem aalglatt-hürdenlosen Lebenslauf der heldenhaften Protagonistin wohl kaum in diesem Ausmaß gegeben hätte. Siege, die auf Niederlagen folgen, sind einfach beeindruckender als Perfektion und perfekter Content im Rahmen des Storytelling.

Sportler liefern Geschichten als Gladiatoren des Alltags.
Ähnlich verhält es sich mit Sportlern, die eine (Lebens-)Geschichte zu erzählen haben (Schach, 2017). Lukas Podolski und Cristiano Ronaldo haben tatsächlich (mehr als) eine Gemeinsamkeit. Im Kontext des Storytelling sind beide im besten Sinne des Wortes Emporkömmlinge, haben es aus einfachen Verhältnissen ganz nach oben geschafft. So ist Podolskis sportliche Herkunft tatsächlich der Bolzplatz, für dessen Förderung er sich im Rahmen seiner eigenen Stiftung einsetzt (https://poldisstrassenkicker.de/). Und das fasziniert viele Menschen viel stärker als eine strategisch konzipierte und vollständig durchgeplante Sportlerkarriere. Oder nehmen wir die Motorsportler Nico Rosberg und Mick Schumacher, die aufgrund ihrer familiären Historie bereits zu Beginn ihrer Karriere deutlich mehr Ecken und Kanten hatten als manch ein stromlinienförmiger Vorzeige-Profisportler auf dem Höhepunkt der Karriere. Solche Charaktere und Geschichten haben deutlich mehr Potenzial für Emotionen und Involvement als Sportler wie Alexander Zverev, der ganz nach Plan, ohne Abweichen von diesem Plan und recht emotionslos von Kindesbeinen an auf Karriere getrimmt wurde.

Entertainerinnen liefern Geschichten als Freundinnen auf großer Bühne.
Last, but not least, wagen wir einen Blick ins Storytelling des Showbusiness. Denn selbst eine Lady Gaga lebt nicht nur von der Qualität ihrer Musik und Performance. Ihr Erfolg beruht vielmehr in großen Teilen auf dem Erzählen und Teilen ihrer persönlichen Geschichte, ihres Weges und Werdens und den Wandlungen, die sie durchlebt und mit ihren Fans unentwegt geteilt hat. Von der ambitionierten Nachwuchskünstlerin, die sich durchgeboxt hat, über die exzentrische Sängerin bis zur serien- und schließlich oscarreifen Filmschauspielerin, die beeindruckt und begeistert, all diese Geschichten lassen die Marke Gaga schillernd erscheinen und wertvoll vermarkten. Ähnlich funktionierten zuvor die (Erfolgs-)Geschichten von Jennifer Lopez, die aus kleinen Verhältnissen stammend zum Weltstar wurde, von US-Sängerin Lizzo, die sich für das Thema

»Body Positivity« engagiert (https://www.youtube.com/watch?v=cNC0 GRaKuOU) oder von Harry Styles, der gekonnt mit Gender-Grenzen spielt und diese sprengt. Im Gegensatz zu aseptisch-unfassbaren Künstlern und Casting Bands, die keine Geschichte und somit wenig Seele zu bieten haben, bieten diese Künstlerinnen unfassbar viel Potenzial für viele folgende, erfolgreiche Storys.

> **Wer Menschen mit Marken erreichen will,
> muss ein Meister im Geschichtenerzählen sein – oder werden.**
>
> Für Markenmanagerinnen heißt das, sich von kurzfristiger Marktschreierei in ihrer Kommunikation zu verabschieden und sich auf die Entwicklung einer langfristigen Geschichte und Geschichten zu konzentrieren – für Menschen, die Authentizität, persönliche Bedeutung und Glaubwürdigkeit dieser Markengeschichten zu hinterfragen.

Menschen lieben Geschichten. Daher nutzt das Marketing Geschichten. Denn Marken brauchen eine Geschichte (heritage), über die sich Geschichten (stories) erzählen lassen. Angesichts von Informationsflut und Medienverdrossenheit, von Werbedesinteresse und Vielfalt der Kommunikationskanäle kann das Markenmanagement nicht auf das Storytelling als Instrument zum Erzeugen von Involvement und von Interesse für Marken verzichten. Menschen sind es längst leid, hohle Werbephrasen und -versprechungen zu hören, sie möchten lieber Geschichten über Marken lauschen. Marken, die dauerhaft etwas Faszinierendes zu erzählen haben, fesseln und binden Menschen, indem sie zielgruppenrelevante Themen ihrer Geschichte in ihre Geschichten einbinden. So wird aus einem stinknormalen Haarspray die perfekte Begleitung für Red Carpet Events und aus einer unspektakulären Körperpflegemarke eine Ikone der Diversität. Wenn es um das Verbreiten dieser Markengeschichten geht, spielen wiederum die sozialen Medien und Netzwerke eine große Rolle, was wir im nächsten Kapitel beleuchten.

4.7 Social Media: Verknüpfung statt Isolation.

Social Media als 24/7-Taktgeber und Alltagsbegleiter.
Die sozialen Medien begleiten und beeinflussen uns. Sie sind zu einem selbstverständlichen Bindeglied zwischen Menschen geworden und zu einem der wichtigsten Instrumente des Marketings (Gabriel & Röhrs, 2017), denn sie bringen auch Marken und Menschen zusammen. Social-Media-Kanäle sind den klassischen Medien wie TV oder Print teils längst überlegen. Im Hinblick auf Aktualität, Involvement und Interaktivität sind Social Media mittlerweile unschlagbar. Und Social-Media-Marketing hat sich zugleich als eine ernst zu nehmende, professionelle und anspruchsvolle Kommunikations- und Werbedisziplin manifestiert. Erfolgreiche und starke Marken verdanken

ihren Erfolg heutzutage größtenteils ihrem geschickten Agieren in den sozialen Medien. Diese Medien tragen dazu bei, als Marke sichtbar und relevant für Zielgruppen zu werden und zu bleiben. Daher werden sie mittlerweile nicht nur in Kommunikationsmaßnahmen und -kampagnen eingebunden, sondern geben für mehr und mehr Marken die kommunikative und oft auch die strategische Richtung vor.

Social Media als Zuhörerin, Versteherin und Handelnde.
Erfolg und Zauber des Social-Media-Marketings lebt vom Zuhören und Verstehen von Zielgruppen und dem entsprechenden Angebot an Handlungsmöglichkeiten. Marken müssen Menschen ihre Aufmerksamkeit und ihr Gehör schenken. Das Gesagte und Gehörte wiederum muss von der Marke verstanden und reflektiert werden, um daraus Wissen für die Entwicklung der Marke und die Markenkommunikation zu sammeln. Und letztlich muss dieses erworbene Wissen umgesetzt werden, muss zu Handlungen führen. Erfolgreiche Social-Media-Kampagnen überzeugen und bestechen durch eindeutige Mehrwerte für Zielgruppen, durch zielgruppenrelevante Inhalte, die unterhaltsam, abwechslungsreich und authentisch sind (Abb. 26). Denn nur so kommt es zu Interaktion und Beteiligung seitens der Userinnen (Kreutzer, 2018). Und nur so entwickeln Nutzer Neugierde und verlangen nach mehr von einer Marke.

Abb. 26: Mensch. Netzwerke. Manipulation mittels Social Media. Erfolgstreiber der sozialen Medien.

Die Funktion der sozialen Medien geht weit über das Schaffen von Aufmerksamkeit und Bekanntheit hinaus, ihr finales Ziel ist das Schaffen einer Bindung von Konsumenten. Die für den Erfolg der Plattformen relevanten Kennzeichen sind die Reichweite (wie viele Menschen besuchen die Plattform, wie viele Fans und Followerinnen sind zu verzeichnen?), der Traffic (wie viele Besucher der Website besuchen diese nicht nur einmalig, sondern aus echtem Interesse des Öfteren?), die Leads (wie viele Interessentinnen werden zu potentiellen Kundinnen), die Conversion (wie viele potenzielle Kunden werden zu echten Kunden) und die Anzahl der Neu- bzw. Stammkundinnen (wie viele Neukundinnen kommen wieder und werden zu treuen Stammkundinnen?).

Social Media als Erreicher, Überzeuger und Begeisterer.
Ob LinkedIn oder Facebook, Instagram oder Pinterest, YouTube oder TikTok, WhatsApp oder Snapchat – sie alle erfüllen ihre ganz eigene Aufgabe für Marken. Was diese Kanäle besonders gut können, ist das Schaffen von Bekanntheit. Aber auch der Aufbau und die Pflege des eigenen Images und letztlich die Kundengewinnung und -bindung sind Kernkompetenzen der sozialen Medien (Kreutzer, 2018). All das basiert auf der einzigartigen Möglichkeit des ständigen Dialogs und der gleichberechtigten Interaktion von Marke und Mensch. Dabei ist die User Experience, das Nutzererlebnis, eines der Kriterien, das über den Erfolg und den Einfluss eines Social-Media-Kanals entscheidet. Die positiven, involvierenden und bestätigenden Erfahrungen, die Nutzerinnen mit einem Social-Media-Kanal haben, bilden die Basis für eine einflussreiche und erfolgreiche Markenplattform. Gleichzeitig spielt die Reichweite der Plattformen eine Rolle. Daher werden Beiträge, die für Nutzer interessant und persönlich relevant sind, von den Plattformen besonders intensiv ausgespielt. Dafür müssen die Betreiber dieser Plattformen ihre Zielgruppen bis ins Detail kennen, sie inhaltlich analysieren, thematisch verfolgen und hinsichtlich ihrer Bedürfnisse verstehen. Wie genau das funktioniert, schauen wir uns an ein paar Beispielen aus der Praxis an.

TRUE FRUITS – ein Smoothie als Glaubensbekenntnis.
Die Smoothie-Marke true fruits lebt von durchdachter Provokation. Die gesamte Kommunikation sowie alle Inhalte, die der Zielgruppe von true fruits präsentiert werden, haben Ecken und Kanten. Genau diese Strategie verfolgt die Marke auch in den sozialen Medien (Businesspunk.de, 2017). Nahezu alles, was true fruits scheinbar ungefiltert postet, schafft eine überdurchschnittliche Aufmerksamkeit, schürt starke Emotionen und erzielt fast ausnahmslos eine äußerst polarisierende Resonanz bei der Zielgruppe. Die Emotionen und das Involvement schafft die Marke durch humorvolle, teils sarkastische bis zynisch wirkende Kampagnen, die durch markante Bilder und Texte unter anderem auf Instagram und Facebook in Erinnerung bleiben. Getrieben sind diese Kampagnen durch das Aufnehmen und Beantworten öffentlicher, (auch) heikler beziehungsweise politischer Themen, zu denen sich true fruits äußert und (recht klar) Stellung bezieht, auch wenn diese (Ein-)Stellungen von und in der Öffentlichkeit äußerst kontrovers diskutiert werden. Dadurch wirkt die Marke authentisch, was wiederum zu vielen Followern, Kommentaren sowie Likes und Shares und zu einem starken Involvement führt. Die sozialen Medien sind dabei das perfekte Instrument, um die für die true-fruits-Marketingkampagnen relevanten Themen zu identifizieren – beispielsweise Rassismus, Homophobie und Sexismus. Gleichzeitig bilden sie das ideale Tool, um die Zielgruppe näher kennenzulernen und die für sie relevanten Themen zu hinterfragen. Und letztlich gelingt es der Marke durch die sozialen Medien, für ihre (digitale und vor allem provokante bis polarisierende) Marketingkommunikation zum einen

eine enorme Aufmerksamkeit auf sich zu ziehen, zum anderen mit verschiedenen Zielgruppen in den Dialog zu treten – einen Dialog, der meist starke Candystorms, aber auch extreme Shitstorms nach sich zieht. Die Manipulationshebel sind hierbei das bewusste Spiel mit extremen Äußerungen und Meinungen, auf die (fast) alle Menschen (emotional) reagieren sowie der gleichermaßen mehr als unique Dialog, durch den die Marke mit der Zielgruppe mittels sehr eigenständiger Kommentare beziehungsweise durch die Antworten in den Austausch sowie auch (ohne Rücksicht auf Verluste) in einen Fight geht.

DOVE – Erfinderin und Treiberin der Diversität.
Die Marke Dove lebt nicht nur Social Media, sie hat als Marke das Genre quasi (mit)erfunden, zumindest aber frühzeitig dessen Bedeutung erkannt. Seit Jahrzehnten gelingt es dieser Marke, ihre Zielgruppe(n) nicht nur zu genau kennen, sondern so tiefgehend zu verstehen, dass jegliche Kommunikation passgenau auf deren Bedürfnisse ausgerichtet ist. Dabei baut jede Kommunikations- und Social-Media-Kampagne auf den Markenwerten und -botschaften von Dove auf (Singh & Sonnenburg, 2012): der Bedeutung einer natürlichen Schönheit und vor allem der eines positiven Körperbildes ohne jegliches Bodyshaming. Da Dove insbesondere aufgrund von intensiver Marktforschung und Zielgruppenanalyse erkannte, dass sich ein Großteil von Frauen nicht nur nicht durch Werbung repräsentiert, sondern von dieser diskriminiert fühlt, wechselte die Marke zu einem völlig neuen Kampagnenansatz, zu Werbung mit echten Geschichten von echten Frauen. Die Marke fordert seitdem ständig dazu auf, eine weniger diskriminierende, zugleich inklusivere und sich gegenseitig wertschätzendere Welt zu schaffen. So gelang es Dove nicht nur, eine bemerkenswert große und zugleich loyale Followerschaft an sich zu binden, sondern diese auch zu involvieren und zu aktivieren. Zur Marke Dove gehören mittlerweile Followerinnen, die bereitstehen, um zu Aktivistinnen zu werden, sich Gehör zu verschaffen und so für die Marke und deren Werte einzustehen. Der Marke Dove zu folgen heißt eben auch, für alles, wofür die Marke steht, laut zu werden und auch verbal für Diversität und Toleranz zu kämpfen. Als Beispiele seien die Kampagnen »Pass The Crown« und »National Crown Day« (https://www.youtube.com/watch?v=MoTBvaqzAck) erwähnt . Es wird die Botschaft vermittelt, das eigene, von Natur aus gegebene Haar zu akzeptieren und nicht den Vorstellungen des Mainstreams anzupassen. Die Stellhebel bei dieser Kampagne waren dabei vor allem die Zusammenarbeit mit der National Urban League und dem Western Centre zur Beendigung der Diskriminierung von rassenbedingtem Haar in den USA, was der Kampagne Authentizität, Tiefgang und Glaubwürdigkeit verschaffte, sowie das nie endende Engagement der Marke, sich mit gesellschaftlichen Entwicklungen und insbesondere mit den Wünschen sowie Ängsten von Frauen auseinanderzusetzen.

STARBUCKS – Verfechter sexueller Vielfalt.
Auch Starbucks hatte das Thema Diversität für sich entdeckt und im Rahmen einer Kampagne für sich genutzt. Starbucks initiierte eine Kooperation mit der Organisa-

tion Mermaids, die nicht-binäre und transsexuelle Jugendliche unterstützt (Mashup-communications.de, 2020). Das Ziel der Kampagne #WhatsYourName war es, jede einzelne Kundin wertzuschätzen und zu zelebrieren und zwar durch ihren Namen. Der ideelle und inspirierende Hintergrund dieser Kampagne beruhte auf den Erfahrungen von Menschen, die sich auf einer Reise der (identitären und sexuellen) Wandlung befinden. Der reelle Hintergrund der Kampagne und der Link zur Marke sind allerdings schlichtweg der Tatsache geschuldet, dass bekanntermaßen jeder Kunde beim Bestellen eines Kaffees in Starbucks-Filialen den eigenen Namen angeben muss. Und genau diesen Zusammenhang erkannte und nutzte die Marke und forderte im Rahmen dieser Kampagne alle Nutzerinnen auf, entsprechende Inhalte zu sexueller Vielfalt in den sozialen Medien mit dem Hashtag #WhatsYourName zu posten (https://www.youtube.com/watch?v=pcSP1r9eCWw/). Diese von den Nutzern stammenden Social-Media-Inhalte wurden wiederum von Starbucks auf verschiedenen Social-Media-Kanälen geteilt beziehungsweise weiterverbreitet. Die Marke nutzte die Inhalte auch für ihre eigenen YouTube-, Facebook- und Instagram-Kanäle. Starbucks schaffte es, im ersten Schritt eine gesellschaftliche Entwicklung zu identifizieren, die für ihre Zielgruppe von Bedeutung ist (das Thema »sexuelle Vielfalt«), einen Zusammenhang mit der eigenen Marke zu erkennen (die Angabe des eigenen Namens beim Bestellprozess in Starbucks Shops), diese im Rahmen einer Kampagne zusammenzuführen (unter dem Hashtag #WhatsYourName) und dann die Zielgruppe zu aktivieren (Social Media Posts mit spezifischem Hashtag).

BVG – Sympathieträger durch Selbsterkenntnis.
Die Berliner Verkehrsbetriebe (BVG) verfolgt seit Jahren eine extrem unkonventionelle und humorvolle Social-Media-Strategie (Birkner, 2020). Geprägt von einer gehörigen Prise Selbstironie und dem Stehen zu den eigenen Schwächen ist sie auch außerhalb Berlins bekannt geworden und hat zahlreiche Preise gewonnen. Die Inhalte fast aller Posts und der gesamten Kommunikation reflektieren das Image der BVG in der Öffentlichkeit, bringen es auf den Punkt und sprechen das aus, was die meisten Kundinnen der BVG denken und erleben. Dabei wird besonders viel Wert darauf gelegt, auf möglichst viele Kommentare der Nutzer humorvoll und durchaus selbstironisch zu reagieren. Als drei anschauliche Beispiele sind die Kampagnen »Is' mir egal!«, »Alles Absicht« und »Wir fahren allein allein« zu nennen. Die Kampagnen konzentrieren sich jeweils auf ein für die Zielgruppe zentrales Thema: »Is' mir egal« (https://www.youtube.com/watch?v=YEYim54pJ00) und »Alles Absicht« (https://www.youtube.com/watch?v=3QQSrpXr4Mg) nehmen die BVG mit ihren charmant-menschlichen Schwächen aufs Korn, ganz im Sinne von »Nobody is perfect«. »Wir fahren allein allein« (https://www.youtube.com/watch?v=QKSoW8fIN5c) thematisiert die coronabedingt leeren Busse und Bahnen und die nahezu »vereinsamt« fahrenden Bus- und Bahnschaffner. Das Unternehmen schafft es vorzüglich, den Nerv der Zielgruppe zu treffen und in wirkungsvollen Social-Media-Content zu übersetzen.

SIXT – humorvolles Selbstbewusstsein für Spitzenplätze.

Bereits berühmt für eine extrem unique Werbung und vor allem für einen sehr individuellen Witz in ihrer Kommunikation ist die Autovermietung SIXT (Thieme, 2020). Die Marke kann aber weitaus mehr als Humor, denn sie sticht vor allem in den sozialen Medien durch aktuellen, interessanten und informativen Content hervor. Auf verschiedenen Kanälen schaffen es die Posts von SIXT immer wieder, Witz mit Wissen und Unterhaltung mit Inhalten zu verbinden. Dabei nimmt SIXT seit Jahren topaktuelle Themen und Ereignisse aus Entertainment, Politik und Wirtschaft auf. Zudem bezieht die Marke genau zu diesen, meist brisanten bis heiklen Themen und Geschehnissen Stellung, zeigt Haltung und stößt damit immer wieder Diskussionen an (was sich am Beispiel des Eklats aufgrund von Äußerungen des Politikers Gauland zum Fußballspieler Kevin Boateng medienwirksam zeigte). Die gesamte Kommunikation und die Social Media Posts von SIXT erzielen eine hohe Aufmerksamkeit und ein ausgeprägtes Involvement, weil sie einfach edgy sind und klare Kante zeigen. So vereint die Kampagnen »SIXT Life-Hack« (https://de-de.facebook.com/sixt.autovermietung/photos/life-hack-von-sixt:-die/10155838909434667/), »Achtung, Spoiler!« (https://www.youtube.com/watch?v=QKSoW8fIN5c) oder »Garantiert keine Schleichwerbung« (https://www.youtube.com/watch?v=wqRzWiqcrSQ) ein manipulativer Stellhebel: die perfekte Vereinigung von Inhalten aus dem Tagesgeschehen, die vielen Menschen ans Herz und/oder an die Nieren gehen und gewagtem Witz, der aber nie over the top, zwar gewagt, aber nie zu viel ist. Und so nicht nur einen Nerv trifft, sondern von Medien und Menschen gleichermaßen aufgegriffen wird.

ZOOM – vom hilfreichen MUST zum sympathischen CAN.

Zoom hatte das Ziel, die Markenbekanntheit ihres Videokonferenz-Tools zu steigern und zugleich neue Nutzende zu gewinnen. Hierzu wurde der »Virtuelle-Hintergrund«-Wettbewerb ins Leben gerufen, bei dem Zoom seine Community-Mitglieder dazu animierte, Bilder und Videos im Rahmen der virtuellen Hintergrundfunktion zu teilen (Schiller, 2021). Die Gewinner wurden monatlich in den entsprechenden Social-Media-Kanälen veröffentlicht, gekürt und prämiert. Die Kampagne funktionierte äußerst erfolgreich, da zu diesem Zeitpunkt die gesamte Geschäfts- und Wirtschaftswelt aufgrund der Coronapandemie innerhalb weniger Wochen mehr oder weniger dazu gezwungen war, auf digitale Meetingoptionen wie Zoom, MS Teams, Skype und Co. umzusteigen. Freiwillig beziehungsweise spaßig war anfangs aus Sicht der Zielgruppe recht wenig. Im Kontext der Pandemie waren diese Tools zwar gute Lösungen und boten schnell umzusetzende Alternativen zu Besprechungen vor Ort, immer jedoch mit einem unangenehmen, befremdlichen Beigeschmack. Zoom war also objektiv betrachtet nützlich und hilfreich, die Nutzung aus subjektiver Sicht aber nicht wirklich angenehm. Zoom musste sich also etwas einfallen lassen, um dem Tool einen Sympathiefaktor zu verpassen. Und so rückte das Markenmanagement die – bereits bekannten und vielfach genutzten – Funktionen von Zoom attraktiv und kreativ in den Vordergrund. Den Bildschirmhintergrund bei Videokonferenzen als Teil eines Wettbewerbs und Gewinnspiels einzusetzen und dadurch unverkrampft mit dem Tool umzugehen, schaffte Nähe, Verbundenheit und Sympathie zur Marke. Diesen spielerischen Wettbewerb über die sozialen Medien auszutragen und zu verbreiten, schaffte die gewünschte Aufmerksamkeit, erhöhte die Bekanntheit und stärkte auch die Glaubwürdigkeit des Anbieters Zoom.

> **Marken, die sich sozial mit Menschen vernetzen, sind mächtiger.**
>
> Für Markenmanager heißt das, die sozialen Medien ernst zu nehmen, nicht zu unterschätzen und professionell anzugehen – für Menschen, sich des Einflusses der sozialen Medien auf ihre Wahrnehmung und Präferierung von Marken bewusst zu sein und Social Media nicht naiv als reine Unterhaltung abzutun.

Die sozialen Medien sind zu einem Machtmedium der Information und Beeinflussung geworden. Allein durch sie steigen und fallen die Chancen von Marken, Zielgruppen zu begeistern und Erfolg am Markt zu haben. Gleichzeitig erhöht sich die Gefahr für Marken, durch Shitstorms, Real News sowie Fake News oder üble Nachrede an Glanz zu verlieren. Eine, oder besser gesagt die Hauptrolle in den sozialen Medien spielen mittlerweile bekannte (Internet-)Gesichter und Berühmtheiten, die die Geschichten über Marken, die in den Netzwerken gesehen, gelesen und geteilt werden, maßgeblich prägen. Daher sind Influencer als Instrumente der Ansprache und Beeinflussung von Zielgruppen unser nächster Schwerpunkt.

4.8 Influencer: Die einfühlsamen Einflüsterer.

Influencer sind ein alter Hut.
Wenden wir uns dem viel diskutierten, teils geliebtem, teils gehassten Influencer Marketing zu (Jahnke, 2018). Manch einem scheint es eine Innovation, doch wahrlich ist die Idee von Menschen, andere zu beeinflussen, alles andere als neu. Schon immer gab es Personen und Persönlichkeiten, denen es gelang, Mitmenschen in ihren Bann zu ziehen und ihnen Vorbild zu sein. Nicht umsonst schlug der berühmt-verruchte Satz von Marylin Monroe »Zum Schlafen trage ich nur ein paar Tropfen Chanel N° 5« hohe Wellen und sorgte für einen Run auf das Edelduftwasser. Das Influencer Marketing hat dies Gefüge von Vorbild und Fan(s) jedoch auf ein ganz neues Level und in völlig andere Dimensionen katapultiert: vom Seinem-Ideal-Nacheifern über ein Sein-Idol-Nachahmen zu einem mittlerweile Sein-Idol-Nachleben.

Influencerinnen erreichen das Next Level.
Influencer Marketing ist vor allem dank der sozialen Medien so stark geworden. Es ist deutlich effizienter und erreicht mehr Menschen in kürzester Zeit. Jederzeit, überall und grenzenlos bewegt es Menschen. Mithilfe von Influencerinnen kann man als

Marke viel erreichen, ob Glaubwürdigkeit, Aufmerksamkeit oder Authentizität, Image oder Identifikation mit der Marke (Glenister, 2021). Influencer geben Marken ein öffentliches, häufig auch markantes Gesicht. Ob durch das Teilen von Erfahrung (Peer Influencer, z. B. Mitarbeiterinnen von Unternehmen), durch das Geben von Empfehlung (Social Influencer, z. B. Kunden oder Fans von Marken) oder durch das Verbreiten von Experten-Know-how (Key Influencer, z. B. Bloggerinnen). Erfolgreiche Influencer kennen Marken nicht nur, sie leben und lieben sie, verkörpern die Marke und machen sie zum Teil ihres Selbst (Abb. 27).

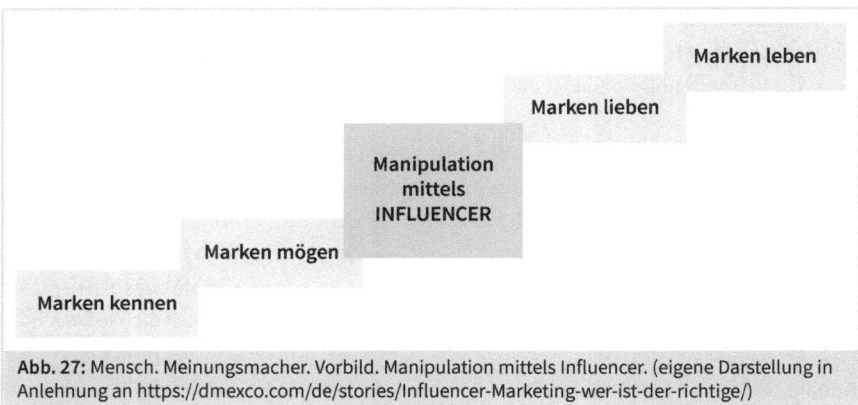

Abb. 27: Mensch. Meinungsmacher. Vorbild. Manipulation mittels Influencer. (eigene Darstellung in Anlehnung an https://dmexco.com/de/stories/Influencer-Marketing-wer-ist-der-richtige/)

Influencer öffnen und ebnen Marken einen Weg zu (potenziellen) Kundinnen. Für noch unbekannte Marken sorgen sie für Aufmerksamkeit (z. B. bei Cookie Bros. mittels TikTok), für Marken, die zwar bekannt, aber ohne Profil sind, schaffen sie Sympathie und Zuneigung (z. B. bei der #stlyedayfriday-Kampagne von Zalando) bis hin zu einer Bindung an die Marke und Verbundenheit mit der Marke (z. B. mittels der #jeckimduett-Kampagne von Ahoj Brause).

Influencer denken in Unter-, Mittel- und Oberschicht.
Influencertum ist nicht demokratisch, es gibt eindeutige Hierarchien. Influencer denken in »Kasten«, nicht in Gleichheit. Daher ist ein Blick auf dieses Gefüge interessant, das alles über den digitalen Einfluss von Influencern sagt.

Klein, aber oho: Nano-Influencer.
Influencer mit einer Followerzahl von 1.000 bis 10.000 gehören zu den sogenannten Nano-Influencern (Jahnke, 2018). Zwar folgen ihnen relativ wenig Menschen, dafür haben diese jedoch meist klar umrissene Anliegen und Interessen und sie sind sehr treu und verbunden. Nano-Influencer machen daher ihre geringe Reichweite durch eine hohe Relevanz (Einfluss), durch einen regen, häufig direkten Austausch mit ihren Followern und durch eine besonders hohe Glaubwürdigkeit wett, da sie nahbar sind. Persönliche Kontakte zwischen Influencer und Followerschaft sind keine Seltenheit,

was die Nano-Influencer für Marken und Unternehmen extrem interessant macht. Ein Beispiel: Wenn L'Oréal nicht das ganz große Du-bist-es-dir-wert-Beauty-Rad für eine große Zielgruppe drehen möchte, sondern sich beispielsweise auf sehr spezifische Themen wie Sommersprossen oder Pigmentflecken konzentrieren wollte, wäre die Zusammenarbeit mit Nanos, die genau diese Themen auf der Agenda haben, Gold wert.

Die Nischen-Heldinnen: Micro-Influencerinnen.
Micro-Influencerinnen mit etwa 10.000 bis 100.000 Followern sind so etwas wie die eierlegende Wollmilchsau im Influencer Marketing und -Markt. Denn sie bieten aufgrund ihrer Expertise eine nennenswerte Followerschaft, die Markenreichweite verspricht, zugleich aber weiterhin eine große Nähe zu ihren Followern inklusive der Interaktion mit diesen pflegen und eine entsprechende Glaubwürdigkeit hinsichtlich ihrer Authentizität genießen (Jahnke, 2018).

Die Normalos: Macro-Influencer.
Mit Followerzahlen von 100.000 bis ca. 1.000.000 bieten Mid-Influencer, auch Macro-Influencer, Marken eine deutlich größere Reichweite und sind in der Social-Media-Welt bekannte Gesichter auf dem Weg zur eigenen Marke (Jahnke, 2018). Als Experten verbreiten sie ihr Know-how zu breiteren, umfassenderen Themenfeldern und vertreten ihre Expertise laut und deutlich. Sie sind bereits Profis in diesem Business. Während die Nanos und Micros meist nur regional Einfluss haben und etwas seltener posten, spielen Macros bereits in einer überregionalen bis (inter-)nationalen Liga mit mehreren Posts pro Woche. Ihre Follower liken und kommentieren, als ob es kein Morgen gäbe, möchten durch ihre Likes und Kommentare zeigen, dass sie dazugehören möchten und wollen unbedingt vom Influencer selbst, aber auch von der Community wahrgenommen werden.

Eine neue Dimension: Mega-Influencerinnen.
Mega-Influencerinnen mit 1.000.000+ Followern begegnen uns tagtäglich in nahezu allen Medien – und das nicht nur in Social Media. Sie posten täglich, sind omnipräsente Werbeikonen, eigenständige Marken, allseits bekannt und verfügen weltweit über einen dominanten, respektablen Einfluss. Ob Caro Daur, Kylie Jenner oder der Mega-Influencer Toni Kroos – all diese Influencer-Ikonen behaupten mit einer Followerschaft in Millionenhöhe ihren festen Platz in der Offline- und der Onlinewelt (Jahnke, 2018).

Vertrauen als wichtigste Währung.
Seitens der Follower besteht meist ein überaus großes, teils sogar blindes Vertrauen, das sie ihren Idolen entgegenbringen. Marken nutzen dieses (ursprünglich dem Influencer geschenkte) Vertrauen für sich selbst (Glenister, 2021). Schauen wir uns dazu zwei Influencerinnen an, die wissen, wie dieser Image- und Vertrauenstransfer funktioniert: Pamela Reif und Stefanie Giesinger. Denn beide haben eine nahezu

magnetische Anziehungskraft auf Menschen und dadurch nicht nur Einfluss, sondern (Manipulations-)Macht über Menschen.

Pamela Reif – Professionelle Barbie, die deutlich mehr drauf hat.
Als eine der erfolgreichsten Influencerinnen Deutschlands konzentriert sich Pamela Reif auf die Themen Fitness, Ernährung und Lifestyle und gehört zu den Topverdienerinnen der Branche. Dabei bleibt festzustellen, dass es bereits Unmengen von (Möchtegern-)Influencern gibt, die ihr (vermeintliches) Wissen zu effizienten Fitnessübungen, gesundem Essen oder schicken Accessoires mit der Welt teilen. Nur haben die meisten wenig(er) Erfolg damit. Pamela Reif aber kaufen ihre Follower nahezu alles ab, im übertragenen und wortwörtlichen Sinn. Ihr Urteil ist Qualitätskriterium und Ritterschlag zugleich. Von ihr empfohlenen Marken wird nahezu blind vertraut. Die Erfolgskriterien sind dabei recht simpel. Zum einen besticht sie durch ihr attraktives Äußeres. Das allerdings haben andere Influencerinnen auch. Pamela Reif schafft es jedoch wie kaum eine andere, diese Attraktivität stets mit Kompetenz in Verbindung zu setzen. Auch das könn(t)en andere Influencerinnen auch. Aber Pamela Reif ist zudem (nachweislich und überdurchschnittlich) intelligent. Und sie kombiniert ihre Attraktivität stets mit ihrer Intelligenz und immer neuen Kompetenzen. War es am Anfang die Kombination Attraktivität und Disziplin, mit der sie sich als Fitnessprofi positionierte, war es später die Kombination Attraktivität und Know-how, mit der sie sich als Ernährungsprofi profilierte. Und schließlich folgte die Kombination Attraktivität und Ästhetik als ideale Absprungrampe für ihr Engagement im Bereich Fashion und Accessoires.

Die Rollen der Pamela Reif.
Ihre Rolle als Fitnessprofi ist so überzeugend, weil sie eben nicht nur hübsch anzuschauen ist, sondern weil ihre unter anderem sportlichen Aktivitäten einem Plan, einer Strategie folgen und nach harter Arbeit aussehen. Der durchtrainierte Körper ist also nicht nur schön, sondern das Ergebnis von strategischer Konsequenz und durchgeplantem Drill. Die Schlussfolgerung für alle Followerinnen: Ich muss mich nur anstrengen und durchhalten, dann habe ich irgendwann auch so einen Sixpack-Bauch – und eventuell sehe ich dann auch in allen anderen Facetten so unbeschreiblich gut aus beziehungsweise bin ähnlich perfekt. Auch ihre Rolle als Ernährungsprofi baut auf einem soliden Fundament auf. Denn hier gelingt ihr glaubhaft und nachvollziehbar das Transportieren von uniquen Botschaften wie »Mit der richtigen Ernährung wirst du umso attraktiver« oder »Gesunde Ernährung hat nicht nur mit spaßfreien Klimaretten oder vernünftigem Weltverbessern zu tun, sondern kann sich auch ganz einfach in einem attraktiven Äußeren darstellen«. Die reifsche Rolle als Lifestyle-Queen wiederum funktioniert durch ihre in allen Fotos, Filmen und Facetten vertretene Ästhetik, die an Perfektion fast nicht zu überbieten ist. Die Follower haben von Reif gelernt: im Haar kein Spliss, am Bauch kein Fett, beim Lächeln kein Zögern, bei den Zähnen kein Gelbstich und beim Essen keine Kalorie zu viel bezie-

hungsweise kein Nährstoff zu wenig. Wer könnte da an ihrer Lifestyle-, Mode- und Möbel-Kompetenz zweifeln? Die wurde Pamela Reif quasi in die Hantel gelegt. Bei alldem ist diese Influencerinnen-Erfolgsgeschichte das Ergebnis einer äußerst konsequent verfolgten Strategie, die nichts dem Zufall überlässt (spontan ist anders), und einer unvergleichlichen Professionalität, die aus einem Perfektionsinkubator zu stammen scheint. Jedes Bild von Reif entspricht einer und ihrer Schablone, ist in sich perfekt, Variationen zum Thema sind nicht erwünscht, kein einziger Post weicht auch nur einen Millimeter vom Plan ab.

Stefanie Giesinger – das nette Mädchen von nebenan mit einer verdaulichen Portion Glamour.
Die Influencerin und Marke Stefanie Giesinger hingegen funktioniert anders. Bekannt geworden aus dem Nichts, als Gewinnerin von Germany's Next Topmodel, schaffte sie den Sprung ins Modelbusiness und danach ins Influencer-Geschäft. Und auch bei ihr stellt sich die Frage: Warum gerade sie, was macht ihren Erfolg – im Vergleich zu so vielen anderen Models – aus?

Die Rollen der Stefanie Giesinger.
Giesingers Erfolgsformel lautet »Mensch sein, hübsch sein, nicht perfekt sein«. Sie blendete von Anfang an nicht allein durch Attraktivität, sondern überzeugte und überzeugt durch ihre sympathisch-nahbare Art, ein abwechslungsreiches Auftreten sowie das Eingestehen und Bejahen von (körperlichen) Makeln und Schwächen – Schwächen, die sie zu (mentalen) Stärken macht. So war sie aus Sicht ihrer Follower eben nicht nur hübsch, sondern auch noch richtig nett. Eine Kombination allerdings, die längerfristig für die ganz große Langeweile stehen kann. Also mussten in irgendeiner Form Ecken und Kanten her. So nutzte sie eine Erkrankung als »Kante«, thematisierte eine vermeintliche Schwäche beziehungsweise sehr persönliche, intime Angelegenheit und wandelte sie zur vorzeigbaren Stärke. Die Krankheit macht sie in den Augen ihrer Followerinnen nicht schwach, sondern ehrlich, glaubwürdig und nahbar. Publikum und Follower zollen ihr für ihre Offenheit Respekt, empfinden Empathie und die Nähe zu Giesinger ist erlebbar und greifbar. Jede Darstellung von Giesinger entspricht dabei ihrem Bild eines mehrschichtigen Charakters, sie ist vielfältig und menschlich, was Stefanie Giesinger sie ausmacht.

Zwei Seiten der Influencer-Medaille: kühle Perfektion – warme Unvollkommenheit.
Beide Seiten dieser Social-Influencer-Medaille können bestens funktionieren und nebeneinander existieren: Die Marke Pamela Reif besticht als Perfektionsmaschine ohne Edgyness oder Hook, als Mensch gewordene Avatarin durch kühle Perfektion, während die Marke Stefanie Giesinger durch menschliche Unvollkommenheit, erwachsene Girlieness und nahbaren Glamour-Faktor funktioniert. Beides kann Follower gleichermaßen fesseln und faszinieren.

It's a match! – die Elemente einer Traumpaarformel.
Wie finden nun Marken die passenden Influencer, die passenden Stimmungs- und Meinungsmacherinnen für sich? Wie finden Marken wie L'Oréal und Q/S zu Stefanie Giesinger, wie Calzedonia und Generali Versicherungen zu Pamela Reif? Für die richtige Entscheidung im Sinne einer erfolgreiche Zusammenarbeit und Kooperation gibt es einige verlässliche Kriterien (Jahnke, 2018), die Marken beim Suchen und Finden des idealen Influencers helfen.

- **Reichweite.** Influencer leben von Followern, denn diese bestimmen den Umfang des Wirkkreises, wie viele Follower sie in der Lage sind zu erreichen. Gleichzeitig relevant ist die Tiefe der Beziehung zu ihren Followern, denn sie ist der Gradmesser für die Glaubwürdigkeit von Influencern und so wiederum für den Grad des Einflusses, den sie auf ihre Follower haben. Denn all die Millionen, die Stefanie Giesinger folgen, stellen potenzielle Kundinnen ihres Kooperationspartners L'Oréal und Käufer des Produktangebots dar.
- **Relevanz.** Der Einfluss von Influencern hängt zudem von Akzeptanz und Glaubwürdigkeit ihrer Kompetenzen seitens der Followerschaft und der daraus resultierenden Autorität ab, die Follower ihnen zugestehen (Jahnke, 2018). Influencer, denen Follower blind vertrauen, zeugen von einer ausgeprägten Autorität. Ihr Urteil ist für die Followerschaft relevant, ihre Meinung zählt. Die Glaubwürdigkeit, die Stefanie Giesinger bei ihren Followerinnen genießt, kommt einer Marke wie L'Oréal somit mehr als zugute.
- **Resonanz.** Nur (pro-)aktive Influencer sind für eine Marke interessant. Jene, die sich mit ihren Followern oft und intensiv austauschen, die die Interaktion mit ihren Followern suchen, sind für Marken Gold wert (Jahnke, 2018). Giesinger reagiert beispielsweise nicht nur auf ihre Followerinnen, sie kommuniziert kontinuierlich mit ihnen. Das schafft eine emotionale Bindung, stärkt die Intensität ihrer Beziehung und geriert so auch zum Vorteil von L'Oréal.
- **Professionalität.** Wenn Reichweite, Relevanz und Resonanz auf Professionalität treffen und Influencer und Marke dasselbe Mindset teilen, dann lässt sich verkünden: »It's a match!« Wie wichtig kontinuierliche Professionalität und das Teilen derselben Werte von Kooperationspartnern im Influencer Marketing sind und wie schnell es zum Dismatch werden kann, sieht man an der Causa Fynn Kliemann, der seinen Ruf unter anderem auf dem Thema Nachhaltigkeit aufbaute und mit Unnachhaltigkeit seinen Ruf und Wert als Influencer ruinierte (FAZ.net, 2022). Professionalität und Gewissenhaftigkeit sind Voraussetzung, für einen erfolgreichen, reibungslosen Kampagnenverlauf und zugleich Garanten für deren Erfolg.

Win-win-Team – die Vorteile eines Traumpaares.
Bei einem erfolgreichen Match partizipieren beide Seiten voneinander, sonnen sich im Licht des anderen und nutznießen die Vorteile des jeweiligen Partners. Nicht nur Marken gewinnen durch Influencer, sondern auch Influencerinnen gewinnen durch die Marke (Jahnke, 2018). Wenn beispielsweise L'Oréal mit Stefanie Giesinger für sich

werben will, ist das natürlich auch eine Auszeichnung für ein junges, aufstrebendes (Nachwuchs-)Model, quasi ein Ritterschlag. Die Marke Stefanie Giesinger steht dann nicht mehr nur für individuelle Attraktivität, sondern nun vielmehr für professionelles Schönsein (mit L'Oréal). Und wenn ein internationaler Versicherungskonzern wie die Generali mit Pamela Reif kooperieren möchte, hebt das die Marke Pamela Reif auf ein gänzlich neues Level. Es geht nicht mehr nur um Attraktivität, Strategie und Drill, sondern positioniert Reif als ernst zu nehmende Businesspartnerin der (Finanz-)Wirtschaft.

Vorteile einer Partnerschaft
Fokussieren wir noch einmal die Vorteile, die Influencer-Marken und Unternehmen als Beeinflussungsinstrumente bieten.

- **Influencer erzeugen Aufmerksamkeit.** Wenn Influencer eine Marke erwähnen, kann das der Marke einen Platz im Hirn (und vermutlich auch im Herzen) der Follower ermöglichen, denn Influencer schaffen die erforderliche Aufmerksamkeit für Marken (Jahnke, 2018). Stefanie Giesinger nutzt L'Oréal?! Aha, denkt die Followerschaft, dann kann man der Marke ruhig einmal etwas Aufmerksamkeit schenken. Oder: Wow, das will ich auch!
- **Influencerinnen schaffen Reichweite.** Die Follower der Influencerinnen sind die Zielgruppe der Marke. Schaut die Followerschaft auf Influencerinnen, kann sich die Marke in deren Licht sonnen (Jahnke, 2018). Stefanie Giesinger »herrscht« über ca. 4,5 Millionen Follower – ein unglaubliches (Käufer-)Potenzial für L'Oréal, auch wenn der eine oder die andere bereits manche Produkte nutzt.
- **Influencer steigern die Bekanntheit.** Vor allem unbekannte Marken gewinnen durch die Aufmerksamkeit und Reichweite der Influencer an (Marken-)Bekanntheit (Jahnke, 2018) – from zero to hero kann auf diesem Weg gut funktionieren. L'Oréal ist zwar alles andere als eine unbekannte Marke, nur eben auch eine Marke, die nicht mehr unbedingt hip oder up to date ist. Daher bleibt der Marke keine andere Wahl, als sich durch Influencerinnen wie Stefanie Giesinger wieder ins Gespräch zu bringen.
- **Influencerinnen schaffen Gefühl.** Die Zusammenarbeit mit Influencerinnen macht eine Marke menschlich, verleiht ihr ein Gesicht und schafft Emotionen – die wiederum mit der Marke verbunden werden (Jahnke, 2018). So fühlt sich die Followerschaft der Marke nah, empfindet im Idealfall Sympathie für die Marke, vertraut und glaubt ihr. Giesinger steht für Gefühl, L'Oréal eher für Perfektion – zumindest bei Giesinger-Followern. Doch durch die Zusammenarbeit mit Giesinger gewinnt die Marke L'Oréal verstärkt an emotionaler Bedeutung.
- **Influencer fördern Austausch.** Gefühl führt zu Interaktion, Gefühle führen zu einem (regen) Austausch. Follower gieren nach Aufmerksamkeit ihrer Idole. Influencer, die sich um die Belange ihrer Followerschaft kümmern und ihnen auf Fragen oder Kommentare antworten, sind häufig erfolgreicher als jene, die das außer Acht lassen. Und Marken können von diesem Wunsch nach Interaktion

einen Vorteil ziehen, um ebenfalls mit ihrer Zielgruppe in den Austausch zu treten (Jahnke, 2018). Giesinger ist dafür bekannt, sich um ihre Follower zu kümmern, sie ernst zu nehmen, ihnen zuzuhören. L'Oréal hingegen ist ein eher anonymer Großkonzern, der durch Giesingers Nahbarkeit ebenfalls an Nähe zur Zielgruppe gewinnen kann.

Don'ts bei der Auswahl: Das kann man als Marke mit Influencern so richtig falsch machen.

Wie man das Traumpaar findet, haben wir bereits betrachtet. Allerdings gibt es auch einige potenzielle Fettnäpfchen und Don'ts im Influencer Marketing (Seebauer, 2020).

- **Influencer Marketing auf die leichte Schulter nehmen.** Schnell, unüberlegt und nebenbei funktioniert nicht im Marketing – auch nicht im Influencer Marketing. Einfach mal Influencer Marketing machen und hoffen, dass es gut geht, ist nicht die Lösung. Eine durchdachte Strategie, eine sorgfältige Auswahl der Kanäle und Zielgruppe/n sowie die richtige Wahl des Traumpartners sind unabdingbar. Wer das vernachlässigt, dem sind Hohn und Häme der Community garantiert, wie man an den Worst-Practice-Beispielen BiFi (Influencerin liegt, lässig an einer Mini-Salami knabbernd, umringt von eben diesen, chillig im Schaumbad) oder Perwoll (Männlicher deutscher Soap-Opera-Star kuschelt mit einer Flasche Weichspüler im Bett) sehen konnte.
- **Irgendeine (berühmte) Influencerin engagieren.** Es ist wie im richtigen Leben: Nur weil zwei Menschen schön, reich und berühmt sind, muss daraus kein Traumpaar werden. Genauso verhält es sich mit Marken und Influencerinnen. Nur wenn es wirklich nachweisbare und nachfühlbare Gemeinsamkeiten zwischen Influencerin und Marke gibt, kann es ein Happy End geben. Daher man bei der Auswahl der richtigen Partnerin ihre Themen, ihre Wortwahl und Werte, ihr Image und ihre geteilten Inhalte sehr genau ansehen.
- **Influencer für Schleichwerbung missbrauchen.** Schleichwerbung kam noch nie gut an, kommt nicht gut an, und das wird sich vermutlich auch nicht ändern. Ob analoge oder digitale Zielgruppen, Schleichwerbung ist für die meisten Menschen erkennbar, unglaubwürdig und inakzeptabel. Daher ist die Kennzeichnung gesponserter Beiträge extrem wichtig. Diese verringert nicht die Wirkung von Posts, sie verstärkt vielmehr deren Glaubwürdigkeit durch Ehrlichkeit, Offenheit und Transparenz. Ungekennzeichnete Beiträge von Influencern werden von vielen Followern und Community-Mitgliedern äußerst kritisch gesehen. Daher gelangen derartige Fauxpas häufig vor Gericht, wie man beispielsweise bei Cathy Hummels oder auch Pamela Reif sehen konnte.

Schauen wir uns aber auch einige Best-Practice-Beispiele von Marken an, die bislang jegliche Fettnäpfe umgangen sind – unter anderem, weil sie dem Influencer Marketing den entsprechenden Stellenwert eingeräumt haben.

Lidl – der Eintritt in neue Dimensionen und Werbewelten, um endlich von der Gen Z erhört zu werden.
Lidl zeigte zuletzt große Investments in sein Influencer Marketing. Statt einfach nur einzelne Kampagnen mit Influencern durchzuführen, launchten sie das #LidlStudio als Dach für das gesamte Influencer Marketing von Lidl. Hier finden sich sämtliche Aktionen und Specials zu Produkten, die in Kooperation mit Influencern entstanden sind beziehungsweise mit diesen mittels Social Media beworben werden (Brecht, 2019). Für Lidl, weil für deren Community, wichtig sind die Themen Family, Food und Fashion – und bei Letzterem der Überraschungshit: die Lidl-eigene Modekollektion. Fashion- und Lifestyle-Influencer wie beispielsweise der GZSZ-Seifenopern-Star Valentina Pahde haben Kleidungsstücke und letztlich sogar eine ganze Kollektion für das Unternehmen kreiert.

Zielgruppe von Lidl ist die sogenannte Next Generation, jene, die eben noch nicht bei Lidl einkauft, oder vielmehr die, denen es gleichgültig ist, ob sie bei Lidl oder bei ALDI einkaufen. Diese junge, onlineaffine Zielgruppe sollte (und konnte) mittels Kollektion und Co. vor allem für den Lidl-Onlineshop (und später auch für die App) begeistert werden. Durch das Verknüpfen mit den zielgruppenrelevanten Themen Lifestyle und Food gewann die Marke Lidl an Bedeutung. Ein großer Pool an Influencern bot der recht heterogenen Zielgruppe immer wieder ein entsprechend breites Themenspektrum. So konnten verschiedene Zielgruppen bedient werden. Und zugleich konnten alle beteiligten Influencerinnen angesichts der breiten Produktpalette von Lidl für sie thematisch passende Produkte finden und verbinden. Es war ein extrem großer und mutiger Schritt für Lidl, das bis dahin die Kommunikation mittels eher tradierter Testimonials und Celebritys wie Heid Klum oder Daniela Katzenberger wählten – und ein unglaublich erfolgreicher.

Cookie Bros. erobert die Supermarktregale – und nervt die Marktleiter.
Die Idee ist recht simpel – und lecker: Keksteig zum Löffeln, das ist Cookie Bros. Das Kölner Start-up SD Sugar Daddies löste damit einen wahren Hype aus und nutzte hierfür vor allem die Social-Media-Plattform TikTok (OMKB.de, 2022). Das Start-up schaute sich nach passenden Influencerinnen und Bloggern um, denen sie Cookie-Bros.-Probierpakete schickten. Die Influencerinnen kamen an Bord und entfachten einen Riesenwirbel um die neue Marke. Die Bitte von Cookie Bros. an Influencerinnen und Follower: »Suche den Fillialleiter deines Lieblingssupermarktes auf und frag ihn nach unserem Keksteig.«. Damit stieß die Marke eine noch nie da gewesene Welle der Nachfrage nach einer bislang unbekannten Marke los, die sowohl die Handelskonzerne REWE und EDEKA als auch deren Filialleiterinnen zuerst überforderte und dann forderte. Die Nachfrage nach der Marke war riesig und das deutschlandweit. Nutzer der mittlerweile bekannten Markenapp bekannten sich zu der Marke und zeigten sich mit Cookie Bros. im Rahmen selbstgedrehter Videos mit dem Hashtag #cookiebros.

Dadurch wurde der Keksteig bekannter und bekannter, sodass die Handelswelt auf den Kopf gestellt wurde: In den Supermärkten wurde seitens der Fans und Follower so häufig nach der Marke gefragt, dass sich Filialleitende geradezu dazu gezwungen sahen, mit dem Start-up in Kontakt zu treten und die Marke nicht nur orderten, sondern das Unternehmen teils eindringlich um Lieferungen baten.

Influencer sind die Beeinflusser 5.0.

Für Markenmanagerinnen heißt das, bei der Auswahl von Influencerinnen nicht wahllos, sondern anspruchsvoll und kritisch zu sein – für Menschen zu erkennen, dass viele Influencer eine eigene Agenda und ein wirtschaftliches Ziel haben: Sie wollen verkaufen.

Die Idee des Influencer Marketings ist nicht neu. Schon sehr lange vor Beginn der Internetära und der sozialen Medien gab es stets einflussreiche Berühmtheiten, die Marken für Werbung nutzten, weil sie Menschen beeinflussen und so auch für Marken werben konnten. Dank der sozialen Medien haben Einfluss und letztlich auch Macht von Influencern jedoch gänzlich neue Dimensionen angenommen. Die Wahl der passenden Partnerin ist und bleibt dabei eine Kunst, die nicht jedes Unternehmen versteht, und eine Herausforderung, der sich das Markenmanagement stellen muss, der jedoch nicht jeder Markenmanager gewachsen ist. Beim Blick auf Worst-Case-Beispiele (von unpassend bis lächerlich hin zu schädlich) sollte die Bedeutung der adäquaten Influencer-Wahl bewusst werden. Daher soll hier ein deutliches JA zu Influencer Marketing geäußert werden, ebenso wie ein klares NEIN zur undurchdachten, beliebigen Auswahl von Influencern und zum unprofessionellen Umgang mit der gesamten Thematik.

5 Manipulation im Marketing.
Die Hand im Visier.

Wenn Hirn und Herz von einer Marke überzeugt sind, ist es an der Zeit, sich für Marken zu entscheiden. Nur Image und Involvement reichen einer erfolgreichen Marke über lange Sicht jedoch nicht aus. Trotz aller Emotionen – letztlich entscheidet der tatsächliche Kauf über den (wirtschaftlichen) Erfolg einer Marke. Daher geht es im Folgenden um die Beeinflussungsmechanismen im Rahmen von Kauf und Kaufentscheidung.

5.1 Marken machen ein schlechtes Gewissen.

Schönes kaufen und sich schlecht dabei fühlen.
Das Hirn überzeugen, die Herzen erobern und die Kundinnen dazu zu bringen, Hand anzulegen im Sinne des eigenständigen Handelns und somit des Kaufs von Marken: Das sind die Ziele des Markenmanagements. Bei Marken wie Dyson oder ghd (Good Hair Day), die das Hirn und das Herz ihrer Zielgruppen bereits seit Jahren immer wieder erfolgreich für sich gewinnen und mit ihren Produkten wirklich kostspielig sind (und dadurch vielleicht etwas unvernünftig erscheinen), gibt es ein spannendes Phänomen: Große Teile der Zielgruppe ereilt nach dem Kauf ein ungutes Gefühl, das sie nicht erwartet haben und das vor allem nicht erwünscht ist. Denn nach dem Kauf insbesondere hochpreisiger Produkte fühlt man sich zuerst zwar glücklich, bestätigt, aufgewertet oder einfach besser, dann aber schleicht sich allzu oft ein schales Gefühl an, unangenehme Fragen tauchen auf. War das wirklich nötig? Brauche ich das denn echt? Wäre die preiswertere Lösung nicht auch okay gewesen? Kann ich mir das eigentlich leisten? Die Liste dieser Fragen könnte schier endlos fortgeführt werden. Zum häufig kurzen Glücksgefühl durch den Kauf eines ersehnten Gutes gesellt sich das schlechte Gewissen, das das Glück trübt oder ganz verdirbt, begründet oder unbegründet (Zöllner, 2021).

Die kognitive Dissonanz als Feind des Markenmanagements.
Diese Spannung zwischen Glücksgefühl und schlechtem Gewissen nennt sich kognitive Dissonanz (Abb. 28), ein Ungleichgewicht in unserem Gehirn und vor allem in unserem Gemüt (Raab & Unger, 2013). Dem Markenmanagement ist dieser Stress bekannt. Es ist sich bewusst, dass viele Marken kurz nach dem Kauf diese kognitive Dissonanz mit sich bringen können. Und das ist so gar nicht in ihrem Sinne. Denn sie wollen, dass Kunden beim und vor allem nach dem Kauf Glück empfinden und sonst nichts. Da stört ein schlechtes Gewissen ungemein, denn es ist ein essentieller Störfaktor beim Aufbau einer Beziehung zwischen Kundinnen und Marke. Kognitive

Dissonanz ist grundsätzlich ein unangenehmes Gefühl, ein negativer Gefühlszustand, der dadurch entsteht, dass bestimmte Wahrnehmungen (Kognitionen) miteinander unvereinbar sind (Raab & Unger, 2013). Das können Gedanken, Meinungen, Einstellungen, Wünsche oder Absichten sein. Es sind mentale Ereignisse, die stets mit einer (subjektiven) Bewertung verbunden sind. Zwischen diesen Kognitionen können Konflikte, Ungleichgewichte, Unvereinbarkeiten entstehen, wenn sie im Widerspruch zueinander stehen.

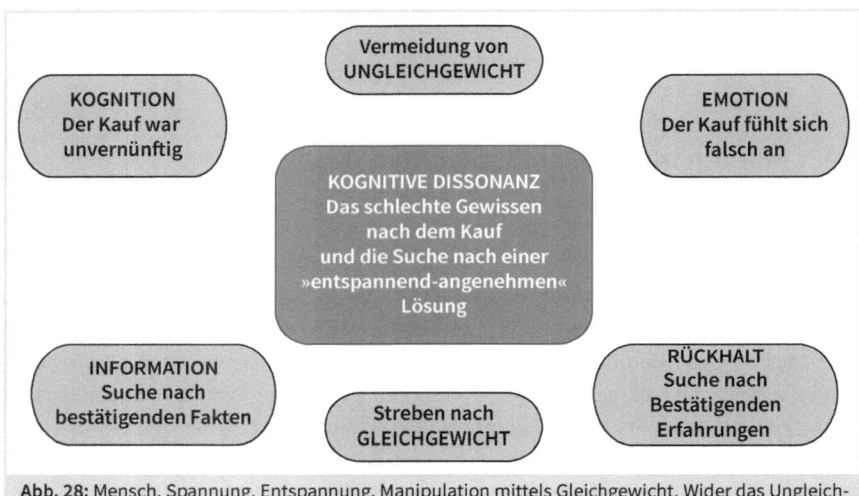

Abb. 28: Mensch. Spannung. Entspannung. Manipulation mittels Gleichgewicht. Wider das Ungleichgewicht in Gehirn und Gemüt.

Kognitive Dissonanz schafft Spannung, eine vom Menschen als unangenehm empfundene Anspannung. Sie motiviert Menschen dazu, diese Spannung abzubauen, zu verringern und zu vermeiden. Das Ziel ist, Spannung und Ungleichgewicht zu entgehen, Entspannung und Gleichgewicht hingegen durch Bestätigung und Rückhalt zu erreichen und zu steigern.

Dieser Spannungszustand stört auch das Markenmanagement dabei, Kundinnen an Marken zu binden, Kunden mit der eigenen Marke glücklich und zufrieden zu machen. Denn nur ein vertrauensvolles, stabiles Miteinander von Mensch und Marke lässt aus Kundenzufriedenheit und einer ersten (zaghaften) Kundenbindung schließlich Kundenloyalität entstehen, sodass Kundinnen einer Marke dauerhaft treu werden und bleiben. (Matzler, 1997). Denn so sind sie weniger verführbar für Angebote und Ansprachen des Wettbewerbs.

Der Störfaktor kognitive Dissonanz muss daher vom Markenmanagement verhindert oder aber zumindest möglichst klein gehalten werden. Dazu sollte sich das

Markenmanagement mit den Einflussfaktoren der kognitiven Dissonanz auseinandersetzen.

Ungleichgewichte treten auf, wenn man
- eine Entscheidung getroffen hat, obwohl auch Alternativen attraktiv waren und sie sich als Fehlgriff erweist,
- erkennt, dass eine begonnene Sache anstrengender oder unangenehmer wird als erwartet,
- eine große Anstrengung auf sich genommen hat, um dann zu erkennen, dass das Ergebnis den eigentlichen Erwartungen nicht gerecht wird,
- im Nachhinein die Kaufentscheidung beispielsweise aufgrund eines (zu) hohen Preises oder eines zweifelhaften Images der Marke bedauert und so etwas wie Kaufreue empfindet,
- neue Informationen über die geliebte Marke beziehungsweise über das gewählte Produkt sowie Konkurrenzprodukte hat,
- keine soziale Unterstützung erfährt,
- konträr zu seinen Überzeugungen handelt, ohne dass es dafür eine offensichtliche, externe Rechtfertigung wie einen konkreten Nutzen oder eine nennenswerte Belohnung beziehungsweise im Gegensatz dazu entstehende Kosten oder eine wie auch immer geartete Art von Bestrafung gibt.

Gleichzeitig treten derartige Dissonanzen umso eher auf, je
- teurer ein Produkt,
- dringlicher der Entschluss,
- ähnlicher die Kaufalternativen,
- wichtiger die Kaufentscheidung,
- vorhersehbarer die Entscheidungskonsequenzen,
- niedriger der Informationsgrad des Entscheidungsträgers,
- stärker das Kaufmuster vom bisherigen Verhalten abweicht.

Konsonanz als angenehmer Gegenpol zur unangenehmen Dissonanz.
Das Gegenteil der Dissonanz, die Konsonanz, beschreibt als Ziel von Mensch und Marketing den Zustand, wenn erfreulicherweise keine Gegensätze oder Widersprüche beim beziehungsweise nach dem Kauf einer Marke vorliegen. Das ist für Menschen deutlich angenehmer, weil stressfrei und bestätigend, während dissonante Zustände uns nötigen, sie zu überwinden. Denn jeder Kunde, der sich aufgrund eines gefühlten Fehlkaufs im Ungleichgewicht befindet, ist immer bestrebt, einen konsistenten Zustand, einen Zustand des (emotionalen und rationalen) Gleichgewichts wiederherzustellen (Schnellinger, 2015). Für das Markenmanagement ist der Zustand der Konsonanz dementsprechend der Idealzustand, da sich Konsumentinnen hier bestätigt

fühlen und die Entscheidung für eine Marke nicht hinterfragen. Schauen wir uns den Kampf von Dissonanz und Konsonanz an einem Beispiel an.

Dissonanz – Ein Kunde entscheidet sich für einen im Vergleich zu Wettbewerbsprodukten deutlich teureren Dyson Haartrockner,
- obwohl die Haartrockner der Marken Remington oder Rowenta mindestens genauso gut in der Leistung sind,
- und ist danach weder überzeugt noch begeistert, bereut den (unüberlegten) Kauf beziehungsweise die unnötige (Mehr-)Ausgabe,
- für den er anfing zu sparen, obwohl das für diesen Markenföhn einen ziemlichen Kraftakt darstellte,
- obwohl er bis zu dem Kauf überwiegend vernünftig, nach Preis-Leistung oder sich ab und zu auch für Schnäppchenangebote entschieden hat.

Was Marken machen können – Dissonanz durch Kommunikation von Anfang an verhindern oder nach dem Kauf zumindest abbauen.
All das ist ein Zustand, den das Markenmanagement von Dyson so nicht akzeptieren kann. Denn nur Kundinnen, die sich im Gleichklang und in Konsonanz befinden, sind glückliche und zufriedene Kundinnen (Schnellinger, 2015), die der Marke Dyson treu sind und bleiben. Daher tritt man als Markenverantwortlicher von Dyson an diese Kundinnen mit folgenden Argumenten heran, betont das ganze Potenzial des Produktes und schafft Raum für Überzeugung bis hin zu wahrer Begeisterung für die Marke.
- Die Produkte von Remington oder Rowenta sind zwar auch Föhne, aber keine hochspezialisierten Haartrockner. Nur Dyson trocknet wirklich die Haare, alle anderen wirbeln den Schopf mit heißer Luft schonungslos durcheinander. Ein ordinärer Föhn verrichtet seine Arbeit, schafft es, die Haare trocken zu kriegen – nicht weniger, aber auch nicht mehr. Dyson aber bereitet das Haar auf Großes vor, leistet die beste Vorarbeit für eine glanzvolle Mähne. So betont man die nicht nur überzeugende, sondern geradezu überragende Leistung der Marke Dyson.
- Die Resultate, die ein Dyson Haartrockner erzielt, werden immer wieder veranschaulicht: Nur mit einem Dyson werden die Haare schnell, schonend, glänzend und gesund getrocknet und dazu noch in Form gebracht.
- Die Leistung des Dyson Haartrockners spielt die Hauptrolle, der Preis ist sekundär. Wenn den Kunden oft und lange genug der einzigartige Dyson-Leistungsvorteil vor Augen geführt wird, erscheint der Preis irgendwann nicht mehr übertüert, sondern nur noch relativ teuer, danach etwas teurer, später erschwinglich und so weiter – bis der Preis vollkommen akzeptabel und angemessen erscheint. So erleichtert man Kunden den tiefen Griff in den Geldbeutel.
- Der Dyson Haartrockner wird als Eintritt in die Dyson-Welt dargestellt, als Ticket für ein neues Level von Elektrogeräten mit Know-how und Stil. Mit dem Haar-

trockner von Dyson, dem vielleicht ersten Dyson-Produkt, das man sich kauft oder vielmehr leistet, verabschiedet man sich von jeglichen Billigangeboten aus dem Elektromarkt, von langweilig-nichtssagenden und austauschbaren Tech-Marken.

So bestärkt man Kunden in ihrer Kaufentscheidung, versichert ihnen, genau das Richtige getan zu haben – und kreiert nicht nur ein begehrliches Produkt, sondern darüber hinaus die begehrenswerte Marke Dyson.

Was Menschen machen können – Wege der Kunden aus der Dissonanz.
Um einen negativen Gefühlszustand zu minimieren beziehungsweise zu beenden und sich wieder im Gleichklang zu befinden, haben Menschen und Kundinnen einige Strategien und Verhaltensweisen entwickelt:
- Man addiert konsonante Kognitionen, d.h. man sucht gezielt und sehnsüchtig nach vernünftigen Argumenten, die für die Entscheidung (Marke Dyson) und für den entsprechenden Kauf (hochpreisiger Haartrockner) sprechen, z.B. positive Testergebnisse oder Mundpropaganda.
- Man ignoriert oder verdrängt dissonante Kognitionen, d.h. man schließt die Augen vor allen Argumenten und Tatsachen, die gegen die Marke Dyson und den Haartrockner sprechen oder auch nur sprechen könnten, z.B. negative Testergebnisse oder schlechte Bewertungen.
- Man spielt den Widerspruch zwischen dem aktuellen Verhalten (Kauf des Dyson-Produktes) und dem eigentlichen Kaufverhalten (bisher deutlich günstigere Föhne) herunter, d.h. man erfindet eine Argumentation, die den Kauf eines Highend-Haartrockners rechtfertigt. »Ich bin ansonsten so vernünftig und sparsam, da kann ich mir ausnahmsweise etwas Besonderes leisten.«
- Man stellt das Verhalten quasi als erzwungen und sich als Opfer äußerer Umstände dar. »Keiner meiner Bekannten hat noch einen normalen Föhn, alle haben jetzt den von Dyson. Der muss doch besser sein.«
- Man wertet negative Informationen ab, d.h. man hinterfragt, kritisiert oder negiert die Glaubwürdigkeit der Quellen negativer Informationen. »Die Bewertungen im Internet sind zwar relativ schlecht, aber man weiß ja, dass viele dieser Bewertungen reine Pöbelei sind.« (Zöllner, 2021)

Am Beispiel des Kaufs eines Dyson-Föhns stellt sich das in der Praxis beispielsweise folgendermaßen dar:
- Man ändert sein Verhalten (»Ich kaufe den Haartrockner von Dyson jetzt doch nicht, ist ja schließlich auch nur ein Föhn«), sodass es zur Überzeugung passt (»Solch ein Preis für einen Föhn ist komplett überzogen«).
- Man ändert seine Überzeugung (»Manchmal muss man auch mal über die Stränge schlagen« oder »Immer nur das Billigste rechnet sich nicht, Qualität hat seinen

Preis«), sodass sie zum Verhalten passt (»Langfristig rechnet es sich, auf Qualität zu achten und dafür mehr zu bezahlen«).
- Man zieht weitere Überlegungen als Rechtfertigung hinzu (»Meine Haare sind mir wichtig und sind ein Teil meiner Persönlichkeit, daran zu sparen wäre nicht richtig« (Mai, 2021). Denn wenn die Handlung (der Kauf, der zu Dissonanz führte) erst einmal geschehen ist, kann wenigstens die Einstellung gegenüber dem Kauf und/oder der Marke noch geändert werden.

Gleichgewicht schaffen und Ungleichgewicht vermeiden als Daueraufgabe für Marken.

Für Markenmanager heißt das, etwaige Nachteile und Schwächen ihrer Marke zu identifizieren, die beim Kauf der Marke zu Unsicherheiten führen könnten und diese im Vorfeld kommunikativ aufzugreifen und zu entkräftigen – für Menschen, sich beim Kauf einer Marke darüber im Klaren zu sein, dass man überaus empfänglich ist für bestätigende Botschaften und eher taub gegenüber verunsichernden Informationen.

Die Gedankenmixtur aus miesem Gefühl und schlechtem Gewissen ist der Feind von Marken und der Sand im Getriebe des Markenmanagements. Kaufen und Konsum sollen Freude machen und natürlich auch Lust auf mehr Konsum. Marken sollen Probleme lösen – und keine (neuen) schaffen. Der Kampf gegen die kognitive Dissonanz beziehungsweise das Vorbeugen dieses unbequemen und unangenehmen Ungleichgewichts steht daher auf der Agenda jedes Markenmanagers. Durch Identifizieren von bekräftigenden Informationen mittels Marktforschung und das kommunikative Bereitstellen von PRO-Argumenten, die den Kauf einer Marke unterstützen und die Zielgruppe in ihrer Wahl bestätigen, kann das Markenmanagement der Dissonanz entgegenwirken. Denn starken Marken kann die kognitive Dissonanz nichts anhaben, sie stehen außerhalb jeglicher Kritik und sind bar jeglichen Ungleichgewichts.

5.2 Marken programmieren Menschen.

Vorerfahrungen führen zu Vorurteilen.
Unsere Wahrnehmung, egal ob Nachrichten, Filme, soziale Medien oder Werbung, erfolgt nie völlig unvoreingenommen. Menschen agieren und reagieren immer vor dem Hintergrund ihrer Erfahrungen und auf den dementsprechend guten oder schlechten (Vor-)Urteilen. Unsere Erfahrungen und Erlebnisse mit bestimmten Themen, Menschen und Gruppen prägen uns, sodass wir uns äußerst selten etwas ohne Vorerfahrungen und somit auch selten ohne Vorurteile nähern. Und wenn wir Werbung sehen, so verarbeiten wir auch diese nie objektiv, nie neutral. Alles, was wir von Marken er-

fahren und wie wir Marken bewerten, bewegt sich immer in dem Umfeld unserer Einstellungen, Erfahrungen und Erlebnisse, unserer Werte und Wünsche (Föll, 2007). Und eben dieses Prinzip macht sich das Marketing zunutze, denn unsere Einstellungen gegenüber einer Marke und wie wir diese wahrnehmen, können Marketing und Markenmanagement problemlos in eine von ihnen gewünschte Richtung lenken.

Anbahnung der Wahrnehmung von Marken.
Zum Beeinflussen unserer Wahrnehmung von Marken dient das sogenannte Priming. Dieser Effekt besteht darin, dass Informationen im Gedächtnis über neuronale Netzwerke im menschlichen Gehirn angeordnet und organisiert sind. Wenn bestimmte Knoten dieses Netzwerks durch Informationen aktiviert werden, werden immer mehr benachbarte Knoten des Netzwerks angeregt, die Aktivierung breitet sich im Gehirn aus (Abb. 29).

Kunden reagieren beispielsweise schneller auf das Wort »Genuss«, wenn sie vorher das Wort Schokolade gehört oder gelesen haben. Oder ein Werbespot setzt kurz vor dem Zeigen des Produktes bestimmte Reize, die wir dann mit dem präsentierten Produkt verbinden: Zuerst sehen wir attraktive Menschen auf einer Party, dann die beworbene Sektflasche. Und schon verbinden wir genau diese Attribute – »attraktiv« und »Spaß« – mit der beworbenen Sektmarke.

Das Priming (Anbahnung) beschreibt das Vorbereiten einer Abfolge und das Bewerten anhand eines Schemas von Reiz und Reaktion (Remsch, 2013). Der sogenannte Eingangsreiz ruft bestimmte Assoziationen und Empfindungen hervor. Als Folge dieser Empfindungen werden bestimmte Wahrnehmungsinhalte (z. B. Werbung) unterschiedlich verarbeitet und interpretiert, da die Empfindungen durch gewisse Reize (die das Markenmanagement bestimmen kann) auf diese Inhalte vorbereitet, geprimt wurden. Jegliche Formen von Werbung sollen bei uns den (oft noch unbewussten) Wunsch nach einem Produkt, nach einer Marke auslösen. Und dieser Wunsch entwickelt sich nur dann, wenn mit der Marke positive Empfindungen verknüpft werden. Die Anbahnung solcher Empfindungen ist somit ein unverzichtbares Instrument des Markenmanagements (Reiter, 2019). Wenn dann die beworbene Marke auch noch als Set mit kostenlosen Incentives angeboten wird, werden wir zuerst Opfer unserer vom Markenmanagement manipulierten positiven Assoziationen, um dann dem Glauben zu verfallen, dass wir ein kostenloses Goodie zum eigentlichen Produkt geschenkt bekommen. Deutlich wird der Prozess auch in den Internetmedien, wo durch extrem energetisch formulierte Werbeüberschriften eine Spannung aufgebaut wird, damit man als Rezipient den weiteren Text geradezu lesen muss – mittels vorrangig aktiver Verben (»Kaufen Sie heute!«, »Stimmen Sie jetzt ab!« oder »Entscheiden Sie sich sofort!«) oder verheißungsvoller Versprechungen (»Schnell schlank!«, »Für immer faltenfrei!« oder »Sofort schmerzfrei!«) (Reiter, 2019). All das regt uns zum Klicken und gegebenenfalls auch zum Kaufen an. Und all diese Reizstimulierungen laufen bei uns völlig unbewusst ab.

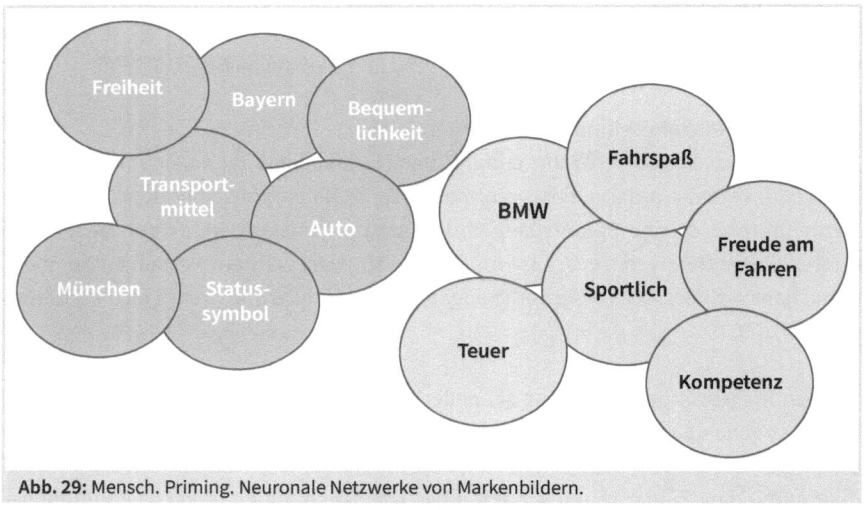

Abb. 29: Mensch. Priming. Neuronale Netzwerke von Markenbildern.

Marken bewegen sich im Rahmen neuronaler Netzwerke, werden im menschlichen Gehirn als Ansammlung von sie beschreibenden Charakteristika abgespeichert und widergespiegelt. Eine Marke wie BMW muss zum einen meist gar nicht mehr explizit genannt werden, so fest ist sie als Markenbild verankert. Fallen die Begriffe »Transportmittel«, »Freiheit«, »Komfort«, »Bequemlichkeit«, »Bayern« und dann noch »München«, liegt der Gedanke mehr als nahe, dass es sich um BMW handelt. Zum anderen ist BMW selbst dank einer langjährigen, stringenten und kontinuierlichen Markenentwicklung und -positionierung fest mit den Begriffen »Kompetenz«, »teuer«, »Sportlichkeit«, »Fahrspaß« und vor allem »Freude am Fahren« verknüpft.

Gefühle von Menschen auf Marken übertragen.
Betrachten wir als Beispiel für gelungenes Priming einmal Werbung für Babynahrung. Bei einer Onlinewerbung würden Headlines wie »Schützen Sie Ihren Nachwuchs!«, »Nur das Beste für Ihr Kind!« oder »Alles, was die Kleinen glücklich macht!« automatisch eine Emotion bei ausnahmslos allen Eltern aktivieren, nämlich den Beschützerinstinkt, die Fürsorge. »Natürlich will ich, dass mein Kind geschützt ist, das Beste bekommt und glücklich ist!« So sind unsere Empfindungen gegenüber dem beworbenen Produkt bereits in die für das verantwortliche Marketing richtigen Bahnen gelenkt. Und als Folge klicken, lesen und kaufen wir. Ebenso verläuft es in der Welt der Werbespots. Hier werden sehr häufig zu Anfang der Werbung Mütter oder Väter gezeigt, die sich liebevoll um ihr Baby kümmern. Und genau dieses Bild wird von uns im nächsten Schritt mit der nun auch gezeigten Marke in Verbindung gebracht. Nur wer sich wirklich kümmert und nur wer sein Kind wirklich liebt, kauft diese Marke. Man

überträgt die mütterliche Liebe, die väterliche Fürsorge auf die Babynahrungsmarke – und gesteht genau diesem Produkt die Kompetenz zu, die Bedürfnisse des Kindes (mit) zu erfüllen.

Perfektion durch Putzmittel.
Auch bei Werbung für Putz-, Wasch- und Reinigungsmittel verhält es sich ähnlich. Wir sehen einen perfekt organisierten und blitzsauberen Haushalt, in dem zuvor das pure Chaos herrschte und der Familienfrieden am Wanken war. Durch die Darstellung eines Haushalts, einer Familie, die zwar vor genau denselben Problemen wie man selbst steht, aber alles »sauber« gelöst hat, ist man auf dasselbe Happy End emotional getrimmt. Man muss nur zu der richtigen Marke greifen, schon steht man genauso glänzend da wie die Vorzeigefamilie aus der Werbung. Die Problemlösungskompetenz und das daraus entstandene Glücks- und Zufriedenheitsgefühl der Vorzeigefamilie übertragen wir auf die Marke, weil zu Anfang der Werbung genau diese Empfindungen bei uns aktiviert wurden (Reiter, 2019). So funktionieren die Marken Persil, Pril, Somat, Ariel und Meister Proper in ihrer Kommunikation genau mittels dieses Marketinginstruments, dem Priming.

Priming schafft Voreingenommenheit gegenüber Marken.
Weitere Beispiele zeigen den Erfolg des kommunikativen Einsatzes von Priming: Eine Pizza, auf der Wagner steht, verspricht zwar kein Dolce Vita, dafür aber eine robuste Steinofen-Kompetenz. Wagner positioniert sich bodenständig, ein Wagner weiß, was er tut. Der Name steht für das Versprechen von Fertigkeit und Qualität. Wer sich italienisches Flair erhofft, kann das hingegen beim Kauf eines Alfa Romeo oder Fiat finden. Die Marken stehen nur bedingt für höchste Ingenieurskunst und Automobil-Know-how, dafür aber unbenommen für Lebenslust und Leichtigkeit. Wenn uns dann eine Verkäuferin beim Gespräch auch nur leicht berührt, an die Schulter oder den Arm fasst, sind wir sofort auf Nähe programmiert – auch eine Art von Priming. So erhalten wir den Eindruck, dass die Verkäuferin uns wirklich nahe ist, es gut mit uns meint und schon läuft das Beratungsgespräch in (für die Verkäuferin) leichteren und erfolgversprechenderen Bahnen – alles basierend auf der Aktivierung und Voranbahnung unserer Empfindungen. Wir sind schlussendlich nicht in der Lage, unvoreingenommen zu kaufen, da uns Instrumente wie das Priming frühzeitig und kontinuierlich zu lenken versuchen und so unsere Empfindungen und Entscheidungen beeinflussen.

Framing schafft nicht-neutrale Wahrnehmungen von Marken.
Das Prinzip des Priming besteht aus dem Verknüpfen von zwei aufeinanderfolgenden Reizen. Die Grundlage des Priming ist dabei das sogenannte Framing (Reiter, 2019). Priming und Framing gehören in der (Werbe-)Psychologie und Marketingkommunikation zusammen und sind doch unterschiedliche Prinzipien (Reiter, 2019). Während sich das Priming durch die Reaktion, die durch vorangegangene Reize ausgelöst werden und so bestimmte Zielreize auslösen, kennzeichnet, beschäftigt sich das Framing

mit der Auswahl und dem Hervorheben bestimmter Informationen und Themen. Das Priming hat im Marketing die Aufgabe, gezielte Reaktionen gegenüber Marken hervorzurufen, die durch eine bewusst gewählte, vorangegangene Information (Prime) ausgelöst wird. Und dabei beeinflusst uns zugleich auch das Framing mit der Art und Weise, wie wir entscheiden und kaufen. Denn Priming ruft eine Reaktion hervor, die auf die Informationen und Daten in unserem Gehirn zurückgreift, auf Daten, die wir in Frames sortieren. So gehören Priming und Framing auf die PR- und Marketing-Agenda als Instrumente einer Kommunikation, die Marken zum Vorteil geriert und die Menschen subtil, aber wirksam beeinflusst.

Im Detail beschreibt der Framing-Effekt einen Vorgang, bei welchem Botschaften mit unterschiedlichen Inhalten entsprechend verschiedene Verhaltensmuster zur Folge haben, da sie verschiedene neuronale Muster in unserem Gehirn aktivieren. Framing steht daher für den (wort-)wörtlichen Rahmen, in welchem Kommunikation wahrgenommen und verarbeitet wird. Im Falle von Werbung bedeutet Framing, einer Marke einen Rahmen zu geben, in welchem die Marke wahrgenommen wird und das Einbetten eines Produktes oder einer Marke in eine Umgebung mit einer spezifischen Bedeutung. Dabei werden ausgewählte Informationen hervorgehoben und so formuliert, eingebettet und verpackt, dass sie bestimmte Frames bei uns aktivieren, in denen wir Informationen einen Sinn zuordnen. So werden wir bei Werbung durch die Darstellungsweise einer Marke in unseren Entscheidungen beeinflusst (Reiter, 2019). Denn wie wir über eine Marke denken, hängt in großem Maße von dem Kontext ab, in dem wir Information über diese Marke wahrnehmen und erfahren (Abb. 30).

Worte und Bilder als Rahmen der Wahrnehmung von Werbung

Ausgangssperre	Ausgangsbeschränkung
20 % Unwirksamkeit	80 % Wirksamkeit
10 % Sterberisiko	90 % Überlebenschance
40 % Nutzer unzufrieden	60 % Nutzer zufrieden
Vorher ohne viel Vitamin C	Jetzt mit mehr Vitamin C

Abb. 30: Mensch. Framing. Worte und Bilder als Rahmen der Werbewahrnehmung.

Das Verpacken von Informationen und Botschaften in einem unterschiedlichen Rahmen hängt von der jeweiligen Intention des Absenders ab. Je nachdem, was dieser mit der Botschaft bei der Adressatin erreichen will, kann ein entsprechender Frame die Botschaft deutlich verstärken und unterstreichen oder aber abmildern und relativieren. Als Hersteller von Nahrungsmitteln bietet es sich an, auf eine neue Rezeptur hinzuweisen, die deutlich mehr Vitamin C als Inhaltsstoff angibt – um damit gleichzeitig zu verschweigen, dass in dem Produkt vorher wenig oder kein Vitamin C enthalten war. Und als Pharmaproduzent betont man bei einem neuen Präparat die Wirksamkeit von 80 %, während man die 20 % verschweigt, bei welchen das Präparat nicht gewirkt hat.

Framing in der Praxis.
Eine Sportmarke wie Puma gewinnt mit ihren aktuellen Kampagnen im Lichte von Olympia oder Szenefestivals erneut an Strahlkraft, während sie als Sponsor weniger spektakulärer Events vermutlich deutlich weniger Wirkung und Aufmerksamkeit erzielen würde. Die olympischen Spiele und Szenefestivals bilden die idealen Frames für einen Imagegewinn genauso wie die Zusammenarbeit mit Usain Bolt. So bezieht sich Framing auf die menschliche Eigenart und Gewohnheit, in Schubladen zu denken. Wir sortieren und filtern unsere Eindrücke, um Struktur und Sinn für unsere Erinnerungen zu schaffen. Es ermöglicht uns, dem Information Overload, d. h. der Unmenge an (werblichen) Informationen, Herr zu werden. Framing erleichtert uns das Leben und den Alltag, läuft automatisch ab, immer und unbewusst. Und Framing begegnet uns nahezu überall im Alltag, wie wir im Folgenden sehen.

Farben als Rahmen von Marken und Marketing.

GRÜN steht für knackig.
Beim Obst- und Gemüseregal im REWE- oder EDEKA-Supermarkt werden wir regelmäßig mit dem Prinzip des Framing konfrontiert. Die Farben der Regale sind überwiegend in grünen Farbnuancen gehalten, manchmal auch in Tönen von Orange, Gelb oder Braun. Denn Grün verbinden wir mit Frische, es steht für stark und knackig. Orange und Gelb verbinden wir mit (süßem) Genuss, geradezu zum Reinbeißen, und Braun mit Natürlichkeit und Erde, etwas, was direkt und frisch vom Feld stammt. Durch die Farben der Regale werden so positive und kauffördernde Empfindungen aktiviert, die uns Bananen, Äpfel, Kartoffeln und Broccoli noch positiver wahrnehmen lassen. Dank Framing wirkt alles noch frischer, schmackhafter und natürlicher.

Neben der Obst- und Gemüsetheke befindet sich mittlerweile häufig die Brot- und Backwarenecke. Denn auch Backwaren und vor allem Brot stehen für Frische, Knackigkeit, Knusprigkeit. Beim Betreten des Marktes sehen wir also nicht nur attraktives Grünzeug, sondern riechen gleichzeitig auch (vermeintlich) frischgebackenes Brot, was ganz schnell in unserem Einkaufskorb liegt, gleich neben den Weintrauben und Aprikosen. Die sehen nämlich nicht nur schön aus, sondern sind auch so verdammt gesund und vernünftig.

SCHWARZ steht für Noblesse und Luxus.
Ein Nespresso- oder ein Dyson-Shop sind stets in dunklen Tönen gehalten, denn Farben wie Anthrazit und Schwarz stehen für Eleganz und Edles, Stilbewusstsein und »a touch of class«. Wir verbinden mit diesen Farbtönen Hochwertigkeit und Qualität und gleichzeitig eine höhere Wertigkeit (Preisniveau). Durch genau diese Farben wird eine High-Level-Anspruchshaltung geweckt, sodass wir den Nespresso-Shop betreten und die Erwartung stilvoll-edler Qualität bereits vollends aktiviert ist. Und schon kaufen wir, ohne mit der Wimper zu zucken, den Kaffee, der hinsichtlich seiner Qualität eher überteuert und hinsichtlich seiner Nachhaltigkeit durchaus kritisch zu sehen ist. Genauso besuchen wir den Dyson-Shop, sind bereits aktiviert im Hinblick auf designorientierte Hochwertigkeit und kaufen einen Haartrockner, der etwa das Achtfache eines Standardföhns kostet.

Worte als Rahmen von Marken und Marketing.
Auch Medien, Journalisten, Öffentlichkeitsarbeit und Public Relations arbeiten mit dem Framing-Effekt. Vollkommen unterschiedliche Frames werden beispielsweise bei Prominenten aus Politik oder Sport genutzt. Boris Becker wird mal als allzu menschliche, von Verlockungen verführte Tennislegende dargestellt, der keine Ahnung von Finanzen, sondern nur von Sport hat, ein anderes Mal als gefallener Versager, der ohne Rücksicht auf Verluste lebt. Luisa Neubauer wird je nach Frame mal als Jean d'Arc der Umweltbewegung, ein anderes Mal als verwöhntes Töchterchen aus gutem Hause präsentiert, die aus reiner Langeweile protestiert. Christian Drosten und Karl Lauterbach sind mal Held der Pandemie, Aufklärer und Informierer, Wissenschaftler und Warner, ein andermal Angst- und Panikmacher. Und Alec Baldwin ist ebenso bedauernswertes (Mit-)Opfer widriger Umstände und des Schicksals wie ein gewissenloser Produzent, der es ordentlich an Sorge und Sorgfältigkeit bei Dreharbeiten hat mangeln lassen. Die PR- und Marketingkommunikation bedient sich zahlreicher Framing-Begriffe. Die bewusste Wahl von sinnbestimmenden Worten in einer Pressemitteilung kann dabei vollkommen unterschiedliche Frames bei uns auslösen. Beliebte Beispiele sind »60% der Nutzerinnen waren zufrieden«, wenn es um die Wirksamkeit einer Hautcreme geht, wobei die 40% unzufriedene Nutzerinnen unerwähnt bleiben. Ebenso wirbt man als Badeort, der vom Tourismus lebt, mit einem »Wetterversprechen von mehr als 200 Tagen Sonnenschein im Jahr« und verschweigt dabei die mindestens 100 Tage Regen. Oder man betont als Hersteller von Shampoo, dass die neue Verpackung zu mindestens 50% aus Recyclingmaterial besteht, was aber eben leider auch nur die Hälfte ist. Auch in der Werbepsychologie ist das Glas Wasser mal halb voll und mal halb leer, je nach Zielsetzung des PR- und Markenmanagements.

Bilder als Rahmen von Marken und Marketing.
Bestens nachvollziehbare Paradebeispiele für Framing sind diverse Kaffee- und Modemarken. Bei Starbucks handelt es sich auf den ersten Blick schlichtweg nur um Kaffee. Starbucks hat für sich jedoch einen Frame entwickelt, der diesen Kaffee zu einer gänz-

lich neuen Welt aufwertet und eine eigenständige Kultur rund um eine neuartige Welt des Kaffeekonsums kreiert. Denn bei Starbucks geht es um deutlich mehr als nur um Kaffee. Es geht um ein Lebensgefühl, kosmopolitisch und trendy, international und jugendlich. Dieser Frame wirkt und differenziert die Marke von anderen. So sind wir bereit, für einen Milchkaffee fünf Euro zu zahlen, obwohl wir diesen deutlich günstiger in vergleichbarer Qualität und Quantität auch bei McCafé oder Tchibo bekämen. Nur wirken hier eben andere Frames, die eindeutig weniger unique, weniger modern und auch weniger sexy sind.

Ähnlich verhält es sich, wenn wir uns in der Modewelt umschauen. Nehmen wir als weiteres Beispiel eine beziehungsweise die gesteppte Damenhandtasche aus Leder. Von der Qualität und den Farben her sind zahlreiche Marken relativ vergleichbar. Würde man die Stepphandtasche verschiedener Marken in der Farbe Schwarz ohne deren Label betrachten, würden die meisten wie ein Ei dem anderen gleichen. Den Unterschied macht hier letztlich der Frame, sprich: die Marke. Es macht eben einen Unterschied, ob man die besagte Handtasche von GUESS, von Marc Jacobs oder von Chanel trägt. Das eine Mal zeigt man sich als modebewusste Kundin mit GUESS eher italienisch-sexy, das andere Mal gibt man sich dank Marc Jacobs up to date und fashionable, während man mit einer Tasche von Chanel seiner Umwelt eine Meisterin der Königsklasse der Handtaschen präsentiert.

Ein weiteres Beispiel für ein gelungenes Framing kann man bei Werbung für Duftwasser sehen. Diese unterscheiden sich zwar hinsichtlich der Rezepturen, Inhaltsstoffe, Konzentration und Menge. Für den Laien sind dies jedoch oft kaum wahrnehmbare Unterschiede. Nichtsdestotrotz sind wir bereit, für einige Parfums wirklich tief in die Tasche zu greifen, während wir anderen keinerlei Beachtung schenken. Und dass nicht etwa nur, weil wir sie nicht riechen können, sie uns nicht gefallen, sondern weil wir uns in ihrem Frame nicht wiederfinden. Als designaffiner Mensch, der eine klare Sprache, schnörkellose Inhalte und pure Formen liebt, fällt die Wahl wohl eher auf einen Duft von Jil Sander oder Calvin Klein, die sich mit dem entsprechenden Frame von »clean and pure« umgeben, anstatt auf Düfte von Cavalli, Versace oder Moschino, die für Opulenz, Farbrausch und Sinnlichkeit stehen. Der Duft tritt bei der Wahl des Duftwassers allzu häufig in den Hintergrund, der Frame ist (mit)entscheidend.

> **Es kommt nicht nur auf den Inhalt, sondern auch auf die Verpackung an.**
>
> Für Markenmanagerinnen heißt das, das Augenmerk nicht allein auf die kommunikative Botschaft von Marken zu legen, sondern auch der inhaltlichen Einführung und dem werblichen Umfeld der Markenbotschaft Bedeutung beizumessen.

Priming funktioniert, weil Menschen oft einfach gestrickt sind und unser Gehirn dafür sorgt, dass wir in einer größtmöglichen Einfachheit zurechtkommen. In unserem Gehirn stehen Begriffe nie allein für sich, sondern befinden sich immer in bedeutungsgebender Gesellschaft. Sie bilden Cliquen und Vernetzungen, tauschen sich aus und ergänzen sich. Daher denken wir im Sinne des Primings mit größter Wahrscheinlichkeit an Bananen, wenn man uns das Wort »gelb« vorgibt und uns anschließend nach einer Obstsorte fragt. Und hören wir den Begriff »Fahrspaß«, so denken wir an BMW, wenn es um Automarken geht und hören wir das Wort »Flügel«, denken wir an Vögel, Flugzeuge oder eben an Red Bull, wenn wir in diesem Kontext nach Marken gefragt werden.

Und auch Framing funktioniert recht simpel. Denn unterschiedliche Formulierungen ein und derselben Botschaft mit demselben Inhalt können unser Verhalten ebenso unterschiedlich beeinflussen. Rational begründen lässt sich das nicht. Menschliche Emotionen, vorherige Erfahrungen und subjektives Empfinden kommen hier zur vollen Entfaltung. Will ein Pharmakonzern für ein neues Präparat werben, wird er beispielsweiseeventuell die 51-prozentige Überlebenschance betonen, die bei Einnahme der entsprechenden Medizin möglich ist, während der beratende und behandelnde Arzt eher die 49-prozentige Sterbewahrscheinlichkeit gegenüber den Patienten erwähnt – während eine Kosmetikmarke betonen würde, dass 60 % aller Nutzerinnen wunschlos glücklich mit der Hautcreme sind und der Verbraucherschutz gleichzeitig die Botschaft veröffentlicht, dass 40 % der Nutzerinnen nicht zufrieden sind.

5.3   Marken als Heischerinnen um Aufmerksamkeit.

Der Kampf um Aufmerksamkeit als erster Schritt ins Bewusstsein.
Jede neue Marke muss erst einmal um Aufmerksamkeit kämpfen von genau den Menschen, die zu Kunden werden sollen. Denn diese Aufmerksamkeit ist ein wahrhaft rares Gut. Schließlich ist man 24/7 von Werbung umgeben, ob man es wahrnimmt oder nicht. Unzählige Marken, Produkte und Dienstleistungen buhlen um unsere Augen und Ohren. Die Königsdisziplin von Marken ist es daher, erst einmal überhaupt auf den Radar von Menschen zu kommen und kommunikativ zu ihnen durchzudringen.

Interesse als Eintrittskarte ins Unterbewusstsein.
Genau da setzt eine der simpelsten Strategien des Markenmanagements an, die AIDA-Formel. Die Marketingformel lautet anders übersetzt: Kenne mich. – Interessiere dich für mich. – Begehre mich. – Kaufe mich. Das ist der erfolgversprechendste Weg zu Konsumenten. Und genau so funktioniert der Viersprung Aufmerksamkeit (Attention = A), Interesse (Interest = I), Begehrlichkeit (Desire = D) und Kauf (Action = A) (Geml & Lauer, 2008): Die Marke ruft zuerst: »Hier bin ich, schau mich gefälligst an!« Danach macht sich die Marke interessant: »Wäre ich nicht etwas für dich?!« Und letzten Endes schafft sie eine Begehrlichkeit oder vielmehr ein wirkliches Verlangen (»Ich bin genau

das Richtig für dich!«), was im Idealfall zum Kauf führt (»Nimm mich, kauf mich!«). Das ist der klassische Vierklang des Marketings und der Markenverführung.

Abb. 31: Marketing. Modell. AIDA. Marken kennen, mögen, wollen und kaufen.

Die Wirkungskette von Attention bis Action verlangt ein kontinuierliches Ansprechen und Begleiten von Konsumentinnen. Diese benötigen je nach AIDA-Phase, in der sie sich befinden, unterschiedliche Informationen hinsichtlich Tonalität, Tiefe, Menge und auch Lautstärke. Unbekannte Marken machen in der ersten Phase des Schaffens von Aufmerksamkeit durch sowohl eher simple als auch laute(re) Botschaften auf sich aufmerksam (z. B. Fanta zeigt sich lautstark als präsent). Und um Interesse und Sympathie zu wecken, verlangen Konsumenten tiefer gehende Informationen zur und nahebringende Botschaften von der Marke (Fanta erzählt zuerst von sich, den Inhaltsstoffen und Vorteilen, danach von Gemeinsamkeiten, die man als Marke mit den Konsumenten hat), um schließlich aufgrund eines Angebotes, das man nicht abschlagen kann (Fanta gibt es im Sonderangebot, als Special Edition, mit einem Goodie wie Fanta-Glas oder Aufkleber), zur finalen Handlung, dem Kauf, zu (ver-)führen.

Begehren schafft Beschäftigung.
Wenn die Konsumentin so weit getriggert ist, dass sie etwas wirklich möchte, beschäftigt sie sich intensiv mit der Marke, sie lässt sie nicht mehr los. Sie erkennt oder meint zu erkennen, dass sie ohne genau diese Marke nicht mehr funktionieren, nicht mehr leben kann. Die Marke hat an Wert für das eigene Dasein gewonnen, ist relevant für ein glückliches oder erfolgreiches Leben geworden. Hier zeigt sich, dass es nicht ausreicht, allein die Vorzüge und Leistungen einer Marke aufzulisten, reicht nie und nimmer aus, um das Interesse oder sogar das Verlangen nach einer Marke zu wecken. Eine solche Relevanz wird geweckt durch vor allem emotionale Werbebotschaften. Und emotional ist fast jeder Mensch empfänglich aufgrund des ureigenen Bedürfnisses nach sozialer und gesellschaftlicher Anerkennung.

Der Kauf als Happy End für Marken.
Schafft es das Marketing mit seinen Werbebotschaften zu suggerieren, dass Menschen mit dem Kauf eines Produktes auch Attraktivität (»Initiative für wahre Schönheit« von Dove), Erfolg (TAG Heuer mit »Don't crack under pressure« oder »Success. It's a mind game«), Sicherheit (Versicherungen als »Fels in der Brandung«), Motivation (NIKE mit »Just do it!«), Relaxtheit (»Have a break, have a KITKAT®«) und/oder Freude (»HARIBO macht Kinder froh …«) erwerben, ist das ein unschlagbarer Mehrwert für Mensch und Marke. Aber auch sachliche Argumente und Versprechen, wie nützlich eine Marke und deren Produkte sind, sprechen potenzielle Kundinnen (Kundensegmente) an – nur eben auf der Vernunftebene, rein rational. Solche Argumente und Botschaften zielen oftmals auf die besondere Qualität (Duftwasser von 4711 mit »Durch Qualität die Weltmarke«), auf Preisvorteile (MediaMarkt mit »Geiz ist geil!«) oder auf die Langlebigkeit (Volvo mit »Ein Vorbild an Langlebigkeit«) von Produkten ab. Und dieses Verlangen nach der Marke ist der nächste Schritt, wenn Menschen Marken verfallen – und es mündet im Idealfall in der entscheidenden Handlung, dem Kauf. Hier geht es im wahrsten Sinne des Wortes um Action, also um eine Aufforderung zum Handeln, zum Kauf eines Produktes oder einer Dienstleistung, damit Interessenten zu Käufern werden (»Schau mich Marke nicht nur an, flirte und liebäugele nicht nur mit mir, sondern lege mich umgehend in deinen Warenkorb und schalte deine Kreditkarte für mich frei!«). Genau an dieser Stelle entscheidet sich, ob die drei vorgeschalteten Stufen erfolgreich waren. Denn die Kauf-, die eigentliche Action-Phase funktioniert nur, wenn zuvor die Aufmerksamkeit und das Interesse der Konsumentinnen geweckt werden konnten und das Verlangen nach dem Besitz dieser Marke derart groß geworden ist, dass nur noch ein Kauf als Handlung infrage kommt. Um diese Action-Phase zu pushen, greifen Marketingprofis häufig auf eine drängende Wortwahl zurück, beispielsweise in einem Hinweis zur Bestellhotline (»Rufen Sie sofort an!«) oder zum Kaufen-Button (»Kaufen Sie jetzt, das Angebot gilt nur noch 5 Minuten!«) auf einer Landingpage.

> **AIDA – für Marken altgedient, aber noch lange nicht ausgedient.**
>
> Für Markenmanager heißt das, dem Kunden kommunikativ zu folgen beziehungsweise ihm immer einen Schritt voraus zu sein, vom ersten Auf-sich-aufmerksam-Machen bis zur eigentlichen Kaufentscheidung – für Menschen, dass Marken ihnen auf Schritt und Tritt folgen, um sie für sich zu gewinnen.

AIDA – nicht unbedingt up to date, aber äußerst populär.
Das Marketingmodell AIDA mit Attention, Interest, Desire und Action ist ungebrochen populär. Es ist die Urversion dessen, wie man Menschen manipuliert und zu Marken treibt. Denn Menschen scheinen einem logischen Prozess zu folgen, wenn es um Marken und um Werbung geht – auch wenn manche Konsumenten sich in diesem Prozess oftmals vor- und zurückbewegen oder manchmal auch schlichtweg stehen

bleiben. Das Modell beschreibt in einfach nachvollziehbaren und aufeinanderfolgenden Schritten, wie sich Werbung von dem ersten Auf-sich-aufmerksam-Machen bis zu Kaufentscheidungen von Konsumenten auswirkt und ist damit weiterhin die Grundausstattung von Marketingexpertinnen. Mit diesem Modell planen, analysieren und optimieren Werbeprofis ihre Kampagnen. Es ist die Basis dafür, wie wir Marken kennenlernen, mögen, wollen und kaufen (Abb. 31). Denn gerade in Zeiten von Digitalisierung und KI gilt weiterhin der Leitsatz: »Wer nicht wahrgenommen wird, existiert nicht.« Auch wenn der Prozess, wie Menschen sich für oder gegen Marken entscheiden, mittlerweile deutlich komplexer und emotionaler geworden ist.

5.4 Marken als Bedürfniserfüller und Kaufentscheidungstreiber.

Man meint zu entscheiden, wird aber zum Entscheiden getrieben.
Der Weg von der Aufmerksamkeit gegenüber einer Marke hin zu deren Kauf ist klar definiert und doch komplex. Wie und wo wir dabei Entscheidungen treffen, ist individuell und aufwendig, lässt sich aber auch in überschaubaren und klar definierten Stufen veranschaulichen (Homburg, 2020). Wie kommen wir beispielsweise zu der Entscheidung für oder gegen Bounty oder Twix, wenn wir im Supermarkt vor einem Regal mit Schokoriegeln stehen oder für beziehungsweise gegen Mitsubishi oder Suzuki, wenn wir im Autohaus mit einer Armada von Autos konfrontiert sind oder wenn wir vor der Website eines E-Commerce-Shops sitzen?

Bedürfnisse als Drill Instructor.
Was uns zu Kaufentscheidungen treibt, sind unsere Bedürfnisse und das Realisieren eines Problems (Stufe der Problemerkennung). Sie sind der Startschuss für unsere Entscheidungen. All unsere Einkäufe und Shoppingtouren beginnen mit einem konkreten Bedürfnis und dem Erkennen einer Art von Mangel – ganz egal, ob es sich um den Kauf von Pralinen, Sportschuhen oder Hygieneartikeln handelt (Kotler et al., 2017). Doch es gibt zwei (gänzlich unterschiedliche) Arten von Bedürfnissen – diejenigen, die uns bewusst und diejenigen, die uns nicht bewusst sind. Die bewussten Bedürfnisse sind uns sonnenklar, wir wissen um ihre Existenz und versuchen, sie aktiv zu beantworten. Wenn man hungrig ist, sucht man sich etwas zu Essen. Wenn es regnet, kauft man sich einen Schirm. Wenn die Haut spannt, sorgt eine Creme für Linderung. So offensichtlich und trivial, so gut. Viel interessanter beziehungsweise herausfordernder für das Markenmanagement, weil weniger offensichtlich, sind unsere unbewussten Bedürfnisse. Das, was uns bewegt, uns aber sozusagen aus dem Off antreibt, sind einzigartige Trigger für Markenkommunikation (Will man eine teure Uhr, ein teures Auto, eine teure Tasche, weil man Premiumansprüche an Qualität hat – oder um von anderen bewundert beziehungsweise beneidet zu werden?).

Bedürfnisse wollen Informationen.
Wir arbeiten uns bei unseren Entscheidungen für oder gegen Marken und Produkte Schritt für Schritt vor. Bedürfnisse treiben uns an und verlangen nach Informationen (Stufe der Informationssuche). Sie motivieren uns, alle Alternativen zu checken, die der Bedürfnisbefriedigung dienen (könnten) (Kotler et al., 2019). Wenn ein konkreter Bedarf (Durst) und zugleich ein wahres Bedürfnis (Lust auf etwas Süßes oder Salziges) vorliegen, starten wir sofort die Informationssuche und versuchen, das Problem so bald und so gut wie irgend möglich zu lösen beziehungsweise Bedarf und Bedürfnis zu stillen.

Bedürfnisse lieben die Qual der Wahl.
Die Auswahl an Marken, Produkten und Dienstleistungen, um unsere Verlangen zu befriedigen, ist riesig. Wenn es darum geht, gleichzeitig unseren Durst und auch noch die Lust auf etwas Süßes zu stillen, stehen zahlreiche Marken zur Auswahl. Da kommt so einiges infrage, was spontan in den Kopf kommt, beispielsweise Cola, Fanta, Sprite, Orangen- oder Apfelsaft, Mixgetränke, Fruchtschorlen. Und wenn man weiter in sich geht, kommen eventuell noch Malzbier, Club-Mate und Red Bull in den Sinn. Und genau diese Alternativen bewerten wir mal mehr und mal weniger ausführlich. Schließlich ist nur eins wichtig: Die Alternative, für die man sich entscheidet, muss uns einen echten Mehrwert bringen, muss uns mehr als die anderen geben, wenn es um unsere Bedürfnisse geht.

Bedürfnisse verlangen nach Entscheidungen.
Und dann kommt der Moment der Entscheidung (Stufe der Alternativenbewertung). Nach der Bewertung aller Optionen entscheiden wir uns für ein Angebot – und damit gegen alle anderen. Dabei spielen kognitive und emotionale, bewusste und unbewusste Bedürfnisse mit. Wir wissen, wir haben Durst, wir spüren, wir sehnen uns nach Süßem und nach einer Prise Alltagsflucht in die Kindheit. So kommen wir schließlich auf die Idee, das eine Fanta jetzt genau das einzig Wahre und Richtige für uns ist (Stufe der Kaufentscheidung). Denn Fanta stillt nicht nur unseren Durst und unser Verlangen nach Süßem, sondern auch unseren Wunsch nach heiler »Friede-Freude-Eierkuchen«-Welt aus Kindertagen. Nach dieser Entscheidung kommt die sogenannte After-Sales-Phase, die Nachkaufphase (Stufe des Verhaltens nach dem Kauf), die treue Kunden von untreuen Kunden unterscheidet. Nach dem Kauf entscheidet sich, ob man (aufgrund von überzeugender Markenkommunikation) der Marke treu bleibt beim nächsten Durst, ob man beim nächsten Verlangen nach einem süßen oder sogar zuckerhaltigen Getränk wieder zu einer Fanta greifen würde – oder ob man (aufgrund der kommunikativen Versprechungen anderer Marken) untreu und eher mit Alternativen liebäugeln würde.

Bewusstsein und Unterbewusstsein jonglieren mit Bedürfnissen.
Einige Beispiele aus Praxis und Alltag sollen den Einfluss von Bewusstsein und Unterbewusstsein bei der Wahl von Marken verdeutlichen.

Man fühlt sich aufgrund eines anstrengenden Arbeitstages ausgelaugt und gönnt sich als Kompensation abends bei McDonald's das XL-Menü, obwohl man normalerweise mit dem Standardmenü völlig zufrieden ist. Der Hunger (Problemerkennung) treibt uns als bewusstes Bedürfnis nach dem Realisieren und dem Abwägen von Alternativen zum Fast Food (Informationssuche und Bewertung von Alternativen), das Unterbewusstsein flüstert uns zu »Nimm doch mal das riesengroße Menu, das hast du dir verdient, war schließlich ein harter Tag, belohn dich!« (Kaufentscheidung). Und danach besänftigt man sein schlechtes Gewissen mit (Schein-)Argumentationen wie »Du bist doch kein Weichei, du bist ein ganzer Kerl. Da kannst du doch mit dem Minimenü nicht zufrieden sein!« (Verhalten nach dem Kauf).

Mit Red Bull an Grenzen gehen.
Man fühlt sich am Rande seiner Leistungsgrenze und pusht sich mit einem Red Bull, kann dank vermeintlich zugeführter Energie dann endlich und ersehnterweise länger arbeiten (oder auch feiern). Das Bewusstsein sagt uns klipp und klar: »Du bist erschöpft, hast deinen Job aber noch nicht erledigt, Du brauchst jetzt einen Energiekick.« Da könnte man auch eine Cola trinken, Koffein sollte in die Lage versetzen, fitter und wacher zu sein. Genau jetzt steht jedoch das Unterbewusstsein parat und fügt hinzu: »Pah, fitter und wacher, das kann jede. Das reicht nicht aus, kann dir nicht genug sein. Du brauchst etwas stärkeres, willst und musst raus aus der Komfortzone. Das schafft eine läppische Coke nicht. Um den Job zu reißen (oder die Party zu schmeißen), brauchst du einen Partner, der es krachen lässt.« Und schon greift man zu Red Bull, weil nur das die gewünschten Flügel verleiht und die Grenzen, an die wir kommen, sprengen lässt.

Dank Starbucks als kosmopolitischer Weltenbürger schillern.
Man geht auf dem Weg zu Arbeit bei Starbucks vorbei – und das fast tagtäglich. McCafé, Tchibo und weitere beachtet man erst gar nicht, sie kommen nicht infrage. Man landet immer wieder bei Starbucks, weil vor allem unser Unterbewusstsein das so will. Dort bekommen wir eben nicht nur einen simplen Kaffee. Vielmehr wird man beim Betreten eines Starbucks-Shops sofort kosmopolitisch, international, weltgewandt, amerikanisch, cool, hip, up to date und noch viel mehr. Man entfernt sich meilenweit von der angestaubten Aura des deutschen Kaffeekännchens, distanziert sich vom Oma-Image der Kaffee- und Kuchentafel und performt stattdessen mit dem Starbucks-Becher wie ein typischer New Yorker, der auf dem Weg zur Arbeit gerade die 5th Avenue entlangeilt.

> **Menschen kaufen Marken, die auf allen Ebenen an ihrer Seite sind und bleiben.**
>
> Für Markenmanager heißt das, den (Kauf-)Entscheidungsprozess kommunikativ zu begleiten, der Zielgruppe auf jeder Stufe die Informationen zu geben, die zur nächsten Stufe des Kaufprozesses führen – für Menschen, von Marken differenzierte Informationen zu erwarten, die sie in der jeweiligen Kaufentscheidungsphase weiterbringen und ihnen einen Grund geben, in die nächste Phase überzugehen.

Das Bewusstsein will Fakten, das Unterbewusstsein Verführung. Unser Unterbewusstsein ist voller Bedürfnisse, die uns allzu häufig einen Streich beim bewussten und rationalen Entscheiden spielen, uns zu Kaufentscheidungen verführen. Jede Kaufentscheidung wird zwar nach einem deutlichen Raster in Form von Stufen vollzogen, gleichzeitig haben bei jeder dieser Stufen bewusste wie unbewusste Bedürfnisse ein gleich starkes Gewicht. Dieses Verlangen wird von Markenmanagement und Marken nicht nur erfüllt. Nein, Anknüpfungspunkte, durch welche Marken ein Verlangen stillen oder sogar wecken, werden mittels Zielgruppenanalyse und Marktforschung entdeckt und erforscht, analysiert und gefördert – durch Werbung, die uns Großes im XL-Format anbietet, die uns verspricht, Flügel zu verleihen oder die uns hilft, nicht typisch deutsch zu erscheinen. Angetrieben von Fragen zu Zielgruppen und dem entsprechenden (Markt-)Forschungsdrang sollte das Markenmanagement seine Kunden lückenlos analysieren und begleiten. Dabei ist die Ausgangsbasis stets das Erkunden menschlicher Bedürfnisse, die man mit seinen Marken beantworten und befriedigen möchte (und hoffentlich auch kann), sind die Next Steps das Anbieten von Lösungen durch entsprechende Marken bis hin zum Gewährleisten überzeugender Erfahrungen, die man als Konsumentin mit und dank der Marke erleben kann (Abb. 32). Diese Fragen seitens des Marketings sind ein kontinuierlicher Prozess. Konsumenten verändern sich ständig, ihre Bedürfnisse ändern sich, Kundinnen werden immer unberechenbarer. Da ist es mit einer kurzfristigen Momentaufnahme menschlicher Bedürfnisse nicht getan.

Abb. 32: Marketing. Modell. Kaufentscheidung als Prozess. Von Marken zur Entscheidung (voran)getrieben werden.

Die Entscheidung für eine Marke ist ein komplexer Prozess, bei dem sich Marken auf Basis von bislang nicht erfüllten Bedürfnissen zum Problemlöser und Bedürfniserfüller positionieren. Ein Beispiel: Eltern suchen nach einer gesunden Zwischenmahlzeit für ihre Kinder. Die Milchschnitte der Marke Kinder von Ferrero bietet sich grundsätzlich als solche an. Bei der Suche nach einer Lösung werden den Eltern unterschiedliche Alternativen dargeboten, von Obst und Gemüse über Marmeladen- beziehungsweise Wurstbrot oder Joghurt und Müsli(-Riegel). Der Marke Kinder muss es kommunikativ gelingen, in dieses Alternativen-Set zu kommen, um dann bei der elterlichen Bewertung dieser Alternativen so gut oder gar am besten abzuschneiden (Kinder verargumentiert die Milchschnitte als adäquat zum Trinken von Milch beziehungsweise zum

Verzehr anderer Milchprodukte, nur im deutlich praktischeren Snackformat und in einem Teigmantel, der nach gesundem Brot und zugleich nach verlockender Schokolade aussieht), um nicht nur gekauft, sondern auch erneut gekauft und eventuell sogar weiterempfohlen zu werden.

5.5 Marken als Kommunikationspartnerinnen.

Markenkommunikation hat einen langen Atem.
Werbung will nicht nur einmal zum Kauf verführen, sondern möglichst häufig und regelmäßig. Deswegen ist das Marketing darauf ausgerichtet, das gesamte Verhaltensmuster von uns zu beeinflussen und treue Kunden zu formen (Wirtschaftswissen.de, 2021), denn Stammkunden rechnen sich (Delers, 2018) sowie Markenloyalität zu fördern, die uns immer wieder zu derselben Marke greifen lässt – und das über Jahre und Jahrzehnte, wie es Nivea und Persil verlässlich demonstrieren. Generationen von loyalen und treuen Nutzerinnen entscheiden sich wieder und wieder für diese Marken, obwohl es unzählige Alternativen für Hautpflege und Waschmittel gibt, die aber dennoch nur ab und zu, mal mehr und mal weniger, gekauft werden, auf die man aber jederzeit verzichten könnte. Dabei müssen Marken sich tagtäglich präsentieren und beweisen.

Erfolgreiche Marken setzen Anker – jeden einzelnen Tag.
Zwei Wege ermöglichen den Zugang zu treuen Kunden: über ihre Sinne und über ihre Gefühle (Wijaya, 2012).

Alles fängt mit unserer Aufmerksamkeit an. Um einer Marke gegenüber treu zu werden, müssen wir erst einmal wissen, dass es sie gibt – wir benötigen Input für unsere Sinne. Daher gibt uns das Markenmanagement im ersten Schritt viel über ihre Marken zu hören und zu lesen. Wir sind Nivea und Persil unter anderem deshalb so treu, weil wir ständig an die Existenz der Marken erinnert werden und nahezu 24/7 von ihnen umgeben sind. Kein Tag ohne Kontakt zu Persil, kein Klick im Internet ohne Werbung von Nivea. Dadurch drängen Marken ins Bewusstsein und setzen einen Anker, und das über Jahrzehnte. Wenn wir an Hautpflege denken und eine Hautcreme suchen, hat Nivea eine Poleposition. Wenn wir an die große Wäsche denken, ist Persil weiterhin der Spitzenreiter in unserer Waschmittel-Top-Ten. Denn mit der Zeit kennen wir die Marken nicht nur besser und besser, sondern meinen diese irgendwann voll und ganz zu verstehen. Wir wissen viel bis sogar alles zu ihrer Historie und Kultur, zu den Werten und Vorteilen, kennen ihre Schwächen und Stärken. Wir wissen, dass Nivea eine Marke aus Deutschland ist, zwar in erster Linie als Hautpflege dient, aber gefühlt für alles gut ist, dass Nivea fast jeden Menschen seit der Kindheit begleitet und man mit der Creme aus der blauen Dose einfach nichts falsch machen kann. Nivea ist somit der Golf im Creme-Pelz. Damit aber nicht genug, denn wir lernen ständig dazu, da die Marken ständig Neues über sich berichten. Nivea erfreut uns mittlerweile mit einem Nivea-Parfum, eröffnet Shops in Großstädten, bietet Beauty-Behandlungen an und ist jetzt auch noch nachhaltiger. Die Marke bleibt nicht stehen, verändert sich mit uns und für uns. Genauso ergeht es uns mit Persil. Gestern noch Persil Ultra und Megaperls, heute schon Persil Discs und morgen lassen wir uns erneut gerne von Persil überraschen. So nisten sich die Marken in unserem Verstand ein und bedienen unsere Vernunft mit einem Dauerfeuer an Informationen und Latest News zu ihren Aktionen und Vorhaben.

Die Hirn-Formel der Kommunikation.
Die Formel, um unser Hirn, unseren Verstand für eine Marke zu gewinnen, heißt demnach: Zuerst auf der kognitiven Ebene für Aufmerksamkeit für die Marke sorgen, dann Bewusstsein für die Marke schaffen, das Verstehen der Marke forcieren und letzten Endes die Kundinnen bei der Stange halten durch ständigen Input, sodass wir meinen, nie über die Marke auszulernen, nie alles über sie wissen – aber ständig mehr wissen zu wollen (Wijaya, 2012).

Kommunikation mit Emotionen schafft Liebe für Marken.
Das Sich-interessant-Machen kann genauso strategisch verfolgt und umgesetzt werden wie beschriebene Hirn-Formel, die uns als Menschen rational, kognitiv und faktisch überzeugen soll. Wenn wir in einem ersten Schritt von der Existenz einer Marke wissen, dann gilt es im nächsten Schritt darum, unser Interesse zu schüren. Wenn wir von der Marke Payback erstmalig hören, ist es die Aufgabe des Markenmanagements, diese Marke mit interessanten Inhalten zu füllen. Es reicht nicht, dass wir den Begriff »Payback« nur schon mal gehört haben, der Begriff muss uns emotional auch etwas sagen, etwas mitteilen. So finden wir Payback vielleicht interessant, weil wir erfahren, dass man mit der Marke Treuepunkte sammelt und beim Einkaufen sparen kann. Es wird Interesse geschaffen. Danach gehen wir kurz in uns und fragen: »Ist es mir eigentlich wichtig, beim Einkaufen Punkte zu sammeln und dadurch zu sparen?!« Und so bewerten wir Payback und das Angebot, das uns die Marke macht. Und wenn die Antwort »Ja« lautet, hat Payback bei uns eine weitere Chance. Die emotionale Überzeugungsreise ist dann jedoch längst nicht zu Ende. Denn im nächsten Schritt geht es darum zu checken, ob das Sparen durch Punktesammeln auch wirklich zu einem selbst, zu den eigenen Einstellungen passt: »Passt es zu mir, beim Einkaufen jedes Mal eine Treuekarte und Coupons oder die entsprechende App zu zücken? Ist es okay für mich, dafür meine Daten preiszugeben?!« Genau hier liegt der große Unterschied zwischen dem positiven Bewerten des Service und dem Abgleich mit den eigenen Überzeugungen. Denn die Bewertung der Dienstleistung von Payback, das Sparen, trifft bei vielen Menschen auf Zustimmung. Sparen möchte (fast) jede. Aber mit einer Karte oder App durch die Super- und Drogeriemärkte zu ziehen beziehungsweise sich und seine Daten transparent zu machen, das liegt nicht jeder. Um genau dieses Ungleichgewicht ins Lot zu bringen, setzen die Markenmanagerinnen alles daran, unsere Einstellung zu ändern – sodass Payback in jeder Hinsicht attraktiv für uns erscheint. Sie argumentieren mit Statements wie »Nicht-sparen ist nicht smart«, »Wenn man ohnehin immer bei denselben Geschäften einkauft, dann kann man sich auch dafür belohnen lassen« oder »Wer kauft, verdient«. Haben wir genau diese Ar-

gumentationsketten verinnerlicht, entwickeln wir eine positive Einstellung gegenüber Payback, die uns, je öfter wir mit der Marke in Kontakt sind, die Karte einsetzen oder die Treuepunkte einlösen lässt und so erneut von der Marke überzeugt.

Die Herz-Formel der Kommunikation.
Die Formel, um unser Herz und unser Gefühl für sich zu gewinnen, lautet daher: Im ersten Schritt auf der affektiven Ebene Interesse (für die Marke Payback) schaffen, danach für ein positives Bewerten der Marke sorgen, im Anschluss die kundeneigenen Einstellungen mit der Marke in Einklang bringen, die Marke mit positiven Gefühlen verknüpfen und letztlich von der Marke überzeugen (Wijaya, 2012).

Kommunikation mit Aufforderungscharakter schafft Action für Marken.
Das Markenmanagement von Payback hat es somit geschafft, einen Platz im Hirn und auch im Herzen zu erobern. Das allein reicht aber immer noch nicht aus, denn schließlich will man als Marke gekauft und genutzt werden. Das Payback-Management hat zum Ziel, dass die Payback-Karte beantragt und möglichst häufig genutzt wird. Also müssen wir motiviert werden, genau das zu tun. Daher tritt man mit zahlreichen werblichen Avancen an uns heran, die uns verführerisch erscheinen. So treibt das Markenmanagement uns mit Extra-Bonus-Punkten beim Einkauf in bestimmten Geschäften, einer zusätzlichen Kreditkartenfunktion der Payback-Karte oder immer wieder neuen und immer mehr Payback-Partnern vor sich her.

Die Hand-Formel der Kommunikation.
Die Formel für unsere Hand und für unser Handeln, um uns zur Entscheidung für und zum Kauf einer Marke zu bewegen, kann folgendermaßen zusammengefasst werden: auf der Verhaltensebene im ersten Schritt die Handlungsbereitschaft (für den Erwerb der Payback-Karte) erhöhen, um danach Anreize zu schaffen, diese so oft es irgend geht zu nutzen (Wijaya, 2012). Der Einsatz der Payback-Karte kann dabei forciert werden durch Promotions direkt in den Verkaufsstätten, durch das Angebot von (leichter zu nutzenden) Apps oder durch die direkte Ansprache durch das Personal an der Kasse.

Hirn, Herz und Hand im Einklang mit Involvement für Marken.
Die beschriebene ICH-Beteiligung, das Involvement, hat tatsächlich auch in dem Prozess von Hirn, Herz und Hand einen nicht zu vernachlässigenden Einfluss (Barry & Howard, 1990). Es ist davon auszugehen, dass man sich ein Produkt oder eine Marke kauft, weil man vollends überzeugt oder begeistert, d. h. komplett mit seinem ICH beteiligt ist (Matzler, 1997). Der Kunde kauft, was er mag und andersherum: Man wird als Marke aus Überzeugung und Beliebtheit gekauft. Wenn es sich allerdings um Produkte mit einem geringen Involvement handelt, kann der Prozess völlig anders aussehen (Michaelidou & Dibb 2008). Bei Küchenpapier kaufen beispielsweise viele Menschen, die Marke(n), die sie einfach nur kennen, von denen sie mal gehört haben – und nicht Marken, von denen sie überzeugt sind. Weil kein Mensch von Küchenpapier wirklich

begeistert ist, sein kann, sein will. Hier kauft man, was man kennt. Dann aber kann das Produkt, wenn es sein Bestes gibt und nicht enttäuscht, durchaus im Nachgang von sich überzeugen – und so die Chancen erhöhen, wieder und wieder gekauft zu werden. Zuerst wird man als Marke also aufgrund von Bekanntheit, dann aber auch aus Überzeugung (und Gewohnheit) gekauft.

Marken können auf Menschen verzichten, die sie nur kennen und lieben, aber nicht kaufen.

Für Markenmanagerinnen heißt das, zugleich glaubhafte Fakten und authentische Botschaften für ihre Marken auf die Agenda zu setzen, um Menschen zum Handeln, zu einer Entscheidung für ihre Marke zu bringen – für Menschen, nicht allein durch Information, sondern ebenfalls durch Emotion beeinflusst und so zum Kauf getrieben zu werden.

Kein anderer psychologischer Ansatz zum Kaufverhalten entspricht so sehr dem Hirn-Herz-Handel-Konstrukt und -Gedanken wie die Ansprache von Konsumentinnen über ihren Verstand, ihre Gefühle und ihr Handeln (Abb. 33). Das Beantworten kognitiver Ansprüche, um Menschen auf Marken aufmerksam zu machen und ihnen (nachweisbare) Fakten zu Marken zu geben, das Liefern emotionalen Inputs, um Menschen mit Marken emotional abzuholen und das Motivieren und Bewegen zum Kauf der entsprechenden Marken mittels überzeugender und vorantreibender Informationen gehört als Dreiklang zu den Standardinstrumenten des Markenmanagements.

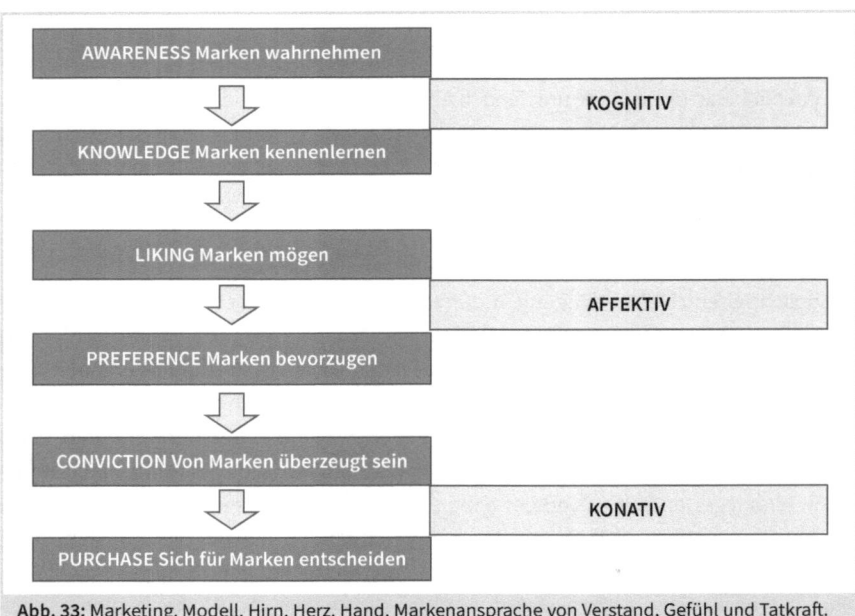

Abb. 33: Marketing. Modell. Hirn. Herz. Hand. Markenansprache von Verstand, Gefühl und Tatkraft.

Eine Marke wie das Überraschungsei überzeugt kognitiv, verführt affektiv und siegt konativ. Die Mischung aus Schokolade (genug, um die kindliche Begierde nach Süßem zu erfüllen, aber gerade so wenig, dass Eltern dennoch kein schlechtes Gewissen zu haben brauchen), Bastel- oder Sammelinhalten (die entweder die kindlichen Koordinationsfähigkeiten fördern oder den Spiel- und Sammeltrieb befriedigen), Überraschung (trotz Schütteln des Eies ist jedes für sich eine kleine Wundertüte) und Geschenk (ein Überraschungsei ist ein allzeit und allseits akzeptiertes Mitbringsel für die Kleinen) schürt positive Emotionen gegenüber der Marke, die es dann unter anderem aufgrund der erschwinglichen Preisstellung und aufgrund der Positionierung an der Supermarktkasse in den Einkaufswagen schafft.

5.6 Marken als Einstellungswandler und -nutzer.

Routen zur Konsum-Glücksseligkeit.
Was wir kaufen und warum wir es kaufen, hängt nicht allein von unseren Bedürfnissen ab. Auch unsere Einstellungen, wie diese entstehen und wie sie sich verändern, spielen beim Entscheiden und Kaufen eine Rolle. Dabei gibt es zwei Arten oder vielmehr Routen von Einstellungen, die im Folgenden dargestellt werden (Klimmt & Rosset, 2020): die wichtigen Marken (Route 1) und die unwichtigen (Route 2).

Route 1: Alles wissen wollen.
Ist ein Produkt oder eine Marke für uns wirklich wichtig, dann sind wir auch motiviert, uns mit dieser intensiv(er) zu beschäftigen und auseinanderzusetzen – und das sowohl auf einer emotionalen (her) als auch auf einer kognitiven (Hirn) Ebene. Dann schauen wir ganz genau hin und achten auf jedes Detail, das uns die Marke mitteilen will. Wenn wir uns nach einem neuen Auto umschauen, dann gehen wir systematisch, logisch und vernünftig, akribisch vor. Wir fragen uns: »Brauche ich denn überhaupt ein neues Auto und warum?«, »Ist der Preis akzeptabel?« oder »Was kann das Auto überhaupt, was hat es so drauf?« Wir fordern Argumente und Informationen, die dazu führen können, dass wir unsere Einstellung gegenüber einer Marke langfristig ändern. Wir erarbeiten uns alles, was es zu den Marken und Modellen, die für uns in Frage kommen, zu wissen gibt. Dabei interessieren uns Fakten, Fakten, Fakten – alles, was uns etwas über die nachweisbare und überprüfbare Leistung des Autos erzählt. Gleichzeitig saugen wir alles an Werbung auf, mit der die verschiedenen Automarken und -modelle von sich reden machen. Weil wir uns intensiv mit allen tiefer gehenden wie oberflächlicheren Aspekten von Marken auseinandersetzen, entwickelt sich unsere Einstellung gegenüber Marken langfristig (Klimmt & Rosset, 2020). Wir bilden eine stabile Meinung zum Objekt der Begierde, die sich nicht so ohne Weiteres ändern lässt. Und genau an solchen Kundinnen ist das Markenmanagement interes-

siert, sie haben oberste Priorität, da sie der Marke gegenüber treu und somit absolut berechenbar sind.

Schauen wir uns diese Beziehung zwischen Marketing, Mensch, Marke und Motivation am Beispiel vom VW Golf an. Wenn man sich nach einem soliden, vernünftigen Auto der unteren Mittelklasse umschaut, wird man früher oder später den Golf auf die Agenda setzen. An diesem »Auto der Vernunft« kommt man einfach nicht vorbei. Das Markenmanagement von VW verfolgt eben jene zwei Routen der Überzeugung und Beeinflussung, um uns vom Golf zu überzeugen.

Wissen scheint Macht.
Zum einen versorgt uns das Markenmanagement mit allem, wonach unser Hirn verlangt, liefert uns Insider-Know-how, Details zum Innen- und Außenleben der Marke, sodass wir das Gefühl bekommen, irgendwann wirklich alles über den Golf zu wissen, was es zu wissen gibt. Unser Hirn und unser Verstand sind vom Golf überzeugt, weil Testberichte, Auszeichnungen, Erfahrungsberichte und dergleichen für sich sprechen und damit für diese »vernünftige« Marke.

Mächtiger aber ist das Herz.
Der VW Golf ist zwar ein Auto für die Vernunft und den Verstand, ist Sieger des Hirns, lässt unser Herz jedoch nicht gerade hüpfen und schafft nur selten eine Welle an Emotionen. Das ist dem Markenmanagement natürlich viel zu wenig, denn wer nur aus Vernunft gekauft wird, ist ganz schnell austauschbar. Also müssen Gefühle erzeugt und aufgerufen werden, die die Marke attraktiv erscheinen lassen und uns an sie binden. Der Golf versucht uns daher Gefühle zu vermitteln wie: »Auf mich kannst du dich verlassen – auch wenn ich als Auto vielleicht nicht wirklich sexy bin.« – »Mit mir machst du nichts falsch – und auch keiner deiner Nachbarn oder Freunde werden etwas zu meckern haben.« – »Den Golf hat doch auch schon deine Mutter gefahren und deine Freunde sowieso.« Denn der Golf überzeugt nicht nur durch erwiesene Leistungsqualität unter anderem in Form von Testberichten, sondern auch über eine emotionale Leistung, nämlich das Gefühl, mit ihm auf Nummer sicher zu gehen, das Auto für Menschen, die nicht über die Stränge schlagen und nichts falsch machen wollen (oder dürfen). Es geht um den Aufbau von Emotionen, die einen Wettbewerbsvorteil gegenüber anderen Marken ausmachen und in Kombination mit allen rationalen Vernunftargumenten dann unschlagbar sind.

Route 2: Unwichtige Produkte sind Futter für die Bequemlichkeit.
Spielt ein Produkt für uns keine allzu große Rolle, geizen wir mit unserer Zeit und Motivation, agieren deutlich weniger aufwendig. Dafür orientieren wir uns eher an oberflächlichen und offensichtlichen Reizen, die das Produkt uns bietet, d. h. an Werbebotschaften. Wir beschäftigen uns vorrangig mit greifbaren Reizen, die uns dazu

veranlassen, unsere Einstellung gegenüber einer Marke (zumindest kurzfristig) ins Positive zu ändern (Klimmt & Rosset, 2020). Einen Blick hinter die Kulissen der Marke wagen wir nicht beziehungsweise sind einfach zu desinteressiert und bequem. Und weil wir generell oft recht bequem (und daher eher oberflächlich) sind, lassen wir uns zwar für einen Moment von einigen Marken mitreißen, aber eben nur für den Moment. Kurzfristig sind wir Fans dieser Marken – im nächsten Moment aber, wenn uns eine andere Marke verführerisch anspricht, wechseln wir die Marke. Solche kurzfristigen Einstellungsänderungen aufgrund eines eher nachlässigen Engagements gegenüber Marken sind für das Markenmanagement zwar auf den ersten Blick interessant, da sie mehr verkaufen. Langfristig aber ist es natürlich interessanter, Menschen nachhaltig an Marken und Produkte zu binden, sie wollen und brauchen loyale Kundinnen. Wenn wir uns aber nur mit Oberflächlichkeiten zufriedengeben, erfahren wir (zu) wenig über Produkte und Marken. Wir lassen uns von diesen Banalitäten ablenken, schenken unsere Aufmerksamkeit beispielsweise den Darstellern in TV- oder YouTube-Spots, die uns blenden und verführen, anstatt auf die Inhalte der werblichen Kommunikation zu achten.

Markenmanagement = leider nicht immer Beziehungsmanagement.
Wenn das Markenmanagement eine Marke verantwortet, die es nicht schafft, eine echte Beziehung zu Menschen aufzubauen, setzt man auf Oberflächlichkeit, setzt eher auf Blenden statt auf Überzeugen. Marken, die nur kurz begeistern und dann austauschbar sind oder vergessen werden, müssen ihren Moment identifizieren und nutzen. Vor diesem Hintergrund treffen sie auf Menschen, die nicht unbedingt etwas Neues brauchen, aber allzu gerne etwas Neues wollen – im Sinne von »Ich brauche zwar kein neues Auto, will aber einfach ein neues haben«. Wenn die Einstellung von (potenziellen) Kundinnen eher instabil ist, müssen Marken dementsprechend situativ ihre Reize zeigen und ohne Umweg zum Kauf (ver-)führen. Denn im nächsten Moment schon wenden wir uns einer anderen, in diesem Moment noch verführerischen Marke zu. Marken wie Dacia, Seat oder Škoda arbeiten und argumentieren in diesem Kontext des Kaufverhaltens. Als eher konturlose und somit austauschbare Marke nutzt man den Moment mit lauter Werbung, die im Gedächtnis bleibt und kurzfristig eine Verbindung zwischen Mensch und Marke herstellt. Das funktioniert besonders gut mit Werbung, die Elemente wie Humor, Erotik oder Spannung (Adrenalin) einsetzt. Vor allem Marken, die humorvolle, unterhaltsame oder auch satirische Werbung machen, nisten sich (zumindest für den Moment) in unserem Gedächtnis ein – und schaffen es so vielleicht in den Warenkorb, an die Kasse oder zum Vertragsabschluss. Die Marke Dacia positioniert sich selbstironisch und setzt sich zugleich von Prestigemarken ab mit dem Claim »Das Statussymbol, für alle, die kein Statussymbol brauchen«. Damit zeigt man Selbsterkenntnis (Ja, wir wissen, dass wir keine In-Marke sind) und disqualifiziert gleichzeitig (fast alle) Wettbewerber, die von der Kundschaft oft nur geliebt (und gekauft) werden, weil deren Image mehr hermacht.

Der Mensch als nicht immer ganz berechenbares Wesen, um dessen Aufmerksamkeit gerungen werden muss.

Für Markenmanager heißt das, sich auf sowohl interessiert-motivierte als auch auf desinteressiert-unmotivierte Zielgruppen einzustellen und auf diese mit unterschiedlichen Botschaften zuzugehen – für Menschen, von Marken als Zielgruppe deklariert zu werden, ganz gleich, ob man für eine Marke bereits entflammt ist oder dieser (noch) gleichgültig gegenübersteht.

Die meisten Menschen haben Besseres zu tun, als Werbung zu lauschen, geschweige denn Werbung ihre volle Aufmerksamkeit zu schenken. Dementsprechend sind Konsumentinnen in zwei Lager zu unterteilen: in die Motiviert-Aufmerksamen und die Unmotiviert-Wenig(er)-Aufmerksamen. Die Ersteren sind involviert und empfangsbereit für die Marke und das beziehungsweise alles, was sie im Rahmen der Markenkommunikation zu sagen hat. Diese Zielgruppe lässt sich zwar nicht leicht, aber gerne von bestimmten Marken überzeugen – und dann für lange oder immer. Die Zweiteren sind als Zielgruppe deutlich launiger, ablenkbar und unverbindlich. Sie reagieren auf Informationen, die knallen, denen sie aber nur wenige Momente ihre Aufmerksamkeit schenken und die sie nur kurzfristig mitreißen. Daher sollte das Markenmanagement klar zwischen diesen zwei Gruppen mit komplett unterschiedlichen Motivations-, Aufmerksamkeits- und Involvement-Leveln unterscheiden (Abb. 34).

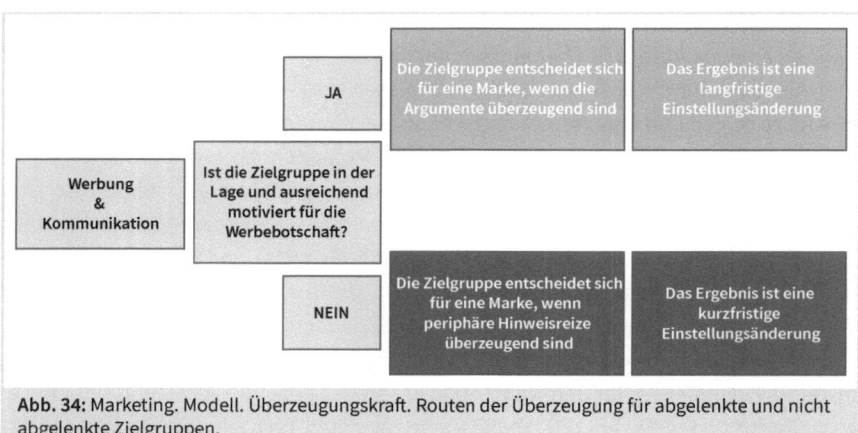

Abb. 34: Marketing. Modell. Überzeugungskraft. Routen der Überzeugung für abgelenkte und nicht abgelenkte Zielgruppen.

Als Beispiel soll hier der Kauf einer neuen Sportausstattung herangezogen werden. Bei der Wahl eines neuen Jogging-Outfits ist der sport- und laufbegeisterte Kunde offen für und interessiert an Informationen über die neuesten Technologien zu Joggingschuhen, Windjacken, Trainingshosen und -oberteilen. Denn die Wahrscheinlichkeit, sich mit diesen Informationen intensiv auseinanderzusetzen, ist abhängig von der Motivation (und letztlich vom Involvement) gegenüber den zur Wahl stehenden Alternativen. Das Ergebnis ist hier meist eine langjährige Bindung an die Marke, die es geschafft hat, den Kunden faktisch zu überzeugen. Steht die Wahl eines neuen Turnschuhs jedoch nur im Raum, weil der alte kaputt gegangen ist, man neue bequeme Schuhe möchte, mit diesen jedoch nicht vorhat, Sport zu treiben oder gar ambitioniert bis exzessiv zu laufen, dann ist die Kundin offen für eher oberflächliche und kurzfristig wirkende Anreize und Botschaften wie Preisreduzierungen, Special Editions, Bundles mit Sportsocken oder Ähnlichem.

5.7 Marken als Orakel, Wahrsager und Propheten.

Das Glaskugel-Konzept von Kauf und Konsum.
Können Markenmanagerinnen das Verhalten ihrer Kunden vorhersagen? Yes, they can – zumindest in Ansätzen. Denn das Sich-Beschäftigen mit Kunden und die entsprechenden Einblicke in ihr Innerstes machen Prognosen möglich. Einer dieser Einblicke, die über Wohl und Wehe von Marken entscheiden und darüber, ob man sich für oder gegen eine Marke entscheidet, führt uns in die sogenannte Verhaltenskontrolle. Die Analyse, inwieweit Menschen davon überzeugt sind, ihr eigenes Verhalten unter Kontrolle zu haben, gibt dem Marketing Möglichkeiten, Menschen (noch) besser zu verstehen (Ajzen & Madden, 1986).

Kontroll-Freaks und Kontroll-Freigeister in Kauf und Konsum.
Und auch hier gibt es, grob unterteilt, zwei Kategorien von Menschen: diejenigen, die sich voll unter Kontrolle haben und diejenigen, die sich außer Kontrolle fühlen. Die Full Controller sind der Überzeugung, grundsätzlich über genügend Ressourcen, Fähigkeiten und Fertigkeiten zu verfügen, um ein von ihnen geplantes oder angestrebtes Verhalten zu realisieren (Herkner, 2001). Vertreter dieser Gruppe erleben sich als bewusst handelnde und selbstbestimmte Menschen, die ihr Verhalten kontrollieren können. Und es gibt die Low Controller, die daran zweifeln, über ausreichend Background zu verfügen, der ihnen eine eigenständige Entscheidung ermöglicht.

Kontrolle bestimmt Einstellung bestimmt Verhalten.
Das Verhalten von Menschen, von Kunden gegenüber Marken lässt sich umso exakter vorhersagen, je besser man die Einstellung des Kunden gegenüber der Marke und gegenüber sich selbst kennt (Herkner, 2001). Einstellung gegenüber einer Marke beschreibt hier den Sachverhalt, ob man einer Marke positiv oder negativ gegenübersteht, ob man sie als sympathisch, einzigartig oder glaubwürdig empfindet. Unser Verhalten gegenüber Marken wird aber nicht nur von unserer Ein-

stellung ihr gegenüber beeinflusst, sondern auch durch situative Faktoren. Wenn wir in guter Stimmung sind, fällt unser Urteil über eine Marke wohlwollender und gnädiger aus, als wenn wir schlecht gelaunt sind und aus der Situation heraus das (emotionale) Fallbeil über eine Marke (ver)hängen. In guter Stimmung finden wir die Flip-Flops von Havaianas toll, weil wir die Marke als hip und stylish wertschätzen, in schlechterer Stimmung sehen wir in der Marke nur noch komplett überteuerte Badelatschen. Genauso unterschiedlich fällt unser Urteil aus, wenn wir in Eile sind oder schier endlos Zeit haben beim Urteilen, Entscheiden und Einkaufen. Gehetzt fällen wir schnell mal ein unüberlegtes Urteil und kaufen urplötzlich Kesselchips von einer Marke, die wir nicht kennen, und in einer Geschmacksorte, die wir nicht mögen (was wir aber leider erst später beziehungsweise zu spät realisieren). Beim müßigen Schlendern durch den Supermarkt hingegen hätten wir dieselbe Chipstüte nur müde angelächelt und im Regal krepieren lassen, wären mit unserer Lieblingsmarke nach Hause gegangen und hätten uns mit ihr einen schönen Abend gemacht. Und letztlich spielt neben den Faktoren Stimmung und Zeit auch der Faktor geistige Kapazitäten eine Rolle bei unserem Verhalten gegenüber Marken. Sofern wir in der Lage sind, im Moment des Supermarktbesuches einer Marke (Be-)Achtung und Aufmerksamkeit zu schenken und uns mit ihr (zumindest für den Moment) auseinanderzusetzen, hat die Marke die Möglichkeit, eine Art von Beziehung mit uns aufzubauen, wenn auch recht oberflächlich und nur für ein paar Sekunden. Wir hätten die besagten Kesselchips demnach nicht gekauft, wenn wir einerseits genügend Zeit, andererseits ausreichend Muße«gehabt hätten, ihnen unsere volle Aufmerksamkeit zu schenken – und hätten uns stattdessen für etwas entschieden, was uns gustatorisch wirklich guttut.

Laune, Zeit und Geist als Optimum.
Soviel zu den situativen Faktoren, die vom Markenmanagement naturgemäß nur bedingt zu beeinflussen sind, kann uns seitens Marketing doch weder gute Laune noch extra Zeit oder mehr geistige Kapazität zur Verfügung gestellt werden. Der ideale, vorhersagbare und vorausschaubare Kunde, dem wir aber selten wie nie begegnen, wäre demnach nicht in Eile, wäre bester Laune und hätte stets ausreichend Zeit, sich mit der Marke auseinanderzusetzen (Ajzen & Madden, 1996).

Soziale Kontrolle als maßgeblicher Faktor – für so manchen, nicht für jede.
Unser Kaufverhalten hängt stark auch von unserem (potenziellen) Widerstand gegenüber dem Einfluss unserer Umwelt und vor allem unseres persönlichen Umfelds ab. Denn wir sind immer auch abhängig von Erwartungen, die Menschen, die uns nahestehen und deren Meinung uns wichtig ist, an uns haben und sind subjektiven Normen oftmals geradezu hörig (Ajzen & Madden, 1996). Wir können uns häufig nur sehr schwer lösen von den Werten und Bewertungen anderer, ob Nahestehende oder Außenstehender. Daher ist jedes Verhalten und jede Kaufentscheidung auch

durch das soziale Gefüge geprägt, in dem wir uns bewegen. Denn unsere Mitmenschen bewerten uns, urteilen über uns und unser Verhalten. Sie geben uns immer wieder zu verstehen, ob sie unsere Entscheidungen und unser Verhalten billigen oder missbilligen und ob Dinge, die wir uns kaufen, ihren Ansprüchen und Erwartungen entsprechen oder eben nicht. Wir entscheiden uns daher für oder gegen eine Marke immer unter dem Damoklesschwert der Messlatte unserer Mitmenschen (Herkner, 2011). Das führt so weit, dass wir im Extremfall eine Marke nur dann kaufen, wenn wir davon ausgehen können, dass eben diese Marke auch von unseren Freunden und Bekannten, von Kolleginnen und der Familie geschätzt oder zumindest akzeptiert wird. Wir kaufen dementsprechend nur das, was sozial akzeptiert ist und was uns bei den anderen nicht in Misskredit bringt, quasi ein Korsett der sozialen Kontrolle, das den einen mehr, die andere weniger einengt. Für manche Menschen ist dieses Korsett die tonangebende Richtlinie, an der man sich ausnahmslos orientiert und nach der man sich kritiklos richtet. Sie würden sich nie und nimmer für eine Marke entscheiden, für die sie von ihren Freunden kritisiert oder schief angesehen werden. Die falsche, d. h. von anderen nicht-akzeptierte und nicht deren Maßstäben entsprechende Auto-, Bier- oder Modemarke kommt für sie nicht infrage. Das kann so weit gehen, dass die eigene Einstellung in den Hintergrund tritt, verdrängt, vergessen bis negiert wird. Die Meinung anderer geht über alles, selbst über die eigene Meinung. Für andere hingegen ist dieser mitmenschliche Maßstab weniger einengend. Sie haben die volle Kontrolle über ihr Verhalten und über ihre Entscheidungen (Ajzen & Madden, 1996). Sie realisieren zwar, dass sie von anderen beäugt und bewertet werden, legen jedoch weniger bis gar keinen Wert auf deren Meinung. Sie haben sich davon emanzipiert, sich Freiraum im Markenraum bewahrt oder (zurück-)erkämpft.

Image, Umfeld und Barrieren als Verhaltenstreiber.
Das Markenmanagement setzt daher die Analyse der Einstellungen von Menschen und deren Einfluss auf das Verhalten, sprich: deren Kaufverhalten, als eine weitere Priorität auf die Agenda. Denn hier bieten sich Stellhebel zum Beeinflussen der (potenziellen) Kundschaft. Der erste Hebel der Manager ist die Einstellung der Konsumentinnen gegenüber einer Marke, ein im Idealfall attraktives und unverwechselbares Markenimage, eines, das zum Kauf (ver)führt oder zumindest dazu anregt, über einen Kauf nachzudenken. Der zweite Stellhebel ist die Einstellung des sozialen Umfelds gegenüber der Marke. Diese muss nicht nur dem Kunden, sondern auch seinem Umfeld passen. Und der dritte Stellhebel ist die Einschätzung der Konsumentinnen, ob ihnen ein bestimmtes Kauf- und Entscheidungsverhalten eher leicht- oder eher schwerfällt (Ajzen & Madden, 1996). Ist es mühelos oder nicht, sich möglichst unabhängig von Meinungen anderer zu machen und sich dementsprechend frei für oder gegen eine Marke entscheiden zu können? Denn diese Einschätzung kann das Verhalten drastisch beeinflussen.

Gruppendruck als Entscheidungstreiber.
Auf der Management-Agenda stehen daher das Schaffen positiver Emotionen gegenüber der Marke (Sympathie bis Begeisterung), die eine Entscheidung für die Marke fördern und das Berücksichtigen und Beachten subjektiver Normen und des daraus resultierenden sozialen Drucks (beispielsweise bei Marken, die in oder out sind, dem Zeitgeist entsprechen oder diesen bereits verpasst haben). Es genügt demnach nicht, sich als verantwortliche Markenmanagerin über das gute und gelungene Image der eigenen Marke zu freuen und sich darauf auszuruhen. Es braucht auch einen wirkungsvollen Push und Unterstützung von außen. Menschen wollen in ihren Vorlieben und Entscheidungen von ihren Liebsten und Bekannten bestätigt oder wenigstens nicht kritisiert werden. Das Umfeld in die Kommunikation um und über die Marke miteinzubeziehen, erscheint da durchaus sinnvoll. Protagonistinnen in Werbung einzubinden, denen die Menschen aufgrund ihrer Berühmtheit oder Kompetenz Glauben und Vertrauen schenken, erzeugt eine Art von Gruppendruck, der die Entscheidung für eine Marke leichter fallen lässt.

> **Niemand ist eine Insel. Niemand ist frei von Normen.**
>
> Für Markenmanagerinnen heißt das, ihre Zielgruppe in selbstbewusst Kontrollierte und fremdbestimmte Akteure zu unterscheiden – für Menschen, sich für ihre (Un-)Abhängigkeit gegenüber gesellschaftliche Normen und ihre entsprechende Selbstbestimmtheit im Rahmen von Markenvorlieben und Kaufentscheidungen zu entscheiden.

Beim Entscheiden und beim Kaufen von Marken agieren die meisten Menschen nicht unabhängig, geschweige denn komplett selbstbestimmt. Man ist abhängig von der eigenen Überzeugung und Selbstsicht, inwieweit man sich als selbstbestimmtes Individuum oder aber als eher fremdbestimmtes Wesen sieht und ob man Entscheidungen wirklich unabhängig trifft: »Bin ich in der Lage, mich für ein neues Auto ganz allein zu entscheiden – oder spielen auch die Meinungen meiner Kolleginnen und Nachbarn eine Rolle?« Die (mögliche) Abhängigkeit geht bei der Bedeutung und Bewertung von Normen weiter: »Sind die Werte, die der Gesellschaft wichtig sind, wie Emissionen oder Antriebsart beim Auto, auch für mich persönlich relevant oder nicht?« (Abb. 35)

Tipp für das Management: Für das Markenmanagement ist daher die Analyse relevant, inwiefern Konsumentinnen entweder der Norm entsprechen wollen (und müssen) oder die Norm sprengen wollen (und können). Wenn Marken wie VW oder SHARE den eher Norm-Konformen die Bedeutung des Teilens und Befolgens gesellschaftlicher Werte und Regeln vermitteln, ist das ein weiterer Stellhebel des Marketings – genauso wie Marken à la Red Bull oder Under Armour die Hoheit eigener, individueller Werte propagieren.

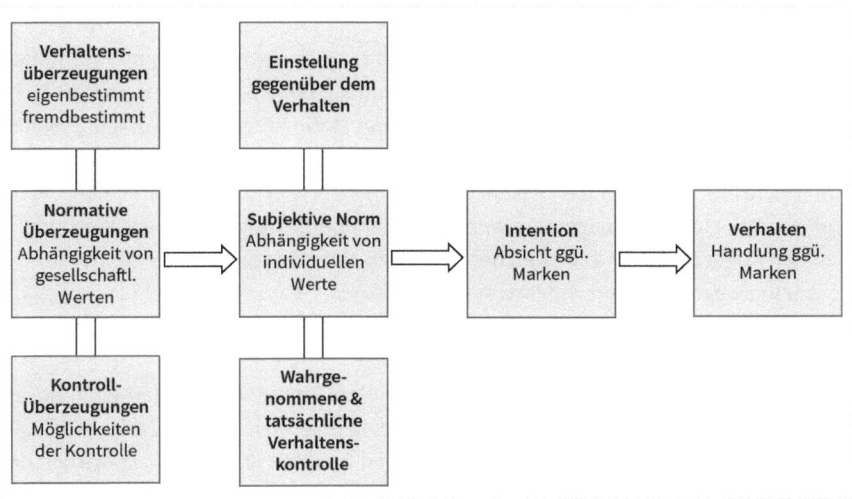

Abb. 35: Marketing. Modell. Kontrolle. Menschen und Marken in Abhängigkeit von Kontrollen und Normen.

Marken müssen nicht nur die eigene Zielgruppe, sondern vielfach auch das Umfeld der Zielgruppe überzeugen. Die Gesellschaft spielt mit ihren vorgebenden Normen und den dementsprechenden Erwartungen, wie man sich als Mensch und auch als Konsumentin zu verhalten hat, bei der Entscheidung für Marken eine bedeutende Rolle. Allein am Beispiel Mode zeigt sich, wie stark Konsumenten dem eigenen Verlangen folgen (»Ich will topmodische und zugleich extrem preiswerte Kleidung – also gehe ich zu Primark«) oder sich dabei von gesellschaftlichen Restriktionen einschränken lassen (»Wenn ich bei Primark kaufe, werden meine Freunde das nicht gutheißen«). Marken müssen sich daher auch aus der externen Perspektive von Peer-Group und Gesellschaft akzeptabel und erlaubbar positionieren.

5.8 Marken als neugierige Reisebegleiter.

Menschen suchen und finden.
Die Frage, wie und vor allem wo man mit (potenziellen) Kunden in Kontakt treten kann, beantwortet in großen Teilen das Instrument der sogenannten Customer Journey, die Kundenreise. Diese Reise, die Kunden zusammen mit der Marke beschreiten, identifiziert und bewertet alle Punkte (Touchpoints), an denen man als Mensch mit einer Marke in Kontakt treten kann (Keller & Ott, 2017): von der ersten Begegnung mit der Marke über das nähere Kennenlernen bis zum Kauf der Marke und einer möglichen Weiterempfehlung (Böven, 2020).

Zielgruppen begleiten und beobachten.

Jede Kundin ist dabei in ihrem individuellen Alltag zu betrachten. Nehmen wir folgendes Beispiel: Marie ist Stammkundin bei Rossmann. Das weiß die Drogeriemarkt-Kette dm – und das stört dm selbstverständlich. Denn Marie könnte ihre Einkäufe ja auch dort tätigen und so bei dm für Umsatz sorgen. Daher nimmt dm Marie ins Visier und ihre Fährte auf, will und muss wissen, wie man mit Marie in Kontakt treten kann, wann und wo. Das Markenmanagement analysiert daher, mit welcher Art von Werbung zu welchen Tageszeiten und an welchen Orten es Marie am besten kontaktieren, von Rossmann weglocken und von dm überzeugen kann.

Zielgruppen immer und überall ansprechen.

Dabei ist ausnahmslos jeder Kontaktpunkt an, dem Menschen mit Marken in Berührung kommen, zu beachten, ganz gleich ob analog oder digital, offline oder online. Im Zentrum des Interesses ist die Frage, an welchen Punkten Menschen mit Marken und den dahinter stehenden Unternehmen überhaupt in Berührung kommen und welche Berührungspunkte beziehungsweise Kommunikationskanäle dabei von besonderer Bedeutung sind (Böven, 2020). Die potenzielle Bandbreite an Touchpoints ist riesig. Von TV-, Kino- oder Radiowerbung über E-Mailings und Newsletter, Broschüren und Mailings bis zum Social-Media-Marketing sind alle Kanäle, die seitens Marke selbst zu kontrollieren und zu beeinflussen sind, mögliche Einflugschneisen in das Hirn und das Herz von Kunden. Genauso bedeutsam sind Kommunikationskanäle und -kontaktpunkte wie Bewertungsportale, Pressemeldungen oder Empfehlungen unter und von Freundinnen und Bekannten, die außerhalb der Kontrolle und des direkten Einflusses der Marken selbst liegen.

Die Reise der Zielgruppe im echten Leben.

Schauen wir uns die potenzielle dm-Kundin Marie etwas genauer an: Marie ist 28 Jahre alt, Single, wohnt in Hannover und arbeitet als IT-Expertin für ein Versicherungsunternehmen. Sie steht in der Regel morgens um sieben Uhr auf. Was macht sie dann umgehend? Marie checkt ihre Social-Media-Accounts, während sie noch im Bett liegt. Genau der perfekte Kontaktpunkt für dm, um genau zu diesem Zeitpunkt als Erstes mit Marie in Kontakt zu treten und auf sich aufmerksam zu machen. Danach geht Marie ins Bad – wo dm bereits mit Internet-Radiowerbung auf sie warten könnte. In der S-Bahn beschäftigt sich Marie auf dem Weg zur Arbeit weiter mit ihren Social-Media-Accounts und checkt Nachrichten. Während der Arbeitszeit geht Marie immer wieder ins Internet, mal über ihren Desktop-PC, mal über ihr Smartphone, mal für berufliche, mal für private Themen. Auf dem Rückweg wartet sie an der S-Bahnstation auf die Bahn, trifft sich noch in der Innenstadt in einer Bar mit Freundinnen auf einen Prosecco, fährt mit dem Bus nach Hause und schaut dort noch eine Runde Netflix. Ob Social Media auf dem Handy oder PC, Plakate an der S-Bahn-Station, Werbung auf dem

Weg zur Bar oder in der Bar oder Citylights an der Bus-Haltestelle – alles in allem zig Möglichkeiten für dm, um auf sich aufmerksam und Marie personalisierte Angebote zu machen und so zur dm-Kundin werden zu lassen.

Zielgruppen kennen und kontaktieren.
Die Customer Journey gewinnt immer mehr Bedeutung für das Markenmanagement, da sie ein herausragendes Instrument darstellt, um die Zielgruppe, die kommunikativen Vorlieben und das entsprechende Verhalten zu verstehen. Auf der Grundlage des Wissens um die Customer Journey von Zielgruppen können alle Marketingaktivitäten auf das (Kommunikations-)Verhalten und vor allem auf die Bedürfnisse der Zielgruppe ausgerichtet werden. Durch das Transparent-Machen aller Punkte, bei welchen Menschen mit Marken in Kontakt kommen könnten, lassen sich die Verhaltensmuster und die Handlungsmotive von Zielgruppen erkennen (Böven, 2020). Die zielgruppenadäquate Konzeption und Optimierung von Kommunikationskampagnen sowie die individuelle Anpassung an das Verhalten von Menschen und somit von (potenziellen) Kunden wird erst durch die Darstellung und Analyse der Customer Journey möglich.

Zielgruppen analysieren und interpretieren.
Durch die Analyse von Maries Daten, das Betrachten ihres Kommunikations- und Kaufverhaltens ist es dm möglich, die Kommunikation genau auf Marie anzupassen – darauf, wo sie sich zu welchen Zeiten aufhält. Dafür wird Marie von dm »verfolgt« und erforscht. Das Markenmanagement analysiert im Detail, wo sich eine Marie als typische Vertreterin ihrer Zielgruppe im Alltag aufhält, wie und womit sie sich fortbewegt, wo sie ihr Privat-, wo ihr Berufsleben und mit wem sie es verbringt, was sie interessiert – und vor allem, mit welchen Medien sie im Laufe eines Tages in Kontakt kommt, welche Kommunikationskanäle sie nutzt. Wenn all diese Daten und all dieses Know-how vorliegen, steht der perfekten Customer Journey von Marie nichts mehr im Weg.

Zielgruppen begleiten und bespielen.
Zugleich ist es eine der größten Herausforderungen, während der Customer Journey die Fährte und die Aufmerksamkeit der Menschen und Zielgruppen nicht zu verlieren, da überall Wettbewerbsmarken auf genau dieselben Chancen der Kontaktaufnahme warten. Daher gilt es, die Zielgruppe nicht nur auf sich aufmerksam zu machen, sondern ihr kontinuierlich mittels Analysen und Marktforschung zu folgen, das Interesse der Zielgruppen an der Marke über relevante Botschaften an allen Kontaktpunkten zu wecken, dann den Wunsch der Zielgruppe nach dem potenziellen Angebot dauerhaft durch Kundenbindungsmaßnahmen am Leben zu halten und letztlich die Zielgruppe zum Kauf zu motivieren (Keller & Ott, 2017).

Zielgruppen nie aus dem Blick verlieren.
Die Analyse der Customer Journey bildet die Grundlage, die richtigen Botschaften zur richtigen Zeit an den richtigen Orten auszuspielen. Es geht dabei nicht allein um den richtigen Kommunikationskanal, sondern auch um den richtigen Zeitpunkt und vor allem darum, inwieweit sich eine Kundin wie Marie einer Marke wie dm bereits genähert und geöffnet hat – obwohl ihr Herz bisher für Rossmann schlägt. Dabei durchläuft Marie mehrere Phasen, bis sie sich eventuell wirklich für dm entscheiden wird. Bis zu ihrer Entscheidung geht es unter anderem um das Schaffen von Bekanntheit, Interesse und Begehrlichkeit seitens der Marke dm (Stichwort AIDA.). Marken müssen entlang der gesamten Customer Journey und darüber hinaus ständig auf sich aufmerksam machen, sich als relevant und begehrenswert(er als andere, als beispielsweise Rossmann) positionieren. Denn eine starke, kundenzentrierte Customer Journey hört nie auf.

Die hohe Kunst, jeden Touchpoint zu einem Erlebnis zu machen.
Schauen wir uns eine solche Reise und ihre Phasen noch einmal an einem anderen Beispiel an: Marc heiratet bald, seinen Junggesellenabschied will er selbstverständlich so richtig feiern. Dafür plant er mit seinen Freuden einen Trip nach Mallorca. Also schaut er nach Flügen und wird beim Googeln (Touchpoint 1) aufgrund der Preise aufmerksam auf Eurowings. Die Airline hat es damit geschafft, den ersten Schritt der Customer Journey mit Marc erfolgreich zu meistern, sie hat es geschafft, in der Awareness-Phase Marcs Aufmerksamkeit auf sich zu lenken. Der Weg zu einer Buchung seitens Marc ist für die Airline jedoch noch recht lang. Als nächstes gilt es, sich interessant zu machen, interessanter als andere Airlines, die auch nach Mallorca fliegen, beispielsweise durch Onlinewerbung (Touchpoint 2). Wenn Eurowings seine Flugangebote für Marc nun besonders attraktiv darstellt und diese Info Marc über die für ihn richtigen Kanäle erreicht, zum Beispiel Werbeflyer im Kino (Touchpoint 3), erwägt er im nächsten Schritt den Kauf der Mallorca-Flüge bei dieser Airline und informiert sich weiter. Sofern (sehr) gute Bewertungen in Bewertungsportalen (Touchpoint 4) für sich sprechen, kann Marc seine Entscheidung mit bestem Gewissen treffen und die Eurowings-Website (Touchpoint 5) zum finalen Kauf der Flüge für sich und seine Freunde besuchen.

Priorisierung der relevanten Kontaktpunkte von Mensch und Marke.
Aber welche Kommunikationskanäle sind für Marc und Eurowings in welcher Phase von Bedeutung? Marc könnte beispielsweise in der Awareness-Phase durch Suchmaschinenmarketing (SEA) oder Suchmaschinenoptimierung (SEO) bei Google, durch die sozialen Medien oder durch Anzeigen in digitalen Zeitungen auf Angebote der Airline aufmerksam werden (Touchpoint 1). Auf Plakaten und Citylights in der Stadt wird diese Aufmerksamkeit zusätzlich geschürt (Touchpoint 2). Das im nächsten Schritt notwendige Interesse für Eurowings baut die Fluglinie dann etwa durch ein geschicktes SEA auf, durch Werbung und durch optimierte Platzierungen in Suchmaschinen (Touchpoint 3). Im Internet recherchiert Marc weiter, schaut sich Bewertungsportale

an (Touchpoint 4), um zu erfahren, welche Erfahrungen andere Nutzer mit der Airline gemacht haben und vergleicht dann natürlich noch die Preise auf entsprechenden Preisvergleichsportalen (Touchpoint 5). Er entscheidet sich für Eurowings und kauft beziehungsweise bucht über deren Website (Touchpoint 6). Und schon geht die Customer Journey weiter, denn Marcs Freunde möchten Sportequipment mitnehmen und haben Fragen bezüglich zusätzlichen Gepäcks. Dafür wenden sie sich an die Hotline der Airline (Touchpoint 7). Ist das alles geklärt, dann geht es in den Flieger beziehungsweise an den Flughafen. Und dort treffen Marc und seine Freunde auf das Eurowings-Personal am Check-in (Touchpoint 8), beim Boarding (Touchpoint 9) und während des Fluges (Touchpoint 10). Alles in allem eine komplexe Kette von Kundenkontaktpunkten, die von digital über analog bis menschlich reicht und nie aufhören sollte.

Wird auch nur ein Kontaktpunkt vernachlässigt oder performt schlecht, wird es mit Marc und Eurowings kein Happy End geben. Selbst wenn die gesamte Marketingkommunikation, die Marc mit Eurowings erlebt hat, überzeugend war und der Ticketkauf im Internet problemlos verlief, dann kann unfreundliches, womöglich inkompetent auftretendes Personal beim Check-in oder beim Boarding alle vorherigen positiven Maßnahmen zunichtemachen. Jeder Schritt, jeder Berührungspunkt mit der Marke muss sitzen, muss ein positives Gefühl auslösen. Denn nur wenn der gesamte Weg als positiv wahrgenommen (Herz) und damit gemerkt (Hirn) wird, stehen die Chancen für eine erneute gemeinsame Reise (Hand) sehr, sehr gut.

Man muss Menschen in Kommunikation und Konsum 24/7 begleiten.

> Für Markenmanager heißt das, der Bedeutung möglicher Touchpoints ebenso viel Aufmerksamkeit (und Budget) zuzugestehen wie den eigentlichen Markenbotschaften, die für jeden Touchpoint individuell entwickelt werden – für Menschen, rund um die Uhr von Marken angesprochen zu werden und dabei entsprechend jedes Touchpoints angepasste Botschaften von Marken zu bekommen.

Ein weiteres MUST (und nicht CAN) des heutigen Marketings ist eine gelungene, begeisternde Customer Journey. Sie bietet Antworten auf die Fragen: Wo und wie kann die Marke an Menschen herantreten? Was ist der richtige Ort und die richtige Zeit für meine Markenbotschaft? Wann und wo hören mir als Marke Menschen zu? Welche Berührungspunkte sind überhaupt denkbar – auch wenn nicht jeder Reisende alle Touchpoints erreicht und nicht jede Reisende denselben Weg nimmt? Die Vielfalt an Kommunikationskanälen und die kommunikative Umtriebigkeit von Zielgruppen macht aus der Customer Journey eine wahre Herausforderung. Nur die vollständige und ununterbrochene Analyse von (potenziellen) Kundinnen gewährleistet das Knowhow zu zielgruppenrelevanten Kanälen und Zeitpunkten (Abb. 36). Denn die falsche Botschaft zur falschen Zeit über den falschen Kanal an die falsche Zielgruppe kostet das Markenmanagement unglaublich viel Geld und Zeit. Marken erreichen Menschen nur noch, wenn sie sich auf deren individuelle Reise und favorisierte Wege (Kanäle) einlassen.

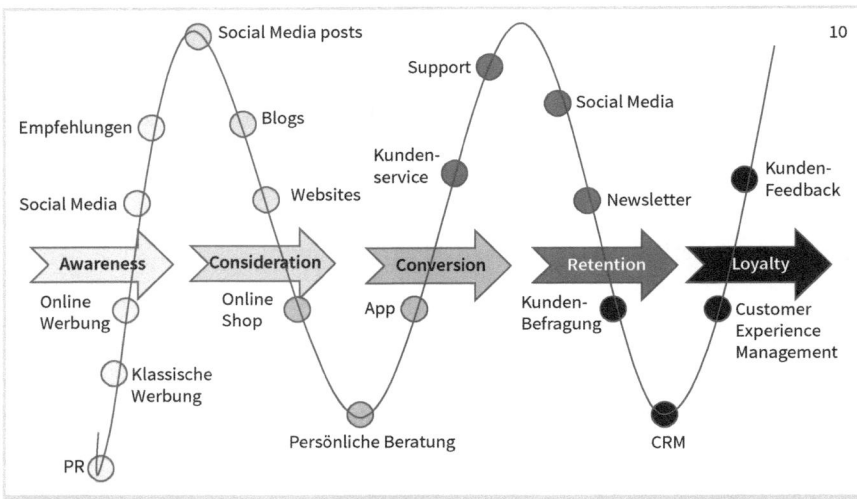

Abb. 36: Mensch. Marke. Reise. Kontaktpunkte von Mensch und Marke. (eigene Darstellung in Anlehnung an https://storyhub.ch/customer-journey-undmarketing-funnel-einfach-erklaert/)

5.9 Marken als eigennützige Animateure.

Die Customer Journey als Gesamtpaket.
Marken als echt, wahr, authentisch und somit glaubwürdig erleben: Das alles kann eine gelungene Customer Experience bewirken (Tiffert, 2019). Und immer mehr Unternehmen sind sich der Bedeutung der Customer Experience bewusst, wissen um das Gewicht eines nicht nur positiven, sondern vielmehr einheitlichen und ganzheitlichen Kundenerlebnisses. Jegliche Interaktion und jeglicher Kontakt zwischen Mensch und Marke bilden dieses Kundenerlebnis, das vom ersten Bemerken und Kennenlernen der Marke bis zum Kauf dieser Marke und weit darüber hinausgeht, wenn man an die sozialen Medien sowie die nie endenden Bedürfnisse der Zielgruppe denkt, in denen man die Erfahrungen mit einer Marke häufig und gerne mit seinen Mitmenschen teilt. Das Erleben einer Marke fängt also erst nicht mit dem Kauf an und hört mit der Nutzung eines Markenproduktes auf, sondern beginnt viel früher und geht viel weiter.

Die Marke als dauerhaftes Erlebnis.
Dabei plant jedes Unternehmen seine eigene, selbstverständlich« ideale Customer Experience, die man sich für seine Marke wünscht (Tiffert, 2019). Doch die stimmt leider und zugleich naturgemäß nicht immer mit der vom Kunden wahrgenommenen Erfahrung überein. Bleiben wir bei unserem Beispiel Marc und Eurowings. Eurowings

hat es vielleicht geschafft, dass Marc die Marke über alle Kontaktpunkte bis hin zum Kauf der Tickets an sich überzeugend, anderen Airlines überlegen und als Unternehmen auch noch sympathisch erlebt. Und auch für das positive Erleben nach dem Kauf hat Eurowings gesorgt, hat viel in das Training seiner Servicekräfte investiert, hat sein Personal in Freundlichkeit und Kompetenz geschult. Nur wenn Marc beim Einchecken an eine ausgerechnet an diesem Tag schlecht gelaunte Stewardess gerät, die ihn kurz angebunden abfertigt, ihm kein Lächeln schenkt oder seine Fragen nicht beantwortet, dann nimmt die Customer Experience, das Erleben der Marke Eurowings, ein eher schlechtes Ende. Da liegen dann Welten zwischen dem Ideal, das die Marke als Kundenerlebnis zum Ziel hatte, und dem echten Erleben und der wahren Performance der Marke aus Kundenperspektive.

Alles Erleben ist subjektiv.
Die Customer Experience ist ein überaus komplexes Konstrukt, ist sie doch abhängig von der objektiven Leistung der Marke und dem subjektiven Erleben des Kunden. Das Kundenerlebnis ist kein rein rational zu bewertendes Erleben der Marke, es hängt vielmehr von emotionalen und situativen Aspekten ab (Tiffert, 2019). Denn die unfreundliche oder nicht ganz so kompetente Stewardess würde Marc eventuell als nicht ganz so negativ erleben und bewerten, wenn er selbst in bester Laune ist, während er jegliche Schwächen der Servicekraft umso mehr tadeln würde, wenn er gestresst, übel gelaunt oder angeschlagen bis verkatert ist.

Experience als Antwort auf Austauschbarkeit.
Der Hauptgrund für den Erfolg der Customer Journey als effizientes Marketinginstrument liegt auch in der zunehmenden Bedeutung der Serviceaspekte von Marken. Viele Markenprodukte sind sich immer ähnlicher, sind austauschbar geworden. Auf der Suche nach Differenzierungschancen, nach Möglichkeiten, sich von seinen Konkurrenten zu distanzieren und abzuheben, suchen viele Marken die Lösung in besonderen Dienstleistungen – in Services, die das eigentliche Markenprodukt ergänzen, wertvoller machen und vollenden sollen, die Kundinnen umschmeicheln und im besten Falle sowohl faszinieren als auch von der Marke überzeugen sollen. Das individuelle Monogramm bei Montblanc-Schreibgeräten oder bei Louis-Vuitton-Taschen sind solche Instrumente der Kundenbindung und des Markenerlebens, mit dem man (s) einem Kugelschreiber oder einer Handtasche eine persönliche Note geben und sich so noch intensiver mit der Marke verbinden kann. Dienstleistungen sind aber nicht allein faktisch wahrnehmbare Zusatzleistungen von Marken, sondern auch emotionale Leistungen und besondere, einzigartige Erfahrungen, die Marken ermöglichen und die Customer Experience ausmachen. Man kauft eben nicht nur ein Apple-Produkt, sondern ein Technical Device, das verbunden wird mit vielfältiger Kreativität, purem Stil und ausgeprägter Kompetenz. Und man kauft auch nicht nur eine Harley Davidson, sondern das Gefühl von unendlicher Freiheit, Unabhängigkeit und dem American Way of Life. Marken leben heutzutage nicht allein durch ihre Funktionen und Leistungen,

sondern durch ein Lebensgefühl, das man mit ihnen verbindet und ständig in sich tragen möchte.

Marken mit dem Wow-Faktor.
Die Customer Experience verspricht das perfekte Kundenerlebnis (Tiffert, 2019). Ein Erlebnis, bei dem Kundinnen von Anfang bis Ende ausschließlich positive, überzeugende, begeisternde Begegnungen mit Marken verzeichnen. Ein Erlebnis, das zunächst Kundenzufriedenheit, dann Kundenbindung, dann Kundenloyalität garantiert und bei dem die einzige Reaktion sein kann: »Wow, das ist ja großartig, das habe ich so noch nie erlebt!«

> **Menschen lieben Wow und hassen lau.**
>
> Für Markenmanagerinnen heißt das, Menschen von ihrer Marke zu begeistern, indem diese sich an ausnahmslos jedem Touchpoint von ihrer besten Seite zeigt, alle Kontaktpunkte als gleich wichtig bewertet und diese entsprechend wertig bespielt – für Menschen, Marken nicht allein aufgrund deren Werbung, sondern auch anhand aller anderer Kontaktpunkte (wie Verkaufsstätten und -beraterinnen oder Hotline-Mitarbeiter) zu bewerten.

Customer Journey und Customer Experience sind für das Markenmanagement Partners in Crime: Während die Customer Journey die Berührungspunkte von Kundin und Marke mittels Marktforschung und Nutzer- beziehungsweise Zielgruppenanalyse identifiziert, sorgt die Customer Experience dafür, dass an jedem dieser Kontaktpunkte ein kommunikatives und überzeugendes Feuerwerk der Marke gezündet wird. Diese optimalerweise als Wow-Erlebnis zu beschreibende Erfahrung mit einer Marke (siehe Red Bull, die über alle Kanäle ihre beflügelnde Botschaft in den unterschiedlichen Kommunikationskanälen angepassten Formulierungen verbreiten) ist ein Garant dafür, Menschen von der Marke nicht nur zu überzeugen, sondern zu begeistern und dadurch langfristig an die Marke zu binden (Abb. 37). Denn nur Marken, die immer wieder und hinsichtlich aller relevanten Kommunikationskanäle nahtlos ein stimmiges Wow-Feeling bei ihren Zielgruppen entfachen, schaffen es, sich langfristig unentbehrlich zu machen und Menschen begleiten zu dürfen.

Abb. 37: Mensch. Marken. Erleben. Voraussetzungen für das Markenerlebnis von Menschen.

6 Fünf Köpfe und fünf Meinungen zu Mensch. Marke. Manipulation.

Im Anschluss an diese Fülle an praktischer Theorie wollen wir uns zum Abschluss des Buches fünf Expertinnen und Experten widmen, die ihre individuellen Erfahrungen und Sichtweisen zu Mensch, Marke, Manipulation in diesem Buch mit uns teilen.

Sind Marken Manipulatoren? Kann Kommunikation manipulieren? Ein Thema, unterschiedliche Meinungen – und ganz viel Emotion. Denn Manipulation, die gute, die nicht für dumm verkaufen, sondern überzeugen und mitreißen will, kann nicht, kann nie und nimmer ohne Emotion funktionieren. Gefühle sind das Schmiermittel der Beeinflussung. Wie das Marken-, Marketing- und Agenturexpertinnen und -experten sehen, erfahren wir hier und jetzt.

6.1 Prof. Dr. Tanja Zweigle (i4m) – Wie Sie Marken mit Bauch & Kopf effizient führen

Prof. Dr. Tanja Zweigle

ist Professorin für Betriebswirtschaftslehre mit Schwerpunkt Marketing Management an der IU Internationalen Hochschule in Düsseldorf. Mit ihrer Marketingberatung i4m insights4management berät sie seit vielen Jahren als selbstständige Research- und Insights-Expertin verschiedene Praxisunternehmen aus unterschiedlichen Branchen. Vor ihrer Lehrtätigkeit und Selbstständigkeit war sie in führenden Positionen bei den Beratungsfirmen GfK Marktforschung, BBDO Consulting (heute Batten & Company) und RSG Marketing Research tätig. Sie ist Mitglied im Berufsverband Deutscher Markt- und Sozialforscher (BVM). In ihren Publikationen beschäftigt sie sich unter anderem mit der Digitalisierung in der Umfrageforschung, der Relevanz von Social Media Apps für die Markenführung sowie mit dem Entscheidungsverhalten von Konsumentinnen und B2B-Kunden.

1. Kaufentscheidungen werden meist nicht rational getroffen
Der BVM-Kongress 2022 (Bundesverband Deutscher Markt- und Sozialforscher) beschäftigte sich in diesem Jahr mit dem Thema »Was Menschen wirklich denken – Der Praxischeck: Wie Menschen und ihr Verhalten erfolgreich entschlüsselt werden«. Dass diesem Thema zwei volle Tage lang Aufmerksamkeit geschenkt wird, verdeutlicht, wie viel Forschungs- und Diskussionsbedarf das implizite Verhalten der Menschen für Unternehmen hat. Daher sollten sich auch Markenverantwortliche mit Antworten auf beispielsweise folgende Fragen beschäftigen:

- Warum sind Menschen bereit, für einen MINI Cooper deutlich mehr zu bezahlen als für einen VW Golf in vergleichbarer Ausstattung? Wie lässt sich der Kauf einer Gucci-Handtasche für 3000 Euro von Durchschnittsverdienern erklären?
- Warum wird so viel Fast Food verkauft, obwohl die meisten Menschen sich eigentlich gesund ernähren wollen?
- Warum setzt sich Biofleisch erst langsam durch, obwohl viele Konsumenten bereits seit Jahren behaupten, für Biofleisch gerne mehr zu bezahlen und dafür insgesamt weniger Fleisch zu essen?

Diese Beispiele belegen, dass Kaufentscheidungen meist nicht rational vorgenommen werden, sondern eher aufgrund von Gewohnheit und Intuition aus dem Bauch heraus passieren. Viele Kaufentscheidungen basieren auf spontanen Entscheidungen, die Lust versprechen (z. B. Geschmackserlebnis, Fahrspaß, Anerkennung in der Peergroup) oder Unlust vermeiden wollen (wie das Beschäftigen mit Versicherungsverträgen oder Finanzanlagen). Psychologen gehen davon aus, dass 95 Prozent aller Entscheidungen, die wir Menschen tagtäglich treffen, intuitiv beziehungsweise unbewusst getroffen werden. Unserem Verstand werden diese Entscheidungen lediglich zum finalen Abwinken vorgeschlagen.

Dabei sind es keineswegs nur die tendenziell eher risikolosen, sogenannten Low-Involvement-Entscheidungen, die spontan aus dem BAUCH heraus gefällt werden. Gerade auch High-Involvement-Entscheidungen, die mit einem höheren sozialen oder ökonomischen Risiko verbunden sind, stützen sich oft auch auf das intuitive Bauchgefühl (z. B. Kauf eines Vans von einem Sportwagenhersteller).

Sobald Menschen Kaufentscheidungen treffen, ist das spontane Bauchgefühl oft bedeutender als die überlegte, abwägende Kopfentscheidung. Diese Erkenntnis gilt nicht nur für Konsumierende. Auch im rein geschäftlichen B2B-Bereich, also bei der Kundschaft von Unternehmen, die ihre Kaufentscheidungen vordergründig rational und gut überlegt treffen (muss), spielen emotionale Kaufentscheidungen eine nicht unbedeutende Rolle. Denn auch »knallharte« Verantwortliche im Einkauf werden oft unbewusst durch ihr Bauchgefühl in Entscheidungen beeinflusst. Da spielen die guten Erfahrungen mit Zulieferern oder das Vertrauen in den bekannten Lieferprozess eine größere Rolle als das unter rein ökonomischen Aspekten abgewogene beste Preis-Leistungs-Angebot. Bereits vor über 15 Jahren haben Neurowissenschaftler mittels Gehirnscans nachgewiesen, dass ihre Vorhersagen vor der Markteinführung eines Produkts häufiger recht behielten als die Resultate von Verbraucherbefragungen. Der Grund: Menschen wissen oft nicht, warum sie sich für eine Marke oder ein Produkt entschieden haben. Auch der Psychologe Gert Gutjahr (Gutjahr, 2015) erklärt, dass die erste positive Erfahrung mit einer Marke oft so stark prägt, dass Menschen ihr ein Leben lang die Treue halten. Grund hierfür ist die implizite Markensubstanz, die das gesamte unbewusste Markenwissen und alle Erfahrungen erfasst, die im Laufe des Lebens im Umgang mit der Marke gesammelt werden.

2. Zwei Bewusstseinssysteme entscheiden über die Markenwahl

Die Erkenntnisse der Behavioral Economics, namentlich unter anderem Nobelpreisträger Daniel Kahneman (»Schnelles Denken, langsames Denken«), belegen, dass das menschliche Gehirn über zwei verschiedene Bewusstseinssysteme verfügt, die beide einen entscheidenden Einfluss auf die Informationsaufnahme und das Entscheidungsverhalten von uns Menschen ausüben. Während das eine System gut überlegte Kopfentscheidungen trifft (Kahneman spricht von System 2), entscheidet das andere System spontan und unbewusst, sozusagen aus dem Bauch heraus (nach Kahneman System 1). Zugleich belegen Kahneman, Tversky und diverse andere Wissenschaftler, dass zwischen diesen beiden Systemen eine Wechselwirkung besteht und dass System 1, das Unbewusste (unser »Bauchgefühl«), oft der Initiator des menschlichen Verhaltens und damit der getroffenen Entscheidungen ist. Die Funktion von System 2, unser rational denkender KOPF, besteht lediglich noch darin, die im BAUCH spontan getroffenen Entscheidungen zu rationalisieren.

Interessant für das Management von Marken ist es zu wissen, dass etwa 95 Prozent der Entscheidungen aus dem Bauch heraus, also durch Intuition und Instinkt getroffen werden und lediglich fünf Prozent aus rationalem Denken (Kopf).

Gestützt durch diese Erkenntnisse der Behavioral Economics sprechen wir vom sogenannten Bauch- und Kopf-System, mithilfe dessen das menschliche Verhalten aufgedeckt und erklärt werden kann (Abb. 38). Zwei sich ergänzende Bewusstseinssysteme im Gehirn der Menschen sind also entscheidend für Markenwahrnehmung und Markenwahl.

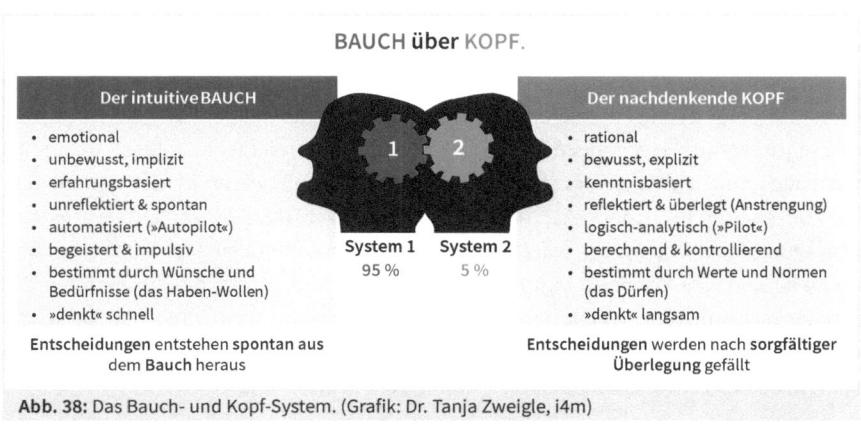

Abb. 38: Das Bauch- und Kopf-System. (Grafik: Dr. Tanja Zweigle, i4m)

3. Bauch über Kopf: die Macht der Intuition für Marken

Der intuitive Bauch ist Initiator von Entscheidungen. Der rationale Kopf übernimmt durch Rationalisierung die Kontrollfunktion.

Werbeexperten wissen schon lange, dass Kampagnen direkt auf den Bauch zielen müssen, da dort das emotionale Zentrum von uns Menschen sitzt, das maßgeblich unser Entscheiden und Handeln bestimmt. Bildlich gesprochen: Unser BAUCH befiehlt unserem KOPF, also unserem Verstand, was er zu tun hat. Das Bauchgefühl lässt Marken und Produkte ans Herz wachsen und löst so den Kaufimpuls aus. Dieser Mechanismus ist für den Erfolg von Marketingaktivitäten verantwortlich. Der Berliner Psychologieprofessor Gerd Gigerenzer (Gigerenzer, 2008) beschreibt in seinem Buch »Bauchentscheidungen« die Bedeutung des intuitiven Bauchgefühls für das Handeln. Das Bauchgefühl taucht zwar rasch im Bewusstsein auf, die tieferen Gründe für dieses Gefühl beziehungsweise das Erleben sind dem Menschen allerdings nicht bewusst (»Ich fühle mich hier irgendwie sehr gut aufgehoben«, »Diese Marke passt wirklich gut zu mir«).

Typisch für das Bauchgefühl ist, dass es sich häufig an Faustregeln, sogenannten Heuristiken, orientiert. So führt die Vielzahl an Auswahlmöglichkeiten beim Einkaufen beispielsweise schnell zu einer Überforderung, die richtige Entscheidung zu treffen. Heuristiken werden dann zum helfenden Anker. Beispielsweise wählt unser Gehirn anhand der Verfügbarkeitsheuristik die Alternative aus, die ähnlich zu etwas ist, an das wir uns schnell und einfach erinnern. Daher haben starke Marken einen großen Einfluss auf unsere Kaufentscheidungen. Darüber hinaus assoziieren wir mit bestimmten Marken oft auch spezifische Emotionen und ein konkretes (Lebens-)Gefühl, das wir dann gleich mitkaufen.

Warum entscheiden sich Menschen meist innerhalb weniger Sekunden für den Kauf einer bestimmten Schokoladenmarke? Wurden sie von den Herstellern derart manipuliert, dass sie nicht mehr in der Lage sind, ihre Entscheidung zu reflektieren? Um diese Frage zu beantworten, ist es notwendig, die Mechanismen zu identifizieren, die dazu führen, dass Konsumenten innerhalb weniger Sekunden sich oft unbewusst für den Kauf einer bestimmten Marke Tafelschokolade entscheiden. Wir Menschen suchen intuitiv nach Mechanismen, die uns das Leben vereinfachen. Müssten von uns stets alle Entscheidungen erst gründlich überlegt werden, wären wir permanent kognitiv beschäftigt und überlastet. Das würde dazu führen, dass wir vor lauter rationaler Abwägung nicht in der Lage wären, in einer angemessenen Zeit eine Tafel Schokolade zu kaufen. Der Vergleich von Informationen über den Preis, die Zutaten, die Geschmacksrichtungen, die Kalorienangaben, die Herstellung (Fair Trade), die Marke, die Art der Werbung und so weiter würden den Kaufprozess so komplizieren und verlangsamen, dass uns eine Entscheidungsfindung sehr schwer fiele.

Produkte werden also nicht nur objektiv anhand ihrer Produktattribute verglichen, sondern vor allem unbewusst auf Basis bisheriger Erfahrungen (»Das war gut, deshalb nehme ich es wieder«) oder aus Vertrautheit (»Diese Marke kenne ich gut«). In diesem sogenannten habitualisierten Kaufverhalten erleben Menschen eine kognitive

Erleichterung hinsichtlich ihres Entscheidungsprozesses (»Ich kaufe immer dasselbe Waschmittel von Persil«, »Ich vertraue schon immer meinem Mercedes und kaufe natürlich wieder einen«).

Weitere mögliche Faktoren, um die intuitiven Kaufentscheidungen des Bauch-Systems zu erklären sind beispielsweise das Schnäppchenjäger-Phänomen, das direkt auf das Belohnungssystem einzahlt (»Normalerweise kaufe ich keine Schokolade, da ich mich gesund ernähren will, aber die Tafel Milka für 0,59 € nehme ich dann doch mit«) oder das Omnipräsenz-Phänomen, das die Neugierde auf Marken weckt (»Die Marke ist mir sehr vertraut, ich kenne sie aus der TV-Werbung, durch ihre Social Media-Präsenz und Aktionen im Handel. Alle sprechen darüber, die will ich unbedingt ausprobieren«).

4. Insights für die Markenführung: Kunden durchleuchten und verstehen
Wenn 95 Prozent unserer Entscheidungen intuitiv im Bauch-System entstehen und zugleich das Kopf-System notwendig ist, um uns die getroffene Entscheidung abzusegnen, hat das unmittelbare Auswirkungen auf die Markenführung. Markenverantwortliche sollten daher genau wissen, welche Markeninformationen die beiden Bewusstseinssysteme Bauch und Kopf triggert. Denn erfolgreiche Marken müssen faszinieren und zugleich überzeugen (Abb. 39).

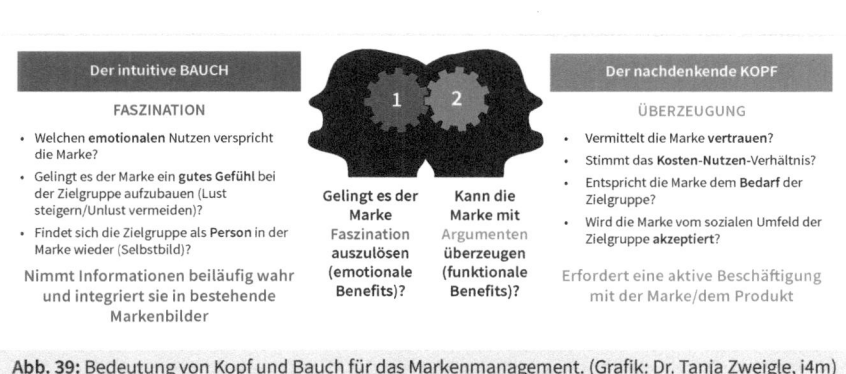

Abb. 39: Bedeutung von Kopf und Bauch für das Markenmanagement. (Grafik: Dr. Tanja Zweigle, i4m)

4.1. Das unbewusste Bauch-System braucht emotionale Markenversprechen, die begeistern und Zielgruppen aktivieren
Das Erleben von Marken geschieht über Emotionen. Diese entstehen unbewusst und äußern sich als unreflektierte spontane – oft auch vermeintlich kindliche – Bauchentscheidungen. Deshalb müssen Marken die Menschen begeistern und das Bauch-System aktivieren. Das gelingt, indem Wünsche und Begierden der jeweiligen Zielgruppen angesprochen werden (»Ich will unbedingt einen MINI fahren«, »Ich will jetzt Milka-Schokolade essen«, »Ich will die neue Flotte für unseren Firmenfuhrpark bei meinem Tenniskumpel Julius bestellen«). Ferner wird die Suche nach der eigenen

Identität vom Bauch-System gesteuert (»Ich möchte eine fürsorgliche Mutter sein«, »Ich will meinen Job als Marketingverantwortlicher richtig gut machen«, »Die Marke passt zu mir«). Aber auch Bedürfnisse und Wünsche, die das Leben von Menschen einfacher machen bzw. entlasten, führen zu einem positiven Bauchgefühl (»Ich habe keine Lust, mich mit dem ganzen Versicherungskram auseinanderzusetzen und bin froh, dass man mir das abnimmt«).

Starke Marken entstehen also im Bauch und haben eine implizite Wirkung auf das Verhalten der Konsumierenden. Das gute Bauchgefühl bei der Markenwahl dient als Orientierungshilfe im Angebotsdschungel. Es wird verursacht durch implizite Markensubstanz, hervorgerufen durch das unbewusste Markenwissen, den Erfahrungen, die Menschen bisher mit Marken gemacht haben, sowie die damit verbundene intuitive Markensympathie und das intuitive Markenvertrauen.

Zusammengefasst: Das schnell überdenkende, meist unbewusste Bauch-System trifft häufig spontane unreflektierte Entscheidungen, hat implizite Motive, wird bestimmt durch Wünsche und Begierden, ist impulsiv und will vor allem von Marken begeistert werden.

4.2. Das rationale Kopf-System braucht faktische Nutzenargumente, die von der Marke überzeugen

Nun könnte man ja meinen, mit dem guten Bauchgefühl ist alles gut. Das ist leider nur ein Stück weit richtig. Denn das gute Bauchgefühl ist auch davon abhängig, dass unsere Ratio zufrieden ist. Wir benötigen oft, um unser Gesicht vor uns und anderen zu wahren, rationale und gut überlegte Gründe, warum wir uns für bestimmte Marken entschieden haben. Denn Marken sind in aller Regel teurer als nicht markierte Produkte und starke Marken teurer als weniger starke.

Wie lässt sich nun vor uns selbst und vor anderen begründen, dass wir eine bestimmte Marke unbedingt haben wollen, obwohl es das (fast) gleiche Produkt auch von anderen Marken gibt, die vielleicht günstiger, weniger auffällig, wenige bekannt sind?

Um bewusste und nachvollziehbare Begründungen zu finden, müssen wir nachdenken. Das Bewusstsein (Kopf-System) setzt daher ein, wenn es zur Rationalisierung unserer spontanen Bauchentscheidungen kommt. Wenn also der Bauch bereits von einer Marke begeistert ist (das Bauchgefühl stimmt), muss der rational denkende Kopf von der Marke und ihren Leistungen erst noch überzeugt werden. Deshalb müssen für das Kopf-System in unserem Gehirn nachvollziehbare Argumente geliefert werden, die die Markenwahl beispielsweise auf Basis eines bestimmten gesellschaftlichen Rollenverständnisses (»Das wird von mir als Geschäftsmann erwartet«) oder aus ökonomischen Gründen (»Das ist ja gar nicht so teuer, wie ich dachte«) begründen.

So fangen in diesem rationalen Bewusstseinssystem Kaufende an, kritisch nachzudenken (»Ist das MINI Cabrio überhaupt das richtige Auto für eine Mutter von zwei kleinen Kindern?«, »Hat die Milka-Schokolade nicht doch viel zu viele Kalorien?«, »Entsprechen Services, Automarken und Modelle vom Tenniskumpel Julius überhaupt unseren Anforderungen?«). Das bewusste Kopf-System fungiert also als Kontrolleur der unbewussten, spontanen Bauchentscheidungen.

Zusammengefasst: Das bewusste Kopf-System ist rational, träge, abwägend und kontrollierend. Es hat explizite Motive, wird bestimmt durch Werte und Normen, durch ökonomische Faktoren und durch gesellschaftliche Rollen und Stereotypen. Der Kopf muss von Marken überzeugt werden. Wichtig: Er kann den Verhaltensimpuls ändern, aber niemals initiieren.

4.3. Ziel ist eine ausgewogene Synthese zwischen Bauch- und Kopf-System

Erfolgreiche Marken liefern den jeweiligen Zielgruppen einen relevanten Insight, der sowohl die Motive des Bauch- als auch des Kopf-Systems zielgruppengerecht anspricht. Dabei ist wichtig zu berücksichtigen, dass das spontane Bauch-System zunächst durch die Marke angefixt und begeistert werden muss, damit die Aktivierung bei den Zielgruppen ausgelöst wird. Im zweiten Schritt muss der Insight das Kopf-System der Zielgruppen überzeugen und Gründe für die spontane, meist unbewusste Bauchentscheidung liefern. Am Ende der Customer Journey müssen Bauch- und Kopf-System (wieder) im Einklang sein (d. h. Bauch ist begeistert und Kopf überzeugt), damit sich die Kundschaft nachhaltig mit ihren getroffenen Markenentscheidungen wohlfühlt und es beispielsweise nicht zu Nachkaufdissonanzen kommt.

Die so gewonnene Markenwahrnehmung aus Sicht der Zielgruppen ist also das Ergebnis einer erfolgreichen Synthese unbewusster und bewusster Treiber der Zielgruppen, die im Bauch- und Kopf-System entstanden sind. Guten Marken gelingt es, dass sich Menschen mit beiden Bewusstseinssystemen ihrer getroffenen Entscheidung nachhaltig sicher sind, auch wenn sie beispielsweise einen deutlich höheren Preis bezahlen, einen höheren Anfahrtsweg auf sich nehmen oder die kalorienreiche Schokolade genießen.

5. Motivstrukturen von Zielgruppen mittels Insights Research aufdecken

Insights Research umfasst die (tiefen-)psychologische Analyse von Motiven und Bedürfnissen von Zielgruppen mittels qualitativer bzw. psychologischer Marktforschung. Damit es Markenverantwortlichen gelingt, Bauch- und Kopf-System richtig anzusprechen, müssen die Treiber dieser beiden Bewusstseinssysteme aufgedeckt werden. Mithilfe eines systematischen Forschungsprozesses lassen sich Motivstrukturen der Zielgruppen analysieren, identifizieren und damit aufdecken, was Menschen wirklich bei der Markenwahl antreibt.

Was fasziniert das emotionale, unbewusste, intuitive Bauch-System?

Treiber des intuitiven Bewusstseinssystems Bauch (die kindliche Seite in uns) sind vor allem unreflektierte Bedürfnisse, Begierden, Hoffnungen oder Wünsche. Diese sind allerdings für Menschen kaum artikulierbar und müssen daher in qualitativen Befragungen durch indirekte und implizite Befragungs- bzw. Forschungsmethoden ermittelt werden. Dies kann beispielsweise durch den Einsatz von Bildern anstelle von Verbalantwortvorgaben oder durch projektive Befragungstechniken erfolgen.

Eine weitere Möglichkeit, um implizite Motive aufzudecken, bieten psychologische Erhebungsmethoden wie Tiefeninterviews oder Fokusgruppen, ergänzt um apparative Verfahren, die einen Hinweis auf das unbewusste, emotionale Erleben von Marken ermöglichen. Bei Letzteren hat insbesondere die künstliche Intelligenz in den vergangenen Jahren große Fortschritte in Richtung Emotional Analytics erzielt, mit deren Hilfe Emotionen gemessen werden können, so beispielsweise über

- die menschliche Stimme (die sogenannte Voice Recognition mittels Stimmerkennung),
- die Mimik (Facial Coding mittels Kameras) oder
- die Haut (elektrisches Muskelpotenzial mittels Klebeelektroden).

Marktforschungsinstitute wie Audeering (Voice Recognition), RealEyes (Facial Coding) und September (Elektrodenmessung) bieten derartige moderne Verfahren zur Emotionsmessung an.

Was überzeugt das rationale, bewusste, überlegende Kopf-System?

Treiber des abwägenden Kopf-Systems (die erwachsene Seite in uns) sind beispielsweise gesellschaftliche Normen, ökonomische Aspekte oder der soziale Anspruch an uns. Diese können durch spezielle Fragetechniken aufgedeckt werden. Wichtig ist, darauf zu achten, dass gesellschaftliche Normen, die das Kaufentscheidungsverhalten tatsächlich beeinflussen, meist nicht direkt abgefragt werden können. So wird beispielsweise trotz eines steigenden Umweltbewusstseins in der Gesellschaft sowie einer zunehmenden Bereitschaft zum Kauf von Bioprodukten eine realitätsnahe Abfrage der Bereitschaft zum Kauf von Biofleisch eher durch Verhaltens- als durch Einstellungsfragen möglich. Anstelle »Wie wahrscheinlich ist es, dass Sie Biofleisch kaufen?« ist es zielführender zu fragen: »Denken Sie bitte an die vergangenen zwei Wochen. Wo haben Sie Ihr Fleisch gekauft? War darunter auch Fleisch aus biologischer Züchtung?«

Da der rationale Kopf sich oft normengetrieben verhalten möchte, neigt er durch direktes Abfragen eher zu gesellschaftlich gewünschten Antworten. Eine Fragebogenkonstruktion muss diese möglichen Biases zwingend berücksichtigen und durch die Art der Fragen weit möglichst abwenden.

6. Implikationen für Markenverantwortliche

Das umfassende Verständnis für die beiden sich ergänzenden Bewusstseinssysteme Bauch und Kopf ist für das Markenmanagement wichtig, um Marken aus Sicht der Zielgruppen zielgerichtet führen zu können. Es geht im Kern um die Beantwortung der Frage: »Gelingt es unserer Marke, die Zielgruppe zu begeistern und gleichzeitig zu überzeugen?«

Abgeleitet aus den in der Praxis bewährten Markenmodellen von McKinsey (Markendiamant) sowie von Esch (Markensteuerrad) berücksichtigt das Bauch- und Kopf-Markenmodell auch die Erkenntnisse der Behavioral Economics von Kahneman (Abb. 40).

Abb. 40: Das Bauch- und Kopf-Markenmodell. (Grafik: Dr. Tanja Zweigle, i4m)

Schritt 1: Identifizieren Sie die relevanten Markentreiber für Bauch und Kopf

Zunächst müssen Sie beantworten, wofür Ihre Marke steht und welchen Nutzen diese der anzusprechenden Zielgruppe stiften soll. Dies erfolgt getrennt nach dem Bauch- und Kopf-System.

Damit das Bauchgefühl Ihrer Zielgruppe getriggert wird, müssen Sie Antworten auf folgende Fragen finden und die Soll-Markenwahrnehmung definieren:
- Was fasziniert die Zielgruppe an der Marke?
- Was fühlt sie mit der Marke?
- Wie identifiziert sie sich mit der Marke?
- Welches Selbstbild bietet ihr die Marke?

Die Marke sollte Wünsche und Bedürfnisse der Zielgruppen ansprechen und damit Faszination auslösen. Es geht darum herauszufinden, was das unbedingte Habenwollen der Marke triggert. Nur so ist sichergestellt, dass die Markenbotschaft für das intuitive Bauch-System der Zielgruppe auch relevant und attraktiv ist.

Das Kopf-System dient im Gegensatz dazu der anschließenden Rationalisierung der vom Bauch-System meist schon getroffenen intuitiven Entscheidung. Es geht daher

um das Dürfen. Fragen, die Sie sich als Markenverantwortliche hier stellen müssen, sind:
- Wie kann ich die Zielgruppe am besten überzeugen?
- Welches Nutzenversprechen spricht sie persönlich optimal an?

Hierfür müssen Informationen über die Marke vermittelt werden, die sich beispielsweise in Geschichten kommunizieren lassen. Das explizite Ansprechen von bewussten Interessen resultiert idealerweise in einer bewussten, positiven Markenwahrnehmung.

Schritt 2: Finden Sie geeignete emotionale und funktionale Markenattribute, die den emotionalen und funktionalen Markenbenefit stützen
Das Bauch-System lässt sich vor allem durch einen prägnanten Brand-Charakter triggern. Es geht dabei um emotionale Markenattribute, die dazu geeignet sind, die Markenpersönlichkeit zu repräsentieren (z. B. Ikea ist modern, schwedisch, unkompliziert, funktionell). Eine wichtige Rolle kommt hier der Markenkommunikation zu, die mithilfe der vermittelten Tonalität die Markenpersönlichkeit stützt. Zugleich stehen die emotionalen Markenattribute für bestimmte Wertvorstellungen, die durch die Marke vermittelt werden (z. B. Freude am Fahren, clever einkaufen). Sie dienen dem Konsumenten als Mittel der Selbstinszenierung.

Im Gegensatz zum Bauch-System lässt sich der Verstand, also das Kopf-System, durch Marken- oder Produktattribute triggern, die den Nutzen- bzw. das Produktversprechen glaubhaft unterstützen. Hier bedarf es handfester und nachprüfbarer Argumente. Von Relevanz sind funktionale Treiber, die die Produktleistung einer Marke ausloben (z. B. 280 km/h Höchstgeschwindigkeit, günstigster Preis). Die Marke ist Träger eines funktionalen Leistungsversprechens.

Schritt 3: Orchestrieren Sie Ihre Marketingmaßnahmen, damit Motive des Bauch- und des Kopf-Systems angesprochen werden
Erst wenn beide Bewusstseinssysteme in den Köpfen der Zielgruppe ausgeglichen sind, also sowohl das Bauchgefühl als auch der Verstand mit der getroffenen Entscheidung zufrieden sind, kann sich die Käuferschaft – ohne Nachkaufdissonanzen – mit der getroffenen Markenwahl wohlfühlen.

Als Markenverantwortlicher sollten Sie sich daher folgende Fragen stellen:
- Gelingt es uns mit den passenden Marketingmaßnahmen, z. B. Markenpositionierung, Produktdarstellung, Kampagnenkreation, in den Köpfen der Zielgruppen eine Balance zwischen dem intuitiven Bauch- und dem rationalen Kopf-System herzustellen?
- Welche Rolle spielen die verschiedenen Touchpoints entlang der Customer Journey zur Ansprache von Bauch (emotional) und Kopf (rational), z. B. Internetauftritt, Kundenservice, POS, klassische Werbung, Social Media?

Die größte Herausforderung hierbei ist, das unbewusste, intuitive Bauchgefühl der verschiedenen Zielgruppen richtig zu erfassen und zu interpretieren. Hierzu sind langjährige Erfahrungen und das richtige Gespür für die jeweilige Zielgruppe von großer Bedeutung. Mit einfachen Befragungstechniken ist es dabei nicht getan. Sie müssen sich deshalb neuer, innovativer Methoden und Techniken zur Ermittlung des Unbewussten bedienen wie experimentelle Ansätze, Bildertools, tiefenpsychologische Befragungstechniken, Emotionsmessungen etc.

6.2 Benjamin Pleißner (BBDO) – Die beste Manipulation ist Neugier

Benjamin Pleißner

ist Head of Strategy bei BBDO. Er studierte International Marketing an der Fontys International Business School (NL). Als Marken- und Kommunikationsstratege hilft er Unternehmen, Businessproblemen auf den Grund zu gehen. Er berät nationale sowie globale Marken aus Automotive, Versicherung, Handel, Telekommunikation und FMCG, z. B. Allianz, ALDI, Continental, Ford, KFC, Mars und O_2.

Planning bringt Menschen und Marken zusammen.
Seit seiner Entstehung in den 1960er/1970er-Jahren hat die Disziplin des Planning es sich zur Aufgabe gemacht, Kommunikation für Marken besser und effektiver zu gestalten. Dabei bringen Plannerinnen und Planner den Menschen mit seinem Verhalten, seinen Einstellungen und Interessen aktiv in den Entwicklungsprozess der Kommunikation ein. Jon Steel, Autor von »Truth, Lies and Advertising«, beschreibt die Aufgabe von Planning so: »To understand the relationships between people in the real world and brands and to bring that understanding to clients and agency creative departments alike.« Mit einem umfänglichen Verständnis von Menschen und Marken und den Wegen, sie zusammenzubringen, trägt Planning dazu bei, Kommunikation wirkungsvoller zu machen mit dem ultimativen Ziel, eine Marke näher an die Menschen zu rücken als irgendeiner der Wettbewerber.

Es gibt immer mehr Wege, Menschen und Marken zu verbinden.
Egal welche Statistik man sich anschaut – die Anzahl der Botschaften, die tagtäglich auf Menschen einprasseln, haben sich über die letzten Jahrzehnte vervielfacht. Das liegt zum einen an der gestiegenen Anzahl von Botschaften an sich, zum andern an der massiv gestiegenen Anzahl von Touchpoints, die Marken heute für Kommunikation zur Verfügung stehen, um Menschen mit ihrem Anliegen zu erreichen. So sehen wir McDonald's »Ich liebe es« oder Nikes »Just do it« unterwegs auf Plakaten, hören es im Auto im Radio oder auf Spotify, lesen es im Wartezimmer beim Arzt in der Zeitung, in der Bahn auf dem Smartphone auf Instagram, YouTube und TikTok, sehen es zu Hau-

se im Fernsehen und auch sonst auf etlichen anderen Kanälen zu jeder Tages- und Nachtzeit. Neben den Kanälen ist auch die Anzahl der Kommunikatoren gewachsen – Marken, Medien, Influencer. Dann mischt sich das Ganze auf den sozialen Medien auch noch mit Inhalten von Freundinnen und Familie. Und mehr Wege schaffen auch mehr Möglichkeiten für Marken, Menschen zu erreichen. Gleichzeitig wird es immer schwieriger, echte Verbindungen zu schaffen. Die Quantität macht es der Qualität schwer.

Begeistern, um zu bewegen.
Marken wollen Begehrlichkeit wecken mit dem Ziel der Absatz- und Umsatzsteigerung. Dabei hilft Kommunikation, Menschen zu bewegen. Menschen dazu zu bringen, etwas zu liken, zu teilen, zu klicken, zu testen, zu kaufen. Früher ging das mittels einfacher Manipulation im Sinne von schwer bis nicht durchschaubarer und nicht bewusst kontrollierbarer Einflussnahme. Doch heute ist die Welt komplexer. Native Advertising tarnt Werbung im Kleid journalistischer Berichterstattung (gekennzeichnet wohlgemerkt). Menschen folgen Marken freiwillig auf Social Media. Ist das dann noch Manipulation im klassischen Sinn? Und ist Kommunikation also heute mehr oder weniger manipulativ? Das lässt sich kontrovers diskutieren. Fakt ist, Kommunikation hat heute zuallererst eine ganz andere Hürde, als jemanden unbewusst zu beeinflussen. Die erste und wesentlichste Aufgabe für Marken ist es, sich überhaupt Gehör zu verschaffen, zu den Menschen durchzudringen und aus dem lauten, dauerhaften Grundrauschen der Kommunikation und der Inhalte, dem Menschen heute 24/7 ausgesetzt sind, herauszustechen. Sir John Hegarty, Gründer von Bartle Bogle Hegarty (BBH), sagte einmal: »Advertising has to engage before it can inform.« Das gilt 2022 mehr denn je. Doch wie begeistern Marken Menschen?

Neugier ist Antrieb.
Wir Menschen sind von Natur aus zutiefst neugierig. Neugier versetzt Menschen in den Erkundungsmodus. Sie schenken relevanten Inhalten dann große Aufmerksamkeit. Genau das können und sollten Marken sich zunutze machen, um die Aufmerksamkeit und schließlich das Interesse von Menschen zu animieren. Dinge, die uns neugierig machen, sorgen dafür, dass wir selbst irrelevante Informationen erinnern. So stark ist Neugier.

Weckt eine Marke Neugier, dann löst das Informationsverhalten aus. Menschen setzen sich aktiv mit Informationen auseinander, weil sie ihr Information Gap schließen wollen. George Loewenstein von der Carnegie Mellon University beschrieb bereits 1994 ebendiese Theorie. Er erklärte, dass Menschen neugierig werden, wenn sie erkennen, dass ihnen das gewünschte Wissen fehlt. Das erzeugt ein aversives Gefühl der Unsicherheit, das sie dazu bringt, die fehlenden Informationen aufzudecken. Die Auflösung dieser Informationslücke führt zu direkter Bedürfnisbefriedigung und damit zu Interesse (Abb. 41). Im Umgang mit Neugier ist für Marken jedoch Vorsicht geboten. Denn zu viel Aufwand tötet den Wissensdrang. Werden die wahrgenommenen Kosten zur Befriedigung der Neugier als zu hoch empfunden, dann sind Menschen weniger bereit zu aktivem Informationsverhalten. Marken müssen es Menschen also leicht machen, sonst erzeugen sie Reaktanz. Und die einzige Handlung, die das wiederum bei Menschen auslöst, ist, dass sie sich von einer Marke abwenden.

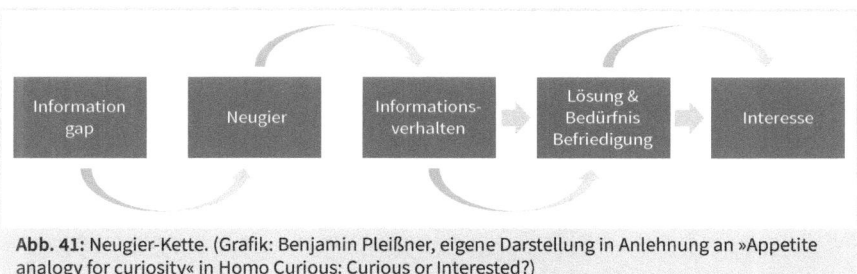

Abb. 41: Neugier-Kette. (Grafik: Benjamin Pleißner, eigene Darstellung in Anlehnung an »Appetite analogy for curiosity« in Homo Curious: Curious or Interested?)

Die fünf Dimensionen der Neugier.
In der September-Oktober-Ausgabe 2018 des Harvard Business Review beschreiben Todd B. Kashdan, David J. Disabato, Fallon R. Goodman und Carl Naughton fünf Dimensionen von Neugier.

- Dimension eins ist die an die Arbeit der Psychologen Daniel Berlyne und George Loewenstein angelehnte »Deprivation Sensitivity«. Sie beschreibt das Wahrnehmen einer Wissenslücke und das Erkennen der Erleichterung, diese zu schließen. Dies ist der Trigger, den Marken nutzen können, um die Neugier der Menschen zu wecken.
- Dimension zwei ist die »Joyous Exploration«. Sie beschreibt das angenehme, vergnügliche Informationsverhalten des Erkundungsmodus. Die Aufgabe für Marken in der Kommunikation ist es, das Informationsverhalten der Menschen so einfach und interessant wie möglich zu gestalten.
- Dimension drei ist die »Social Curiosity«. Sie beinhaltet den Austausch mit anderen sowie zu beobachten, was andere denken und tun. Denn wir Menschen sind von Natur aus soziale Wesen. In den 90er-Jahren hätte man hier über Opinion Leader als Zielgruppe gesprochen. Mit Google-Rezensionen, Kommentarfunktionen in Onlineshops und der Möglichkeit, für jeden auf Social Media seine Meinung kundzutun, ist auch die Meinung anderer omnipräsent. Dennoch wird dieser Teil des Marketingfunnels von Marken kommunikativ vernachlässigt – eine vertane Chance, bietet sie doch starkes Multiplikationspotenzial.
- Die Dimensionen vier und fünf sind bezogen auf das Sich-Einsetzen für Marken und liegen nah beieinander. Sie beschreiben die »Stress Tolerance« und das »Thrill Seeking«. Es geht um die Bereitschaft, Angst und Beunruhigung, die Neuheit und Unwissenheit auslösen, zu akzeptieren (Stress Tolerance) und sie sich zunutze zu machen. Und es geht um den Willen, physisches, soziales und finanzielles Risiko einzugehen (Thrill Seeking). Gerade letzte Dimension bietet immenses Potenzial für überraschende, positive Produkt- und Markenerlebnisse. Denn Marken, die Extreme bieten, die ihre Zielgruppen aus ihrer Komfortzone herauslocken beziehungsweise sie mit Risiken konfrontieren, ermöglichen ein echtes Erleben der betreffenden Marken.

Neugier als Treibstoff für Marken.
Um Aufmerksamkeit und Interesse erfolgreich zu gewinnen, ist die Gier auf Neues ein wunderbarer Hebel. Wissbegierde ist ein menschliches Bedürfnis, den Sinn der Dinge zu verstehen. Das gelangweilte Scrollen durch einen Social Media Feed wird dank dieses Dranges zur Chance für Marken. Denn Langeweile steigert den Willen zu erkunden. Der Psychologe Daniel Berlyne nennt dieses Verhalten »Diversive Curiosity«. Es erwächst eine Neugier, die dazu dient, Langeweile zu überkommen. Und hier liegt die Chance: Das Anbieten von Content, der gut strukturiert und informativ vollständig ist, lässt den Gelangweilten aufhorchen. Unvollständiger, schlecht organisierter Inhalt hingegen hat keinerlei Kraft, Neugier zu wecken, weil er eine Informationslücke schafft. Er lässt uns verwundert und irritiert zurück.

Erfolgreiche Marken manipulieren nicht, sie gewinnen Menschen.
Manipulation wirkt recht kurzfristig. Neugier hat einen langfristigeren Effekt. Neugier führt zu Interesse (siehe Neugier Kette, Abb. 41). Die erfolgreiche Befriedigung bestärkt wiederum weiteres Wissen-Wollen. Durch diesen iterativen Neugier-Befriedigung-Kreislauf wird das Fundament für individuelles Interesse gebildet. Ein preisliches Schnäppchen bringt Menschen dazu, ein Produkt oder eine Marke einmal zu kaufen. Doch das schafft Neugier auch, denn sie ruft oft impulsives Verhalten (z. B. Impulskauf) hervor. Freude und Begeisterung jedoch lassen Menschen mehrfach kaufen. Erfolgreiche Marken manipulieren nicht. Sie interessieren Menschen. Sie machen Menschen neugierig. Sie bewegen Menschen. Sie gewinnen Menschen. Mit Produkten und Services, die rational so gut sind, dass Menschen in ihnen einen echten Nutzen sehen. Und mit Kommunikation, die so neugierig macht, dass Menschen mehr über eine Marke und ihr Angebot erfahren wollen.

6.3 Markus Küppers (september Strategie & Forschung) – Mythos freier Wille

Markus Küppers

blickt auf 30 Jahre Erfahrung im Agentur- und Marktforschungsumfeld zurück. Der Diplom-Kaufmann ist Managing Partner der Marktforschungsagentur september Strategie & Forschung GmbH in Köln. Markus Küppers ist fasziniert von Geschichten und versteht sich seit vielen Jahren als Storyteller der menschlichen Psyche und ganz besonders des Inner Child als Ausdruck unserer verborgenen Wünsche. Seine Expertise liegt in der strategischen Entwicklung, Positionierung und Begleitung von Produkten, Kommunikation und Marken. Er ist Autor des Fachbuchs »How to kill your brand«.

6.3 Markus Küppers (september Strategie & Forschung) – Mythos freier Wille

Freier Wille: Illusion, Wirklichkeit oder beides?

Mein damaliger Boss und ich fuhren vor einigen Jahren mit dem Zug zu einem Geschäftstermin nach Frankfurt. Und wie der Zufall es wollte, kamen wir ins Gespräch mit zwei redefreudigen Ordensschwestern, die im gleichen Vierer saßen wie wir. Nach dem üblichen Austausch von Höflichkeiten kamen die Nonnen zur Sache. Sie wollten wissen, womit wir unser Geld verdienen. Und so erläuterten wir ihnen, dass wir Marktforscher sind und was wir tun. Das war nicht so einfach, da Nonnen aufgrund ihrer Berufung wenig mit Dingen wie Konsum und Marken zu tun haben – wenn man davon absieht, dass Kirche und Religion die wesentlichen Merkmale einer Marke aufweisen. Trotzdem machten die Nonnen schon nach kurzer Zeit keinen Hehl aus ihrer Geringschätzung für unsere Arbeit. Aus ihrer Sicht waren wir die Erfüllungsgehilfen des Teufels, dem wir halfen, Sterbliche herumzukriegen, um Dinge zu kaufen, die sie nicht brauchten. Schlimmer noch: Als Werbetreibende waren wir diejenigen, die den Firmen einflüsterten, wo Menschen ihre Schwachstellen haben, sodass sie sich nicht wehren können. Aus Sicht der Nonnen war Konsum die achte Todsünde, gleich nach Eitelkeit und Gier. Der Aspekt der Verführung dabei war den beiden Schwester ein besonderer Dorn im Auge, was Sinn ergibt – man denke an die Vertreibung aus dem Paradies, weil Adam und Eva den Hals nicht vollkriegen konnten. Man käme, so argumentierten sie, doch von selbst gar nicht auf die Idee, überhaupt so viel zu kaufen. Wir versuchten, dagegenzuhalten, indem wir den freien Willen der Menschen betonten, aber da waren die beiden auch schon ausgestiegen.

Dieses Gespräch offenbart die schwierige Natur des freien Willens. Einerseits ist es offenbar attraktiv, der Industrie bösen Willen zu unterstellen und nach Feind- und Opferbildern zu suchen. In diesem Narrativ ist der Mensch arglos, manipulierbar und in letzter Konsequenz mit nur schwachem Willen ausgestattet. Andererseits tendieren Menschen dazu, sich als selbstgesteuert, unabhängig und zielstrebig zu sehen. Oder um es mit einem Befragten aus einem unserer letzten Tiefeninterviews zu sagen: »Ich habe kein Unterbewusstsein. Mir ist alles bewusst.« Dieses Narrativ geht von einem starken eigenen Willen aus. Wir beobachten, dass beide Narrative (das willenlose und das willensstarke) innerhalb ein- und derselben Person hin- und herwechseln können. Mal ist man Opfer, mal Steuermann, mal Objekt, mal Subjekt. Das ist der Grund, warum freier Wille in den allermeisten Diskussionen kein Gegenstand von Selbsterkenntnis ist, sondern Mittel und Zweck zur Eigendarstellung.

Offensichtlich ist der Mensch nicht wirklich in der Lage, die Frage nach dem freien Willen objektiv zu beantworten. Und da wir uns nicht entscheiden können, sollten wir den freien Willen ein bisschen wie Schrödingers Katze definieren. Wir sind frei und unfrei. Beides. Tatsächlich spiegelt die Sowohl-als-auch-Sicht den wissenschaftlichen Status wieder.

Ohne in die wissenschaftlichen, neuropsychologischen Details einzusteigen, soll ein lesefreundliches Bild zur Erläuterung der Arbeitsweise der menschlichen Psyche dienen. Das Me-and-I-Modell von Tor Nørretranders (Nørretranders, 1998) stellt fest, dass Menschen aus Me und I bestehen und genauso entscheiden. Das Me ist der viel ältere, intuitive Part in uns, der – analog zu System 1 von Kahneman – Entscheidungen unbewusst trifft, und zwar auf Basis von unzähligen Erfahrungen, die sich zur Intuition verdichten. Das I dagegen ist die bewusste und – analog zu System 2 von Kahneman– langsame Instanz, die davon ausgeht, die Dinge zu steuern und zu entscheiden. Dabei nimmt das I gerade mal einen homöopathischen Bruchteil dessen wahr, was das Me wahrnimmt. Im Gegensatz zu anderen Autoren hat Nørretranders aussagekräftige, inhaltliche Profilierungen dieser beiden Instanzen parat. Das I bezeichnet er beispielsweise als ›comical CEO‹, der eigentlich keine Ahnung hat, was wirklich in seiner Firma passiert, aber munter drauf los regiert. In dem Buch »How to kill your brand« (Küppers, Schenkel, Spitzer, 2021) gehen wir detailliert auf die potenziellen Konflikte zwischen Me und I ein, die als Consumer Insights idealerweise Eingang in die Marketingprozesse finden. Im Buch nennen wir die Me-und-I-Dynamik auch Doppelgängermotiv, benannt nach zahllosen literarischen Vorlagen wie Dr. Jekyll and Mr. Hyde als Ausdruck von zwei Persönlichkeiten in einer.

Für den freien Willen relevant ist nun die Dynamik zwischen Me und I. Das Me ist eine starke Kraft, die unser Handeln gerne nach archaischen Motiven wie Macht, Gier, Freiheit oder Geborgenheit ausrichtet. Das I hat die undankbare Aufgabe, dem Me seinen Willen zu erfüllen, sofern sich diese Motive sinn- und sozialgerecht umsetzen lassen. Es soll niemand auf die Idee kommen (und wir selbst schon gar nicht), dass wir willkürliche Entscheidungen treffen. Kernaufgabe des I ist es daher, diesen Me-Bestrebungen einen rollenkonformen Sinn zu verleihen und sie so vor uns und anderen zu legitimieren. Politisch korrekte Begründungen für Entscheidungen, um unbewusste Motive zu erfüllen, nennen wir Coverstorys. Werbung erzählt uns häufiger solche Coverstorys. Oder wir erzählen sie uns selbst und glauben sie auch. »Ich hatte wirklich Lust, aber gar keine Zeit, den Müll rauszubringen.« So hat man das gute Gefühl, aus eigenem freien Willen mit gutem Grund gehandelt zu haben. Wer nun von sich sagt, er reflektiere alle Entscheidungen bei vollem Verstand und in Abwägung aller Faktoren, verhält sich ein wenig so wie der Betrunkene, der seinen Schlüssel unter der Lampe sucht, weil er da besser sieht. Die meisten Werke unseres Me bekommen wir gar nicht mit. Die Kontrolle, die wir empfinden, ist in Wahrheit eine Kontrollillusion.

Oft führen wir die Debatte, ob Menschen rational entscheiden. Auch hier müssen wir immer wieder sehen, dass wir zwar in der Lage sind, Informationen zu verarbeiten – aber je nachdem, welche unbewussten Ziele wir verfolgen, werden Informationen ausgewählt, ignoriert, hervorgehoben, verzerrt oder vergessen. Das, was in unseren sozialen Medien passiert, ist immer wieder tagesaktuelles Zeugnis dafür, dass wir zu hundert Prozent emotional wahrnehmen und entscheiden, denn Fakten, die nicht in unser Weltbild passen, werden einfach als ›unglaubwürdig‹ ausgehebelt. Wenn wir gegen Impfungen sind, weil sich unser Me trotzig gegen den Fake-News-Mainstream stemmt, ist jede Krankmeldung von Geimpften Beweis für die Nichtwirkung, während Impfbefürworter darauf hinweisen, dass es ohne Impfung schlimmer hätte kommen können.

Wer hier einwendet, dass Menschen sich ganz oft eben nicht ihrem Me unterwerfen, macht erst einmal einen nachvollziehbaren Punkt. Natürlich gibt es unzählige Beispiele, wie wir uns bewusst für oder gegen etwas entschieden haben, auch wenn es für Unlust sorgt. Sonst wären wir wohl kaum in der Lage, Leistung zu erbringen, Disziplin aufzuwenden oder eine unpopuläre Meinung zu vertreten. Aber viele dieser Entscheidungen treffen wir, weil wir in Wahrheit unserem Me damit dienen. Leistung, Disziplin oder Beharrlichkeit werden (hoffentlich) mit Erfolg, Bestätigung, vielleicht sogar mit Liebe belohnt. Die Sehnsucht nach Anerkennung und Selbstverwirklichung dürfte historisch für mehr Innovationen verantwortlich sein als der philanthropische Wunsch, dass es anderen besser gehen solle. Impfgegner fühlen sich anderen gegenüber erhaben und mächtiger, weil sie sich nicht durch die Medien blenden lassen. In den meisten Fällen aber sorgt unser I dafür, dass wir hundertprozentig davon überzeugt sind, die eigenen Entscheidungen in voller Kontrolle und umfänglichem Wissen der Umstände getroffen zu haben und dass unsere Sicht am Ende die richtige sei.

Haben wir denn nun einen freien Willen?
Wenn wir das Me als abgespaltenen Persönlichkeitsteil à la Mr. Hyde definieren, der Macht über unseren Verstand hat, haben wir in der Tat keinen freien Willen. Dann müssen wir unseren Verstand und unser Bewusstsein als Opfer unseres Unterbewusstseins ansehen. Und dann sind wir auch Opfer von perfiden Manipulationen seitens der Werbung, die diesen Mechanismus schamlos ausnutzt. Mit anderen Worten: Je simpler das Verständnis der eigenen Psyche, desto manipulierter und ohnmächtiger fühlen wir uns. Doch je eher wir annehmen, dass das Doppelgängermotiv in uns allen steckt und dass wir spannungsgeladene, dialektische Naturen sind, desto eher erkennen wir, dass Werbung nichts erreichen kann, was unser Me tief im Inneren nicht will. Und das müssen wir wohl oder übel akzeptieren.

6.4 Jessica Reinbold (ReinboldRost) – Drei Thesen zur Shopper Activation

Jessica Reinbold

Jessica Reinbold ist Diplom-Betriebswirtin und als Managing Partnerin der ReinboldRost GmbH verantwortlich für die Units Beratung, Business Development, Fulfillment und Administration sowie den stetigen Ausbau der Agentur in Richtung ganzheitlicher Shopper-Aktivierung. Zudem ist sie seit 2017 Mitgründerin, Inhaberin und Geschäftsführerin der Fulfillers GmbH, einer Agentur zur Abwicklung von Promotions. Bevor sie 2008 als Projektmanagerin bei poncet.rost marketing partner, dem Vorgänger der heutigen ReinboldRost GmbH, einstieg, war sie sechs Jahre in der Unternehmensentwicklung/Strategie bei dem internationalen Messeveranstalter Reed Exhibitions sowie bei der Cinema Advertising Group im Bereich Kinovermarktung tätig. Jessica Reinbold lebt mit ihrem Partner und ihrer Golden-Retriever-Hündin Emmie in Wachtberg bei Bonn und engagiert sich ehrenamtlich in der kommunalen Politik und bei den Tiertafeln BonnRheinSieg.

LEH-Einkauf mit WOW-Faktor!
Einkaufen im Lebensmitteleinzelhandel (LEH) mit Wow-Effekt: So bekommt der Kunde, was er will. Auch wenn er selbst vielleicht noch gar nicht weiß, was genau das ist. Denn natürlich wird der Shopper im Markt bewusst und unbewusst beeinflusst, vom Betreten bis zum Bezahlen. Und das ist auch gut so!

Rund 70 Prozent der Kaufentscheidungen fallen direkt am Point of Sale (POS), ganz analog, am Regal, immer noch. Spähen wir den Supermarktkunden einmal über die Schulter. Auf den meisten Einkaufslisten stehen lediglich Kategorien. Butter, Milch und Brot, Taschentücher. Da fehlt doch was! Richtig: die Sorte oder gar die Marke.

Was für eine gigantische Chance! Denn so bleibt ein gewaltiger Spielraum, Entscheidungen durch intelligente Marketing-Maßnahmen gezielt zu steuern – zugunsten bestimmter Brands und Produkte. Die Aktivitäten richten sich dabei übrigens nicht ausschließlich an den Shopper selbst, sondern auch an den Handel. Denn ohne diesen würden die Hersteller ja auf ihren Produkten sitzen bleiben. Um Einfluss auf das Shopper-Verhalten nehmen zu können, muss die Industrie folglich eng mit dem Handel zusammenarbeiten und auch dessen Belange berücksichtigen. Das Retail-Business, der Einzelhandel, muss davon überzeugt werden, dass die geplante Maßnahme zum definierten Erfolg führt. In der Regel ist dies die Erhöhung von Absatz oder Umsatz. Und am liebsten natürlich beides! Auch die klare Positionierung der Marke und dessen Kommunikation auf der Fläche tragen entscheidend zum Verhalten des Shoppers bei. Denn gerade in unsicheren Zeiten bilden Brands eine Art Anker. Sie schaffen Orientierung, stiften Vertrauen und überzeugen mit ihrem eindeutigen Nutzenversprechen. Dieses wird am POS mit weiteren Kaufanreizen angereichert und aufmerksamkeitsstark in Szene gesetzt.

Auf den Punkt gebracht: Verbraucher lassen sich am besten beeinflussen, wenn die Bereiche Shopper-Insights, Retail-Know-how und Markenpositionierung sinnvoll ineinandergreifen. Denn so profitieren schlussendlich alle drei Marktakteure voneinander – der Shopper, der Handel und die Industrie. Aber wie genau erfolgt nun die Beeinflussung?

1. **Wir können nur beeinflussen, was wir kennen**

»Wenn du dich und den Feind kennst, brauchst du den Ausgang von hundert Schlachten nicht zu fürchten«, schrieb der legendäre chinesische General Sunzi. Recht hat der

Mann! Natürlich sprechen wir in unserem Fall nicht von Feinden, sondern von Einflussfaktoren. Lerne den Shopper und seine Bedürfnisse kennen, verstehe, was für den Handel relevant ist und wie du deine Marke verkaufsstark positionierst.

Unsere Kunden erreichen wir heute längst nicht mehr nur am POS. Die Beeinflussung findet vielmehr an vielen Orten und in unterschiedlichsten Situationen statt. Die sogenannte Shopper Journey bildet das Verhalten des Konsumenten ab – vom ersten Kontakt zur Marke bis zur finalen Kaufentscheidung, idealerweise auch danach. Dieser Weg ist bei jedem Shopper individuell, ein einzigartiges und ganz persönliches Markenerlebnis. Es gibt jedoch deutliche Unterschiede je nach Branche und Kategorie. So spielt es zum Beispiel eine Rolle, ob es sich um Grundnahrungsmittel oder Impulsprodukte handelt, die spontan im Einkaufswagen landen. Auch Zielgruppen ticken verschieden. Deshalb ist es wichtig, die Millenials, die Gen Z und die Gen X differenziert anzusprechen.

Ein bewährtes Hilfsmittel aus der Praxis: Um noch besser zu verstehen, an welchen Touchpoints der Shopper zu erreichen ist, wird eine Persona erschaffen. Eine fiktive Person, die stellvertretend für die kaufende Zielgruppe mit konkreten Eigenschaften und Verhaltensweisen definiert wird. Deren charakteristischer Tagesablauf bildet dann die Grundlage für die Shopper Journey.

Beispiel: Ein Tag im Leben von Lara, Gen Z (19 Jahre)

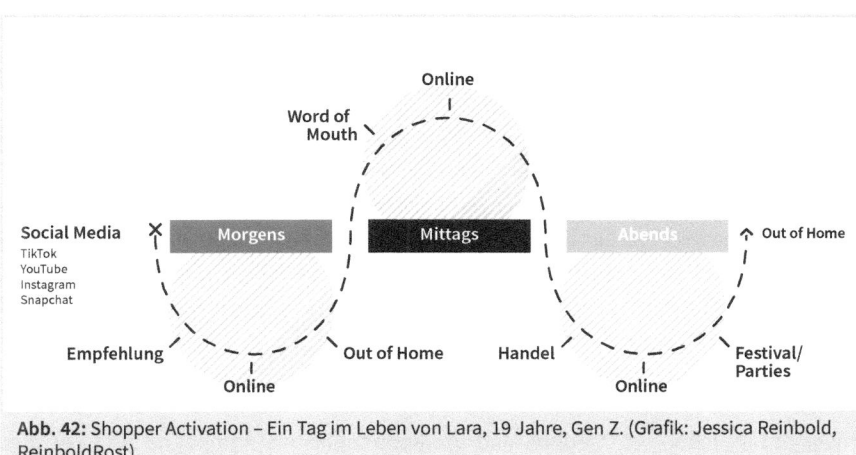

Abb. 42: Shopper Activation – Ein Tag im Leben von Lara, 19 Jahre, Gen Z. (Grafik: Jessica Reinbold, ReinboldRost)

Die definierten Touchpoints in Laras Tagesablauf – Social Media (mehrere), Online, Out of Home, Handel, Festival/Party – können nun in die klassischen Phasen der Shopper Journey – Awareness, Consideration, Conversion, Loyalty – übertragen werden.

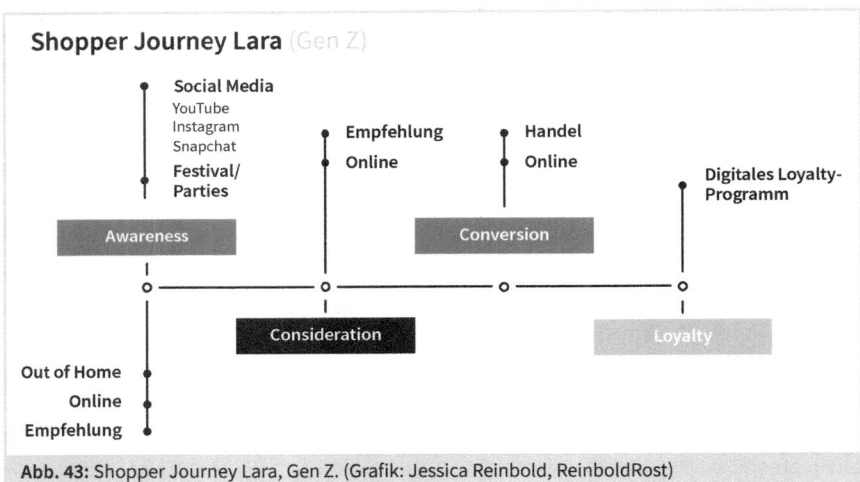

Abb. 43: Shopper Journey Lara, Gen Z. (Grafik: Jessica Reinbold, ReinboldRost)

Je nachdem, welches Ziel in welcher Phase mit den entsprechenden Aktivitäten erreicht werden soll (z. B. Steigerung von Markenbekanntheit, Käuferreichweite, Loyalität), stellt dieses hilfreiche Tool häufig das Herzstück der Kampagnenplanung dar. Wichtig dabei: Kein Kanal sollte einzeln betrachtet werden! Eine erfolgreiche, nachhaltige Aktivierung des Shoppers erfolgt nur durch das abgestimmte Zusammenspiel der Channels, der Digitalisierung und aller Werbeformen sowie die unbedingte Kenntnis der Kundenbedürfnisse.

Der LEH spielt eine maßgebliche Rolle, wenn es um die Ansprache am POS geht. Denn er allein entscheidet darüber, welche Kommunikationsmaßnahmen im Markt, am Regal und im Gang umgesetzt werden. Vom Großflächenplakat auf dem Parkplatz über Einkaufswagenwerbung bis zu Werbedamen auf der Fläche oder der blinkenden Eventplatzierung. Ob die reichweitenstarken Social-Media-Kanäle des Handels oder die bestimmte Positionierung einer Handelsmarke: Alle Werbeformen müssen sinnvoll ineinandergreifen und oftmals direkt mit der Zentrale oder dem selbstständig geführten Markt abgesprochen werden. In diesem Kontext wichtig zu wissen: Individuelle Maßnahmen, die den einen Handelspartner deutlich vom anderen unterscheiden, werden klar bevorzugt!

2. **Das Ziel bestimmt die Art der Beeinflussung**

Nicht nur Touchpoints, Medium und die kommunikative Kampagne sind wichtige Stellschrauben der Shopper Activation. Auch spezielle Aktionsmechaniken helfen wirkungsvoll beim Erreichen der unterschiedlichen Ziele. Wenn diese Added Values schnell den konkreten Nutzen vermitteln, können sie – direkt an den Kauf gekoppelt – ihre verkaufsfördernde Wirkung ideal entfalten.

6.4 Jessica Reinbold (ReinboldRost) – Drei Thesen zur Shopper Activation

Abbildung 44 zeigt als Matrix im Querformat einige Beispiele von Mechaniken unter Berücksichtigung des jeweiligen Marketing-Ziels, die Shopper am POS beeinflussen und sekundenschnell vom Kauf überzeugen können.

PoS Mechaniken

Effektivitäts-Schlüssel:
+ sehr gut geeignet
o geeignet
× nicht geeignet

MASSNAHMEN

		Aktionspreis	Couponing	Gratis Testen	Geld-Zurück-Garantie	mit Sofortgewinn / garantierter Gewinn	wenige Top Prices	viele (kleine) Gewinne	Zugabe Onpack/Inpack/Bundle	Zugabe am PoS	Zugabe zum Anfordern	Sammelpromotion	Instore Gewinnspiele (kundenindividuell)	Personalpromotion instore/outstore	PoS-Deko/Aufbauten	Zweitplatzierung (Gondelkopf, Chep)	Zweitplatzierung dauerhaft
		Cash-Aktionen				Gewinnspiele			Mehrwertaktionen				Instore Aktionen				
Push-Ziele	Erhöhung der PoS Präsenz	o	o	o	o	o	o	o	+	+	o	o	+	+	+	+	+
	Erhöhung des Involvements/Unterstützung des Handels	o	+	+	+	o	o	o	+	+	+	o	+	+	+	+	+
	Erhöhung des Absatzes (kurzfristig)	+	+	+	+	o	o	o	+	+	+	o	+	+	+	+	+
	Erhöhung des Absatzes (langfristig)	×	×	o	o	o	o	o	×	×	×	+	×	o	o	o	+
	Verbesserung der Produktprofilierung Abgrenzung vom Wettbewerb	o	o	o	o	o	o	o	o	o	o	o	o	o	o	o	o
	Verdrängung von Wettbewerbern	o	o	+	+	+	+	+	+	+	+	+	+	+	+	+	+
Pull-Ziele	Gewinnung neuer Käufer	+	+	+	+	o	o	o	+	+	+	o	+	+	+	+	+
	Bindung der Wechselkäufer	×	×	o	×	o	o	o	o	o	o	+	o	o	o	o	×
	Bevorratung bei Stammkäufern	+	+	o	+	o	o	o	o	o	o	+	×	×	×	×	×
	Ansprache bestimmter und/oder neuer Zielgruppen	o	o	o	o	+	+	+	+	+	o	o	o	+	o	o	o
	Unterstützung der Preispolitik/-pflege	×	o	×	×	×	×	×	o	o	×	×	o	o	o	o	o
	Verbesserung des Image	×	×	×	o	o	o	o	o	o	o	o	o	+	o	+	+

Abb. 44: Uplift-Hebel nach Zielstellung. (Grafik: Jessica Reinbold, ReinboldRost)

3. Schnell muss es gehen & irre muss es machen

Volle Gänge, große Produkt-Diversität, bunte Regale: Im LEH kommen wir mit subtiler Kommunikation nicht weiter. Hier gilt vielmehr das Motto: The bigger the better! Denn auch am PoS haben wir gerade mal drei Sekunden (!) Zeit, unsere Botschaft in das Herz und in den Kopf unserer Zielgruppe zu bringen. Dazu müssen wir sowohl das Bewusstsein als auch das Unbewusstsein des Shoppers ansteuern – sobald er das Supermarktgelände betritt:

- Ein Bild sagt mehr als tausend Worte. Um möglichst effektiv zu kommunizieren, bedienen sich Werbeverantwortliche substanzieller Erkenntnisse aus der Hirnforschung. Von dieser wissen wir, dass Bilder sechzigtausend mal schneller verarbeitet werden können als Texte und sich der Mensch nur an etwa 20 Prozent der gelesenen Inhalte erinnert. Kurzum: Visuelle Botschaften sind klar überlegen. Denn Zeit ist knapp am POS.
- Emotion schlägt Ratio. Ebenso wissen wir, dass der Einfluss von Emotionen auf unsere Entscheidungen überwiegend unbewusst erfolgt. Es geht also auch am POS vor allem um die Experience mit einer Marke, einem Produkt sowie um das Einkaufserlebnis selbst. Noch immer stellt sich der Shopper unbewusst als erstes die Frage: »What's in for me?«
- Laut und bunt. Markenartikler setzen häufig auf Streichpreise, Gewinnspiele und andere direkte Mehrwerte, die den Shopper nahezu anschreien, sei es auf der Verpackung, dem Display oder über das Instore-Radio. Das Ziel: Im Moment der Kaufentscheidung will und muss man klar aus dem Wettbewerb herauszustechen. Das ist bei immer mehr Marken in derselben Kategorie und bei immer weniger eindeutig formulierten USPs (einzigartige Nutzenversprechen) der einzelnen Produkte eine gute Methode – und vor allem eine effektive!

Fazit: Der Zweck heiligt die Mittel? Nein, ganz so einfach ist es natürlich nicht. Aber wenn die Beeinflussung durch die Marke dem Shopper wertvolle Orientierung und echte Hilfestellung bietet, liegt das voll und ganz in seinem Interesse. Und das zahlt sich dann auch für Handel und Industrie aus – eine Win-Win-Win-Situation. In diesem Sinne: Beeinflussen und begeistern Sie Ihre Kunden – jeden Tag aufs Neue!

6.5 Patrick Lindner (Brandcom) – Employer Branding. Wenn Menschen zu Marken werden

Patrick Lindner

ist Co-Founder der Agentur Brandcom Essen. Als Senior Expert Konzept und Strategie erarbeitet der gelernte Texter für seine Kunden Markenpositionierungen, Kommunikationsstrategien und Kreativkonzepte und begleitet deren Umsetzung. Der Fokus liegt dabei auf digitalen Kanälen. Besonders wichtig ist ihm, dass die von ihm betreuten Marken in ihrer Positionierung und Kommunikation nicht nur inhaltlich überzeugen, sondern auch begeistern. Und das unabhängig davon, ob es sich um B2B- oder B2C-Marken, inhabergeführte Mittelstandskunden oder Konzernmarken handelt.

Vorwort: Wie ich Manipulation verstehe.
Bevor wir uns dem aktuellen Trend in der Employer-Branding-Kommunikation am Erfolgsbeispiel Hotel Sacher Salzburg widmen, möchte ich mein persönliches Begriffsverständnis von Manipulation sowie einige grundlegende Aspekte der Employer-Branding-Kommunikation vermitteln.

Der Begriff Manipulation stammt aus dem Lateinischen und ist »eine Zusammensetzung aus *manus*, Hand, und *plere*, füllen; wörtlich ›eine Handvoll (haben)‹, ›etwas in der Hand haben‹« (https://de.wikipedia.org/wiki/Manipulation). Das klingt erst einmal negativ, drückt es doch eine Art Machtverhältnis aus. Person A versucht, Person B zu einer bestimmten Handlung oder Sichtweise zu bewegen, ohne dass dies offensichtlich wäre oder, schlimmer noch, ohne dass man sich dagegen wehren könne. Und so ist der Begriff Manipulation in der Öffentlichkeit auch überwiegend negativ besetzt.

Ich empfinde den Begriff Manipulation per se nicht als negativ. Jede politische Rede im Bundestag ist der Versuch einer Manipulation. Jeder Flirt an einer Bar ebenso. Man versucht, andere für sich selbst einzunehmen und sie von etwas zu überzeugen und für etwas zu begeistern. Insofern ist natürlich auch jede Form von Markenkommunikation der Versuch einer Manipulation. Und das sehe ich grundsätzlich neutral. Nein, eigentlich sehe ich es äußerst positiv. Denn erstens mache ich mein ganzes Berufsleben lang Markenkommunikation. Und zweitens ist das Beispiel, von dem ich hier erzählen möchte, eines der großen Highlights meines Berufslebens.

Employer-Branding-Kommunikation – Nie war sie so wichtig wie heute.
Die Suche nach qualifizierten und passenden Mitarbeitern ist für nahezu alle Unternehmen heutzutage eine der zentralen Herausforderungen. Unabhängig von der Branche, der Unternehmensgröße, der Markenbekanntheit – der Fachkräftemangel bedroht die wirtschaftliche Stabilität und Wettbewerbsfähigkeit nahezu aller Unternehmen. Selbst die durch die Coronapandemie personell stark gebeutelte Gastronomie stellt bei Weitem keinen Einzelfall dar. Umso wichtiger sind die Suche nach neuen Talenten und Mitarbeitenden sowie das Binden und Fördern derer, die bereits im Unternehmen beschäftigt sind.

Employer-Branding-Kommunikation, die Aufmerksamkeit bei den gesuchten Mitarbeitenden erzielt, die das eigene Unternehmen als den attraktivsten Arbeitgeber positioniert und möglichst viele Interessenten zur Bewerbung aktiviert, ist also das Gebot der Stunde für alle Marken, die auch in Zukunft erfolgreich sein wollen.

Was macht Employer-Branding-Kommunikation erfolgreich?
Sie muss kreativ sein, klar. Das muss schließlich jede gute werbliche Kommunikation. Exakt muss sie sein, also punktgenau auf die eigene Positionierung einzahlen und klar definierte Zielgruppen erreichen. Aber vor allem muss sie eins sein: authentisch. Schließlich leben wir im Zeitalter der nahezu totalen Transparenz. Jeder, der einen neuen Job sucht oder den Berufseinstieg plant, kann sich im Netz ein Bild seines potenziellen Arbeitgebers machen. Da helfen leere Versprechungen und Hochglanzbilder auf der Unternehmenshomepage wenig, wenn die Bewertungen bei Kununu und Co. ein ganz anderes Bild vermitteln.

Es geht also um Authentizität. Um Ehrlichkeit. Um Aufrichtigkeit. Und gleichzeitig immer noch um (möglichst erfolgreiche) Manipulation. Aber wie bekommt man als Unternehmen diesen scheinbar unmöglichen Spagat hin? Die Antwort ist zwar wenig originell, aber umso effektiver, zumindest bei wirklich gut gemachter Employer-Branding-Kommunikation: Das beste Argument im Kampf um neue Mitarbeitende sind die eigenen Mitarbeiterinnen und Mitarbeiter! Wie erfolgreich das sein kann, schauen wir uns jetzt am Beispiel Hotel Sacher an.

Manipulation, Teil 1: Wie Marken ihre Mitarbeitenden manipulieren.
Dass auch Marken, die weltweit bekannt und seit vielen Generationen erfolgreich sind, nicht vom Fachkräftemangel verschont bleiben, hat das Hotel Sacher auf schmerzhafte Weise zu spüren bekommen. Und so hatten wir das Privileg, für diese weltberühmte und traditionsreiche Hotelmarke eine Employer-Branding-Kampagne für das Hotel Sacher Salzburg zu gestalten und umsetzen zu dürfen, vom ersten Workshop bis zur fertigen Employer-Branding-Homepage.

Nachdem klar war, dass wir eine Kampagne zur Gewinnung neuer Mitarbeitender machen würden, war als gemeinsames Ziel ebenso schnell klar: Die Belegschaft des Hotels sollte darin die zentrale Rolle übernehmen. Und das nicht nur als bloßes Gesicht des Sacher nach außen, sondern auch als inhaltliche Botschafter der Marke, der Chancen und Möglichkeiten und der Attraktivität der Jobs. Warum? Weil niemand so authentisch und glaubwürdig über eine Marke sprechen kann wie die eigenen Kolleginnen und Kollegen. Allerdings zeigt sich, wählt man eine solche Strategie, dann auch sehr schnell, wie es um die Unternehmenskultur bestellt ist. Wenn Mitarbeitende sich an ihrem Arbeitsplatz nicht wohlfühlen, nicht genug Wertschätzung erfahren, keine individuellen Entwicklungs- und Karrierepläne verfolgen können, ihre Arbeit als nicht sinnstiftend empfinden und in einem starren Hierarchiesystem kein Platz für ihre eigene Persönlichkeit ist, werden sie kaum Motivation empfinden, nach außen für ihr Unternehmen einzustehen.

In unserem konkreten Beispiel war und ist zum Glück das Gegenteil der Fall. In dem traditionsreichen Luxushotel Sacher Salzburg lebt die Marke tatsächlich durch ihre Mitarbeitenden. Sie sind jeden Tag rund um die Uhr zentraler Bestandteil der Customer Journey. Sie lassen die Markenwerte in jedem Kundenkontakt hochleben, sie schaffen dieses einzigartige Sacher-Erlebnis.

»Wie Marken uns lieben und lenken, wie Unternehmen uns verstehen und verführen« lautet der Untertitel dieses Buches. Im Fall des Sacher gilt das ganz sicher und beginnt im Unternehmen selbst. Die Mitarbeitenden werden aufrichtig geliebt. Vom Management. Von den Inhabern. Das spüren sie in ihrer täglichen Arbeit und geben es mit riesiger Motivation und unglaublich positiver Energie zurück. Insofern hielt und hält sich der Aufwand, die Mitarbeitenden in Richtung Employer Branding zu lenken, in sehr überschaubaren Grenzen.

Was hat das Management, nachdem wir die Employer-Branding-Strategie erarbeitet hatten, konkret getan? Es hat die Mitarbeitenden ganz offen über den akuten Personalmangel im Servicebereich informiert und sie haben transparent die Ziele definiert: 60 neue KollegInnen sollten bis Ende des Jahres ins Team geholt werden. Unsere Agentur hat ergänzend die Kampagnenidee und die Rollen der Mitarbeitenden in der Kampagne erläutert.

Die Manipulation bestand hier darin, dass das Sacher-Management seine Mitarbeitenden von deren zentraler Rolle innerhalb der Employer-Branding-Kampagne überzeugen wollte und ihnen klar vermittelt hat, dass sie der zentrale Schlüssel zum Erfolg der Kampagne sind. Wie gut diese Manipulation angenommen wurde, sah man daran, dass sich mehr Kolleginnen und Kollegen für die Teilnahme an der Kampagne beworben haben, als tatsächlich zum Einsatz kommen konnten.

Manipulation, Teil 2: Wie Mitarbeitende potenzielle neue Kollegen manipulieren.
Wie aber schaffen es die Mitarbeitenden des Sacher, neue Talente und Kolleginnen so zu manipulieren, dass sie unbedingt dort arbeiten wollen? Zuerst einmal mit den gleichen Mitteln, mit denen sie selbst gelenkt wurden: mit authentischer Offenheit. Mit Transparenz. Natürlich auch mit unvergleichlichem Charme. Und mit einer positiven, direkten Ansprache. Denn das wichtigste Ziel einer guten Employer-Branding-Kampagne ist nicht die Überzeugung durch Fakten. Es ist glaubhafte Begeisterung mit Charme! Ich vergleiche das gerne mit der Situation, in der man seinen Partner, seine Partnerin kennengelernt hat. Da sieht man ja auch nicht eine attraktive Person an der Bar stehen, geht hin und legt ein PowerPoint-Chart mit den zehn wichtigsten Argumenten dafür vor, warum man der ideale Partner ist. Man versucht stattdessen, mit Esprit und Witz die Aufmerksamkeit zu gewinnen, also zu manipulieren. Man will positiv auffallen (der erste Eindruck zählt und für ihn haben wir maximal sieben Sekunden), irritieren (aber mit Charme!), um den Finger wickeln. Die Überzeugung kommt

dann irgendwann später. Beim Employer Branding geschieht das in der Job Description.

Die manipulative Charmeoffensive der Employer-Branding-Kampagne des Sacher Salzburg hat genau das getan: um den Finger wickeln. Und das auf mehreren Ebenen. Da Bewegtbild nun einmal bewegt, ist der Einstieg in die Kampagne ein Episodenfilm, der einen leichten, spielerischen Einblick in den Alltag der Mitarbeitenden des Hotels gibt, verbunden mit einem zum Innehalten und Nachdenken anregenden Statement, das sich direkt an die potenziellen Bewerbenden richtet: »Du bist mehr Sacher, als du denkst!« Und natürlich geht die Charmeoffensive unmittelbar weiter: Mit transparenten Einblicken in ihren Arbeitsalltag zeigen die Mitarbeitenden des Sacher im zweiten Teil des Films, wie ihre Jobs Tag für Tag aussehen. Bei allem und jeder gilt: Authentizität ist Trumpf.

Was die Arbeit im Hotel Sacher sicher von vielen anderen Luxushotels unterscheidet – diese einzigartige Hingabe aller, vom Portier bis zur Managing-Direktorin, die große Lust, immer hundertprozentig für die Gäste und ihre Wünsche da zu sein –, das hat die Charmeoffensive mit unvergesslichen Anekdoten und Storys abgerundet, die die Sacher-Mitarbeitenden mit ihren Gästen erlebt haben. Manipulation in all ihren Facetten? Vermutlich. Aber wie gesagt: Wirklich gute Employer-Branding-Kampagnen sind immer glaubhaft und ehrlich. Sie zeigen es nur auf eine möglichst attraktive und kreative Weise.

Warum Employer-Branding-Kommunikation so gut funktioniert – nach außen und nach innen.
Auch wenn ich nicht bewerten kann, ob die ambitionierte Zahl der 60 neuen Kolleginnen und Kollegen bis Ende des Jahres erreicht werden kann, so ist die Meinung zur Kampagne bei allen Beteiligten einhellig: ein voller Erfolg! Die Inhaber und das Management stehen voll und ganz hinter der authentischen Kampagne, die in der Employer-Branding-Kommunikation des Hotels eine echte Zeitenwende eingeläutet hat. Die Mitarbeitenden sind begeistert von der Einbindung in die Kampagne, weil sie Wertschätzung und Vertrauen zeigt. Weil sie Teilhabe bringt an (Marketing-)Themen, mit denen sie sonst keine oder kaum Berührungspunkte haben. Weil sie die Teamdynamik und das Zusammengehörigkeitsgefühl stärkt. Weil sie stolz macht. Und das ist der beste Nebeneffekt, den eine Employer-Branding-Kampagne haben kann: die Motivation und Loyalisierung der Mitarbeiter und Mitarbeiterinnen, die bereits Teil des Teams sind.

Nachwort: Wie ich Manipulation bewerte.
Ich bewerte Manipulation im Sinne des Wortes positiv. Man versucht, jemand anderen für sich einzunehmen. Wenn allerdings hinter der Manipulation keine wirkliche Substanz, keine glaubhaften Werte und Botschaften zum Vorschein kommen, dann wird

sie nie gelingen können – oder zumindest nicht von Dauer sein. In diesem konkreten Beispiel haben beide Phasen der Manipulation wunderbar funktioniert und niemand hat sich hinterher enttäuscht abgewendet. Es wurden innovative Wege gegangen und diese kreativ verpackt, aber im Kern zeigte es und wurde genutzt, was längst da war: Authentizität, Ehrlichkeit und Transparenz.

6.6 Deborah Schaper – Ein Aufruf an die Branche

Deborah Schaper

schwirrt seit über zehn Jahren in der Marketing Bubble umher. Den Großteil dieser Zeit hat sie im Bereich Strategic Planning als Teil von internationalen Agenturnetzwerken verbracht und dabei für Kunden aus so gut wie jeder Kategorie Narrative auf den Weg gebracht. Als Autorin und Advokatin für eine inklusivere und aufgeweckte Werbewelt hinterfragt sie leidenschaftlich gerne die Regeln der Reklame-Kunst. Seit 2021 hat sie diese Passion professionalisiert und verbindet als Masterstudentin der Universität der Künste diese Gedanken zu einer wissenschaftlich-künstlerischen Praxis.

Manipuliert Werbung oder nervt sie nur noch?
Beruflich bewege ich mich seit über zehn Jahren in der Marketing-Bubble. Die meiste Zeit davon verbrachte ich als Strategin in Werbeagenturen. Immer wieder bringt mich mein Job in die Verlegenheit, mein eigenes Verhältnis von Mensch und Manipulateurin aka Werberin kritisch zu hinterfragen. Deshalb beantworte ich die Frage nach dem Verhältnis von Mensch, Marke und Manipulation nicht nur aus einer beruflichen, sondern auch aus einer persönlichen Perspektive. Als Kind der 1990er-Jahre bin ich mit quasi uneingeschränktem Medienkonsum aufgewachsen. Viele Boomer-Eltern wollten möglicherweise ihren Millennial Kids das ermöglichen, was ihnen selbst verwehrt blieb. Das galt selbstverständlich nicht für alle und war gekoppelt an die wirtschaftlichen und sozialen Möglichkeiten einer Familie. Für viele Menschen in meinem Freundeskreis sowie für meine Gen-Z-Schwester war Werbung, also Manipulation, schon früh Teil unseres Lebens. Wer kann nicht Werbejingle-Klassiker wie den Merci-dass-es-dich-gibt-Song oder den Schunkelhit »Feierabend, wie das duftet. Kräftig, deftig, würzig gut!« der Rügenwalder-Mühle bis heute mitsingen. Doch vor einigen Jahren gab es sie noch, die Werbepausen. Heute hat sich das Verhältnis umgekehrt und eine wirkliche Werbeauszeit haben mindestens die jüngeren Generationen, die extrem digital vernetzt leben, nur noch, wenn sie schlafen. Die Frequenz von Werbemitteln und die Vielzahl von Botschaften erhöhen sich mit jedem Lebensjahr.

In einer Welt, die so voll ist mit vermeintlich manipulativen Werbemitteln, sind Adblocker und werbefreie Premiumangebote immer nur einen Klick entfernt. Wenn wir von Werbung sprechen, denken die meisten Menschen nicht an glorreiche Werbefilme, sondern an die störende Unterbrechung ihrer Content Experience wie die viel zu lauten und nicht selten kontextuell reichlich unpassenden Ansagen, die Super-Sonderpreise oder Ähnliches verkünden. Und weil der Druck, individuell zu sein auf Social Media, noch nicht genug ist, erklärt nahezu jeder Clip, jedes Plakat Menschen in fulminanter Weise, dass diese Marke der Weg zu mehr Authentizität ist. Präsentiert von nicht ganz normschönen, aber immer noch überdurchschnittlich hübschen Gesichtern, die uns sagen wollen: Auch du kannst so besonders sein, wenn du dieses Produkt kaufst. Es wundert mich nicht, dass viele dieser inzwischen erwachsenen gewordenen Generationen das Spiel nicht mehr mitspielen wollen.

Marken, die mitlaufen versus Marken, die mitmachen.
Werbung beziehungsweise Marken nehmen mehr und mehr Raum im bunten Bällebad der popkulturellen Einflüsse ein. Und das stellt Menschen vor ein Problem, denn dieses Bällebad ist so vielfältig, so voll wie nie zuvor. Popkultur ist durch das Internet explodiert und jedes Nischenthema findet seine Fangemeinschaft. Kein Wunder also, dass viele Marken sich an popkulturelle Phänomene und Akteure dranhängen oder ein Teil dieser Kultur werden möchten. Ich mache diese Unterscheidung ganz bewusst, denn nur die wenigsten (großen) Marken schaffen es, als glaubwürdige Akteure der Popkultur anerkannt zu werden. Aber woran liegt das und was hat es mit dem Verhältnis von Mensch, Marke und Manipulation zu tun?

Wenn ein Unternehmen beziehungsweise Marketing-Managerinnen entscheiden, ein popkulturelles Thema zu besetzen, denken viele zunächst an die Kommunikation nach außen und vergessen oder vernachlässigen die Kommunikation innerhalb des Unternehmens. Doch um ein glaubwürdiger Akteur und nicht nur Mitläufer zu werden, muss diese Kultur, die Popkultur, auch Teil der Unternehmenskultur werden. Dieser mikropolitische Verhandlungsprozess innerhalb des Unternehmens geht weit über das Marketingteam hinaus. Das Navigieren zwischen altbewährten Hierarchien kann sich sehr mühsam gestalten, da unterschiedliche Bedeutungsgewebe aufeinandertreffen. Dieser Begriff, geprägt von dem US-amerikanischen Ethnologen Clifford Geertz, begreift Kultur als einen Komplex, als ein selbstgesponnenes Netz unterschiedlichster Codes, Zeichen, also Bedeutungen im weitesten Sinne. Die narrative Projektion der Marke, erdacht und inszeniert von Agenturen, trifft auf die hochgradig subjektiven und vielfältigen Vorstellungen der Mitarbeitenden. Je nachdem, wie heterogen die Verteilung von Generationen, Geschlechtern und Hierarchiestufen ist, kann es Jahre dauern, bis eine Marke diesen kulturellen Wandel durchlaufen hat. Die erfolgreiche Integration einer fremden Subkultur innerhalb eines etablierten Unternehmens scheint sich entsprechend schwieriger zu gestalten als die Neugründung einer Wertegemeinschaft, wie wir es dieser Tage bei vielen Start-ups beobachten, die von Social-Media-Persönlichkeiten gegründet werden.

Manipulation in der Krise.
Während wir in den 1990ern keine Möglichkeit hatten, die Glaubwürdigkeit der manipulativen Akteure und ihrer Taktiken zu hinterfragen, leben wir heute in einer deutlich transparenteren Welt. Spätestens seit der Coronapandemie ist ein grundsätzliches Misstrauen gegenüber öffentlichen Institutionen – Marken, Medienunternehmen oder der Regierung selbst – massentauglich geworden. Umso schwerer wiegt jegliche Form von Betrug oder, anders gesagt, Formen der irreführenden Mittel der Manipulation, die aufgedeckt wurden.

Wenn eine Marke auf Basis von Falschinformationen manipuliert, also zum Beispiel vorgibt, nachhaltiger zu sein, als sie wirklich ist, wird das mit Empörung und Boykottierung geachtet. Beispielhaft für einen solchen Konflikt ist die Übernahme der Haferdrink-Marke Oatly durch den Investor Blackstone. Die Marke war seit ihrem Relaunch stets mit einem klaren Messaging à la »Gemeinsam machen wir die Welt besser« aufgetreten. Dass dann plötzlich ein milliardenschwerer Investor, der unter anderem aus Unternehmen besteht, die für Abholzung des Regenwaldes mitverantwortlich sind, hinter dieser Challenger Brand steht, ist für die wenigsten der treuen Hafermilchfans eine nachvollziehbare Entscheidung.

Ähnlich drastisch fiel das Urteil beim Tausendsassa Fynn Kliemann aus. Alles fing an mit dem Kliemannsland, ein alter Bauernhof, der als Zufluchtsort für jene gelten sollte, die sich so fühlen, als würden sie nicht reinpassen in diese Welt. Weiter ging seine steile Karriere mit diversen Firmengründungen, unter anderem dem nachhaltigen Klamottenlabel ODERSO, dessen Produktion er zu Beginn der Pandemie von Hoodies auf Masken umstellte und diese als »Fair Product« aus Portugal verkaufte. Wie die Satireshow ZDF Magazin Royale aufdeckte, waren viele der verkauften Masken nicht fair in Portugal, sondern unter bekannt unfairen Bedingungen in Vietnam produziert worden.

Der Fall Kliemann ist ein Sinnbild dafür, dass Manipulation im ursprünglichen Sinne, also ein undurchschaubares, listiges Vorgehen zur Maximierung der wirtschaftlichen Vorteile, die Fronten zwischen Menschen und Marken weiter verhärtet. Fynn war der Letzte, von dem seine Follower und Followerinnen – man könnte auch sagen Kunden und Kundinnen – Manipulation erwartet haben. Sie empfanden dabei zwar ganz klar Enttäuschung gegenüber der konkreten Person Fynn Kliemann, eigentlich galt ihre Entrüstung aber einem größeren gesellschaftlichen Problem: der Tatsache, dass sie ihn als guten, vertrauenswürdigen Menschen und nicht als manipulativen, unternehmerisch denkenden Medienunternehmer gesehen haben. Die Krise, in der wir aktuell als Gesellschaft stecken und die oft – und damit nicht ganzheitlich – an personengebundenen Diskursen ausgetragen wird, stellt für mich eine grundsätzliche Verhandlung von Wertesystemen einer digitalen, einer Cyborg Society dar.

Das neue Gleichgewicht im Machtgemenge Mensch – Marke – Manipulation.
Wir leben in einer Zeit, in der Dynamiken zwischen Mensch, Marke und Manipulation neu gemischt werden. Die Rolle beziehungsweise das Image der Wirtschaft und ihrer Akteure und Akteurinnen ist in diesem Machtgemenge keineswegs trivial. Die neue Transparenz, die Content Creator im Rahmen ihrer Instagram-Kooperationen bereit sind einzugehen, indem sie zum Beispiel Details zu den Kooperationsbedingungen als Teil der Werbung einbauen oder Werbung auch als solche kennzeichnen, ändert die grundsätzlichen (Antriebs-)Kräfte im Manipulationsgemenge der Branche. Fynn Kliemann und Oatly sind nur zwei von vielen Beispielen dafür, dass die Art und Weise, wie Marken Menschen manipulieren, sich ändern muss.

- Weg von intransparenter Taschenspielerei hin zu einer Welt, in der Marken und Menschen auf Augenhöhe kommunizieren.
- Weg vom Aufkaufen und der Kommerzialisierung popkultureller Bewegungen hin zu Unternehmen, die sich und ihre Mitarbeitenden als Teil dieser Kultur begreifen und damit auch Verantwortung für selbige übernehmen wollen.
- Weg vom Anspruch auf Linearität hin zu einem flexiblen, intuitiven Navigieren durch das Bedeutungsgewebe der Zielgruppe. Das bedeutet, die Zeichen und Codes der Menschen, die wir erreichen wollen, nicht nur im Rahmen einer Kampagne zu imitieren, sondern in Kontakt zu bleiben mit dem, was im Leben der Menschen passiert und in enger Zusammenarbeit mit den subkulturellen Detektiven aka den Agenturen neu auszutarieren, welche Art der Kommunikation in diesem Moment angebracht ist.

6.7 Kleines Resümee

Als Autorin dieses Buches möchte ich noch einmal zusammenfassend betonen: Marken und Marketing liegen im Auge der Betrachtenden. Und auch die Manipulation ist fast ausnahmslos eine Auslegungssache. Allein der Begriff schlägt hohe Wellen. Will doch kein Mensch (offensichtlich) manipuliert werden, will kein Mensch Manipulator sein, keine Managerin zugeben zu manipulieren. So kommt es zum interpretativen Einsatz von Wortalternativen wie Beeinflussung und Lenkung, Verführung und Verlockung oder Überredung und Überzeugung – nur um das allzu böse Wort Manipulation zu vermeiden.

Mein Statement ist klar: Gehen wir Manipulation produktiv und konstruktiv an! Nutzen wir die Chancen und das Potenzial für Marketing und Marke, um Menschen wertschätzend und ziel(gruppen)gerichtet von unseren Produkten zu überzeugen – denn das ist Aufgabe und Ziel aller Marketingaktivitäten: dass Menschen einer Marke glauben, sie lieben, ihr treu sind – und sie kaufen. Daher fasst das folgende Kapitel noch einmal zusammen, wie man mit Manipulation am besten umzugehen hat.

7 Die DOs & DON'Ts der Manipulation. Ein Kapitel nur für Manager.

Es hilft alles nichts, leugnen ist zwecklos. Marketing will manipulieren. Und Marketing kann manipulieren. Verschwenden Sie also keine Zeit und keine Nerven mit dem Vertuschen von Beeinflussungsabsichten. Geben Sie offen zu, dass Sie Menschen manipulieren, sie zum Wohle aller und im positiven Sinne beeinflussen wollen.

Fassen wir daher die Stellhebel eines Marketings zusammen, das Menschen zu beeinflussen versucht, um Menschen zum Vorteil zu gerieren.

MENSCH

Menschen wollen Manipulation. Menschen haben nichts gegen Manipulation – wenn sie dadurch Marken kennenlernen, die ihnen Vorteile bringen, die sie verstehen und ernst nehmen, ihnen entgegenkommen und sie in ihren Bedürfnissen begleiten.

Menschen treibt Konsum. Menschen identifizieren sich mit Marken und positionieren sich durch Marken. »Ich konsumiere, also bin ich« zeigt Konsum als Antrieb und Daseinsberechtigung zugleich.

Menschen sind echt und ideal. Marken missionieren das wirkliche Ich des Menschen, damit man der sein kann, der man wirklich ist. Marken adressieren das angestrebte Ich jedes Menschen, damit man die sein kann, die man sein will.

Menschen erhöhen sich mit Marken. Menschen haben Wünsche. Menschen haben Probleme. Marken haben Funktionen. Marken lösen Probleme, manchmal auch Egoprobleme. Menschen erheben sich mit Marken über Mitmenschen.

Menschen wollen Marken mit Feuer. Menschen wollen von Marken entflammt und entfesselt werden. Marken, die Menschen kalt lassen, sind austauschbar. Marken, die Menschen mitreißen und ihr Innerstes berühren, sind unverzichtbar.

Menschen lieben Marken mit Geschichte(n). Menschen wollen keine Werbung. Menschen lieben Geschichten. Sie wollen mit Inhalten unterhalten werden, die ihre eigenen Probleme aufgreifen und ihnen konkrete Lösungen bieten.

Menschen brauchen Marken mit Gleichgewicht. Menschen lieben Marken. Das gute Gefühl beim Kauf einer Marke weicht allerdings oft dem schlechten Gewissen nach dem Kauf. Die gleichgewichtige Glückseligkeit beim Kauf weicht dem ungleichgewichtig-schlechten Gewissen. Ist dies Gleichgewicht gestört, haben Marken ein Problem.

7 Die DOs & DON'Ts der Manipulation. Ein Kapitel nur für Manager.

Menschen (er-)leben Marken. Marken müssen Menschen aufspüren und nachspüren. Wo, wann und wie Marken mit Menschen in Kontakt treten, entscheidet darüber, ob man mit Marken ein Wow oder eben nur ein Lau erlebt.

Menschen beeinflussen Marken. Menschen haben Einfluss auf Marken, darauf, wie diese sich entwickeln, ob sie Erfolge feiern können. Menschen entscheiden über Wohl und Wehe von Marken.

Menschen suchen Partner. Marken sind wie Partner. Es gibt Lebensphasen, die langfristiger Bindungen bedürfen und solche, in denen One-Night-Stands völlig ausreichen. Doch wäre eine Partnerschaft fürs Leben und ein Freund, auf den Verlass ist, nicht das Beste? Für Menschen. Für Marken.

MARKE
Marken brauchen Menschen. Marken haben dank Menschen Erfolg. Ohne Menschen keine Marken. Marken sollten sich also bitte nie zu wichtig nehmen, sondern sich auf all die konzentrieren, die für ihre Existenzberechtigung sorgen.

Marken benötigen Tiefgang. Menschen sind wichtig(er als Marken). Motive für Marken finden sich in der Tiefe der menschlichen Psyche, nicht an deren Oberfläche. Insights sind der Trigger zu allem, was unter der menschlichen Oberfläche gärt. Wo sich Bewusstsein und Unterbewusstsein als Manipulatoren anbieten, muss das Bewusste offen aktiviert und das Unterbewusste subtil motiviert werden.

Marken zeigen Gefühle. Marken allein durch Fakten zu verkaufen, reicht nicht. Marken brauchen Emotionen. Echte Marken ohne echte Gefühle gibt es nicht.

Marken mit Persönlichkeit. Marken mit Emotionen zeigen Tiefgang. Marken mit Charakter zeigen klare Kante. Marken mit Persönlichkeit werden als Weg-Gefährten akzeptiert. Marken, die Stärken (und manchmal auch Schwächen) zeigen, werden respektiert.

Marken beeindrucken Menschen. Ausnahmslos alle Marken haben Starpotenzial. Selbst rationale Marken können scheinbar noch so vernunftgetriebene Menschen verführen. Das subtil-verführerische Casanovapotenzial von Marken ist eher unter der Oberfläche zu finden.

Marken sind Schauspieler. Marken müssen sich gekonnt in Szene setzen. Kontext und Hintergrund der Markeninszenierung entscheiden über das Markenerleben. Das richtige Wort und das passende Bild setzen Marken ins rechte Licht.

Marken sind lehrreich. Menschen lernen von Marken. Die Marke als allwissende Lehrerin. Der Mensch als wissbegieriger Schüler. Marken als erfahrene Vorbilder, an denen Mensch sich ein Beispiel nehmen kann und will.

Marken bestreiten Marathons. Menschen verstehen und Marken entwickeln ist ein nicht enden wollender Langstreckenlauf. Menschen und Motive sind wandelbar, agil und fragil. Viele Bedürfnisse von heute sind morgen bereits passé.

MANIPULATION
Manipulation Sinn geben. Marketing will manipulieren. Marketing kann manipulieren. Aber bitte immer im Sinne der Marke und ausnahmslos zum Vorteil von Menschen. Nur dann wird aus Manipulation etwas Positives und aus Marken etwas Nützliches.

Manipulation enthüllen. Nicht alle Menschen wissen, dass und wie sie manipuliert werden. Aber sie spüren es. Menschen merken, wenn Marken versuchen, ihnen (zu) nahezukommen. Manipulationsversuche zu vertuschen ist daher sinnlos.

Manipulation als Dauerbrenner. Manipulation goes digital. Marken können Menschen 24/7 begleiten. Marken können Menschen ohne Unterlass und Unterbrechung beistehen, sie unterstützen, sie mit Informationen versorgen oder ihnen einfach nur Abwechslung bieten.

Manipulation als Dreiklang. Die drei Musketiere Hirn, Herz und Hand sind untrennbar. Nur auf einen Helden zu setzen ist sinnlos. Erst das Verknüpfen von Denken, Fühlen und Handeln macht Manipulation möglich und vollendet.

Manipulation mit Herz. Das Rationale zu überschätzen und das Emotionale zu unterschätzen ist ein Kardinalfehler. Marketing funktioniert nicht allein über Fakten, sondern immer auch über die Ansprache der Gefühlsebenen. Die Symbiose von Hirn und Herz macht Manipulation aus – Emotionen, die im Kopf ent- und bestehen.

Manipulation folgt Begierde. Die Gier nach Neuem, die Lust auf Abwechslung treibt Menschen zu Marken. Begierden machen Menschen Marken hörig – und öffnen der Manipulation Tore.

Manipulation ist aufwendig. Product. Promotion. Price. Placement brauchen ein weiteres P: Psychologie. Die vier klassischen Ps aus dem Marketing-Mix reichen nicht aus, um das Menschliche zu fassen.

Manipulation nutzt Forschung. Marktforschung durchleuchtet Menschen für Marken. Marken müssen forschen. Sie erforschen, wie Menschen fühlen und funktionieren.

7 Die DOs & DON'Ts der Manipulation. Ein Kapitel nur für Manager.

Manipulation durch Personifizierung. Menschen werden von innen nach außen kehrt, durch Insights detailliert auf den Punkt gebracht. Die Persona dient dabei als größter gemeinsamer Nenner und Verbündete des Marketings.

Manipulation durch Personen. Menschen hören auf Menschen, nicht auf Marken. Influencer sind das trojanische Pferd zur Aufmerksamkeit und dringen bis ins Innerste von Menschen vor.

Menschen mit Marketing zu manipulieren, kann das erklärte Ziel des Managements sein. Das sollte nicht von vornherein und ohne Hinterfragen verteufelt werden. Denn Marketing ist vielleicht nicht lebensnotwendig für Menschen – aber für die Marke. Und Marken und Marketing dienen Menschen, sie helfen ihnen durch den Alltag, versüßen ihnen die Höhen und entschädigen sie für die Tiefen des Lebens. Ohne Marketing und Marken wäre das Leben also eventuell doch (noch) etwas weniger leicht.

Diese Checkliste und das gesamte Buch dienen allein als Guideline für Marken und Markenmanagerinnen, die Menschen etwas Gutes wollen – und nicht für Marken oder Marketers, die Menschen zu Überflüssigem, für sie im wahrsten Sinne Nutzlosem überreden wollen.

8 FAZIT für MENSCHEN und MANAGER. Mensch und Manager lernen nie aus.

MENSCH trifft MARKE – ein psychologisches Plädoyer für die Marke.
Werbung? Bleib mir weg damit. Marketing? Bloß nicht. Marken? Komplett überschätzt, alles nur Werbe-Blabla. Das Marketing hat es nicht leicht. Menschen machen es ihm schwer. Und doch kann sich kaum ein Mensch Marken komplett entziehen, hat doch jeder mindestens eine Lieblingsmarke, eine Love Brand. Sei es das unverzichtbare Auto, die Schokolade mit dem zartesten Schmelz oder der unvergleichliche Turnschuh. Marketing und Marken wollen also nicht nur an unseren Geldbeutel, sie wollen noch viel mehr. Sie wollen Menschen voll und ganz im Sturm erobern, wie ein heißblütiger Geliebter. Und dieses liebestolle Gegenüber hat einige Waffen im Gepäck – »weiche« Waffen, die Menschen mürbe machen sollen. Mal zu unserem, mal zu ihrem Nutzen. Denn zweifellos gibt es solche und solche Marken – Marken, die Menschen wirklich von Nutzen sind, und Marken, die im Grund genommen zu nichts nutze sind. Beide aber wollen uns Menschen mit allerlei werberischen Kniffen und mit zunehmend psychologischer Raffinesse für sich einnehmen. Diesen Kniffen und Waffen ist man aber nicht komplett ausgeliefert. Erkennt und kennt man die Mechanismen (möglicher) Manipulation, kann man sich entspannt und gespannt zugleich auf dieses Spielchen einlassen. Man selbst hat es in der Hand, welche Marke man an sich heranlässt. Marken, die Vorteile und Mehrwert bringen oder die einfach nur jede Menge Spaß machen, lassen wir die (versuchte bis bemühte) Beeinflussung durchgehen. Wir lassen uns gerne auf sie ein. Marken, die nur so tun, als ob sie uns unterstützen wollen, Marken ohne glaubhafte Existenzberechtigung zeigen wir die rote Karte und die kalte Schulter.

Gehen wir also selbstbewusst auf Marken zu. Lassen wir Marken, die uns bereichern, an unserem Leben teilhaben. Und verbannen wir Marken, die für uns und den Rest der Welt keinen Sinn haben und die sich an uns nur bereichern wollen.

MANAGER trifft MENSCH – ein Marketing-Plädoyer für die Psychologie.
Was müssen Markenmanagerinnen mitbringen, um gut zu performen? BWL-Kenntnisse, natürlich. Die vier 4 P des Marketing, auf jeden Fall. Aber das war es noch lange nicht. Denn neben den klassischen Management Skills gehört zu einer wirklich smarten Markenmanagerin eine gehörige Portion Neugier sowie Empathie. Hungrig nach Neuem, was Menschen und Marken angeht, lechzend nach menschlichen Motiven, die Marken beantworten und unersättlich nach Wünschen von Menschen, die Marken aufgreifen können – das kennzeichnet in Zukunft herausragendes Markenmanagement. Allerdings kann Neugier nicht angelesen werden – entweder Manager hat sie oder nicht. Echtes Interesse an Menschen kann nicht gelernt werden. Und ein tiefgehendes Einfühlungsvermögen kann nicht antrainiert werden. Das unterscheidet gutes von exzellentem Markenmanagement. Denn Menschen verstehen heißt Zielgruppen

kennenlernen zu wollen, das zeichnet gelungene Markenführung aus. Damit Marken Menschen nicht nur erreichen, sondern diese begeistern, fesseln und nicht mehr loslassen, muss das Marketing- und Markenmanagement versuchen zu verstehen, was im Kopf der Menschen vorgeht, was aus Sicht von Menschen Marken einzigartig, begehrlich und unverzichtbar macht. Manchmal wissen Menschen allerdings nicht, was genau sie wollen, was sie glücklich macht oder dass sie überhaupt etwas brauchen. Starke Marken, die im Hirn und im Herz von Menschen ankommen, erkennen noch vor dem Menschen dessen Bedürfnisse. Clevere Marken, die sich ihren Platz in Kopf und Bauch erobern, bauen nicht mehr allein auf Marketingkompetenzen und PR-Knowhow. Sie gehen einen deutlichen und mutigen Schritt weiter, wagen sich in eher unbekannte Sphären und flirten intensivst mit einer ihr noch eher unbekannten Geliebten, der Psychologie. Sie hat längst erkannt, dass Emotionen Entscheidungen treiben, dass Emotionen Menschen lenken und dass Emotionen oft stärker sind als jede Vernunft, wenn es um Marken geht. Denn Marken sind Emotion pur. Das Rationale wird selbst von Marketingprofis allzu häufig überschätzt. Menschen denken und bedenken zwar alle Vor- und Nachteile von Marken, ihr Hirn ist zum Denken ausgelegt, letztlich aber arbeitet es vor allem assoziativ – in Bildern und Vorstellungen von Marken –, interpretativ – der wahre Wert einer Marke liegt im Auge des Betrachters – sowie, ganz entscheidend, selektiv – Menschen nehmen nur Marken auf ihren Radar, die für sie irgendeine Bedeutung haben. Das alles führt dazu, dass Menschen meist eben nicht rational, sondern emotional handeln. Selbst wenn das ihnen oft gar nicht bewusst ist beziehungsweise sie sich ihre Emotionalität und die entsprechenden Bauchentscheidungen schlichtweg nicht eingestehen wollen. Emotionen und das Unterbewusstsein sind die Regenten der Entscheidung für und gegen Marken. Daher bekommen Menschen häufig nicht mit, was diese Herrschenden vorhaben und mit ihnen machen. So trifft Marketing auf Psychologie, treffen Zahlen und Fakten auf Emotionen und Motive. Marken und Managerinnen, die die Menschen wahrhaft kennen wollen, bedienen sich der Werbepsychologie. Marketing und Psychologie als Team bilden das Grundgerüst für die beschriebenen Stellhebel als Mechanismen möglicher Manipulation. Marketing und Psychologie gehen nicht der Sache, sondern dem Menschen auf den Grund. Zusammen finden sie nicht nur irgendeinen, sondern exakt den einen Grund, warum und wie Marken bei Menschen ankommen. Mit diesem Rüstzeug sollte das Beeinflussen von Menschen im Sinne und zum Vorteil von Marke und Mensch ein Leichtes sein.

Ein großes Aber zum Schluss, das aus MENSCHEN-Sicht nicht diskutabel sein sollte: Verschwenden Sie als Markenmanager und als Markenverantwortliche ihr Können und ihr Kennen nicht an Marken, die niemand will und niemand braucht, an Marken, die sich Menschen aufdrängen und nur den eigenen Vorteil sehen. Denn Menschen erkennen, wer es ernst mit ihnen meint. Menschen begehren Marken, die nicht nur Sinn machen, sondern einen Sinn haben. Nur so kommen Mensch, Marke und Marketing mit Sinn, Verstand und gegenseitigem Verständnis auf lange Sicht zusammen.

Die Autorin

Prof. Dr. Meike Terstiege ist selbstständige Marketingberaterin und -trainerin. Als @DOCMARKETEER berät sie Unternehmen zu strategischem Marketing, zur Auswahl und Steuerung von Agenturen sowie zu Campus Recruiting und Hochschulmarketing. Sie hat eine Professur für Digital Marketing an der International School of Management (ISM) und ist Herausgeberin und (Co-)Autorin mehrerer Fachartikel und -bücher (u. a. »Effiziente Marketingkommunikation«, »Digitales Marketing«, »KI in Marketing und Sales«, »Marketing Automation« und »Diversität in Marketing und Sales«). Ihre Beiträge wurden in Fachmagazinen wie Handelsblatt Online, New Business, Markenartikel und Horizont veröffentlicht. Als Mitglied des Vorstands der Account Planning Group Deutschland sowie als Beirätin und Mitglied verschiedener Werbejurys ist ihr Schwerpunkt die strategische Markenkommunikation. Zuvor studierte sie Wirtschaftspsychologie an der Universität Mannheim, promovierte berufsbegleitend am Marketinglehrstuhl der TU Dortmund mit summa cum laude und war im strategischen Marketing in Führungspositionen auf Unternehmensseite (Henkel, Generali Holding und Allied Domecq) sowie auf Agenturseite (BBDO, Ogilvy, McCann und Edelman) tätig.

Literaturverzeichnis

Tanja Zweigle

Bauer, Florian & Koth, Hardy (2014). Der unvernünftige Kunde. Mit Behavioral Economics irrationale Entscheidungen verstehen und beeinflussen. Redline Verlag.

Esch, Franz-Rudolf (2017). Strategie und Technik der Markenführung, 9. Aufl. Vahlen Verlag.

Gigerenzer, Gerd (2008). Bauchentscheidungen. Die Intelligenz des Unbewussten und die Macht der Intuition. 12. Aufl. Goldmann Verlag.

Gutjahr, Gert (2015). Im Kopf der Konsumenten. Markenforschung mit impliziten Ansätzen., in: Research & Results 5/2015, S. 30–31.

Kahneman, Daniel (2012). Schnelles Denken, langsames Denken. Siedler Verlag.

Perrey, Jesko & Meyer, Thomas (2010). Mega-Macht Marke. Erfolg messen, machen, managen, 3. Aufl. Redline Verlag.

Markus Küppers

Küppers, M., Schenkel, C., Spitzer, O. (2021). How To Kill Your Brand: Das innere Kind als Erfolgsgrundlage für emotionale Marken und Kommunikation. Haufe Fachbuch (Taschenbuch).

Nørretranders, T. (1998): The User Illusion – Cutting Consciousness Down to Size. Penguin Books.

Meike Terstiege

Aaker, J. L. (1997): Dimensions of Brand Personality, in: Journal of Marketing Research, 34 (August), S. 347–356.

Ajzen, I. & Madden, T.J. (1986): Prediction of goal-directed behavior: attitudes, intentions and perceived behavior control. Journal of Experimental Social Psychology 22, S. 453–474.

Albrecht, R. (2017): Die große Verführungskraft von Marken, in: https://www.welt.de/wirtschaft/bilanz/article163586364/Die-grosse-Verfuehrungskraft-von-Marken.html, abgerufen am 10.07.2022.

Albrecht, R. (2018a): Ein Zeitalter, in dem wir Perfektion kaufen wollen, in: https://www.welt.de/wirtschaft/bilanz/article172360882/Konsumgesellschaft-Ein-Zeitalter-in-dem-alle-perfekt-leben-wollen.html, abgerufen am 15.05.2022.

Albrecht, R. (2018b): Ein Marketing-Unternehmen, das Flügel verleiht, in: https://www.welt.de/wirtschaft/bilanz/article172114087/Red-Bull-Ein-Marketing-Unternehmen-das-Fluegel-verleiht.html, abgerufen am 02.03.2022.

Anonym (2020): Der Einfluss von Priming auf das Konsumentenverhalten. Konzepte und Methoden des Neuromarketings, GRIN.

Austermann, J. (2018): FC Bayern ist deutscher Werbe-Meister – Experte erklärt die Hintergründe, in.: https://www.tz.de/sport/fc-bayern/fc-bayern-muenchen-ist-dank-

29-partner-unternehmen-deutscher-werbemeister-zr-10202819.html, abgerufen am 23.04.2022.

Bagusat, A. & Müller, C. (2008): Markenkommunikation durch Erlebniswelten am Beispiel der BMW-Markenschaufenster. In: Hermanns, Arnold; Ringle, Tanja; Van Overloop, Pascal C. (Hgg.): Handbuch Markenkommunikation. München 2008, S. 313–331.

Barry, T. E. & Howard, D. J. (1990): A Review and Critique of the Hierarchy of Effects Model, International Journal of Advertising, Vol. 9, No. 2.

Bauer, H. H., Mäder, R. & Huber, F. (2002): Markenpersönlichkeit als Determinante der Markenloyalität, in: Zeitschrift für betriebswirtschaftliche Forschung, Ausgabe 12/2022, S. 687–709.

Becker, J. (2019): Die Top- und Flop-Instagram-Werbeposts aus Industrie und Handel im August, in: https://www.lebensmittelzeitung.net/industrie/nachrichten/InfluencerMarketing-Die-Top--und-Flop-Instagram-Werbeposts-aus-Industrie-und-Handel-im-August-142558, abgerufen am 05.05.2022.

Becker, J. (2020): Edeka rührt mit einem Corona-Opa zu Tränen, in: https://www.lebensmittelzeitung.net/handel/nachrichten/Weihnachtsvideo-Edeka-ruehrt-mit-einem-Corona-Opa-zu-Traenen-149879, abgerufen am 21.02.2022.

Bernays, Lukas: Audio Branding. Wenn Marken von sich hören lassen. In: KMU-Magazin. Nr. 3, April 2004, S. 44–47.

Bernecker, M. (2017): Markenbindung – Die emotionale Verbindung zur Marke, in: https://www.marketinginstitut.biz/blog/markenbindung/, abgerufen am 30.03.2022.

Bernecker, M. (2019): Persona – Zielgruppenvertreter definieren und im Unternehmen nutzen, in: https://www.marketinginstitut.biz/blog/persona/, abgerufen am 11.03.2022.

Bernecker, M. (2021): Kundenbindung – So sichern Sie sich Ihren Unternehmenserfolg, in: https://www.marketinginstitut.biz/blog/kundenbindung/, abgerufen am 05.06.2022.

Bernhardt, T. (2021): Wie weit geht Manipulation durch Werbung?, in: https://www.swr3.de/aktuell/fake-news-check/werbung-manipulation-faktencheck-100.html, abgerufen am 14.03.2022.

Birkner, H. (2020): Wie sich die BVG mit Social Listening neu aufgestellt hat, in: https://www.horizont.net/marketing/nachrichten/weilwirdichlieben-wie-sich-die-bvg-mit-social-listening-neu-aufgestellt-hat-185985, abgerufen am 30.05.2022.

Böven, E. (2020): Customer Journey und User Experience in der Anwendungsentwicklung. Die Bedürfnisse von Kunden richtig verstehen, Studylab.

Bondar, A. (2012): Das Marketing von Apple. Analyse und Darstellung neuer versus klassischer Vermarktungsmethoden, München, GRIN Verlag.

BR.de (2016): Werbemethoden, in: https://www.br.de/telekolleg/faecher/psychologie/werbepsychologie104.html, abgerufen am 30.08.2022.

Brecht, K. (2019): Lidl launcht Produktboxen mit Riccardo Simonetti und Co, in: https://www.horizont.net/marketing/nachrichten/InfluencerMarketing-lidl-launcht-produktboxen-mit-riccardo-simonetti-und-co-172347, abgerufen am 30.08.2022.

Breuer, I. (2019: Die Macht der Gefühle, in: https://www.deutschlandfunk.de/die-macht-der-gefuehle-100.html, abgerufen am 30.08.2022.

Businesspunk.de (2017): Das steckt hinter der genialen Kommunikationsstrategie von True Fruits, in: https://www.business-punk.com/2017/02/true-fruits-marketing/, abgerufen am 04.06.2022.

Carrasco, I. (2019): Konsum, in: https://www.planet-wissen.de/gesellschaft/wirtschaft/konsum/index.html, abgerufen am 30.08.2022.

Campillo-Lundbeck, S. (2021): Joko und Klaas machen jetzt »sehr gute Werbespots« für Samsung-Klapphandys, in: https://www.horizont.net/marketing/nachrichten/florida-reklame--cheil-joko-und-klaas-machen-jetzt-sehr-gute-werbespots-fuer-samsung-klapphandys-194658?crefresh=1, abgerufen am 14.06.2022.

Chiozza, Simon (08.12.2020): Werbefails 2020: Diese Shitstorms waren vorprogrammiert, https://marketing.ch/werbefails-2020-diese-shitstorms-waren-vorprogrammiert/, abgerufen am 29.08.2022.

Cio.de (2017): Zalando, Sephora und Otto.de greifen Douglas an, in: https://www.cio.de/a/zalando-sephora-und-otto-de-greifen-douglas-an,3564083, abgerufen am 30.08.2022.

Chlopczyk,, J. (2017): Beyond Storytelling, Springer.

Danne, S. (2015): Love Brands, Linde International, S. 102.

Deimel, K. (1989): Grundlagen des Involvement und Anwendung im Marketing, in: Marketing ZFP, 11. Jg., Heft 3, S. 153–161.

Delers, A. (2018): Das Pareto-Prinzip, Business 50 Minuten.de.

Deutscher Marketingverband.de (2019): Charakterfrage – Warum Persönlichkeit auch in der Markenführung den Unterschied macht, in: https://www.marketingverband.de/fileadmin/content/Schwerpunkte/competence-circles/Markenmanagement/Whitepaper_MarkenM_DMV02_2019_online.pdf, abgerufen am 07.04.2022.

Die-wirtschaft.at (2020): Welche Markenslogans besonders gut hängen bleiben, in: https://www.die-wirtschaft.at/welche-markenslogans-besonders-gut-haengen-bleiben-40251, abgerufen am 15.04.2022.

Diehl, S., Esch, F.-R. & Gawlowski, D. (2009): Markenbindung für das ganze Leben, in: https://www.absatzwirtschaft.de/markenbindung-fuer-das-ganze-leben-207737/, abgerufen am 02.05.2022.

Eberhardt, H. (2019): Neue Markenidentität, neues Logo: Die Transformation der Marke Desigual, in: https://www.absatzwirtschaft.de/neue-markenidentitaet-neues-logo-die-transformation-der-modemarke-desigual-223622/, abgerufen am 13.06.2022.

Fastenmeier, W. (2022): Mit dem SUV kaufe ich mir soziale Anerkennung, in: https://www.deutschlandfunkkultur.de/suv-wolfgang-fastenmeier-100.html, abgerufen am 28.06.2022.

Faust, A. (2022): Günstig wird Grün, https://www.blick.ch/auto/news_n_trends/neues-logo-elektrifizierte-modelle-bei-dacia-beginnt-ein-neues-zeitalter-guenstig-wird-gruen-id17586810.html, abgerufen am 12.06.2022.

FAZ.net (2022): Influencer Fynn Kliemann kritisiert »woke linke Szene«, in: https://www.faz.net/aktuell/gesellschaft/menschen/fynn-kliemann-spricht-nach-dem-maskenskandal-von-verschwoerung-18116975.html, abgerufen am 20.06.2022.

Literaturverzeichnis

Fehrle, G. (2021): Entweder, deine Marke löst Probleme – oder du hast selbst welche, in: https://www.marketing-boerse.de/fachartikel/details/2130-entweder-deine-marke-loest-probleme--oder-du-hast-selbst-welche/178817, abgerufen am 16.02.2022.

Felgenhauer, U. (2022): Werbe-Psychologie – Wie man Marken macht, in: https://www.stern.de/wirtschaft/news/werbe-psychologie-wie-man-marken-macht-3262056.html, abgerufen am 23.06.2022.

Fend, H. (2003): Entwicklungspsychologie des Jugendalters, 3. durchgesehene Auflage, VS Verlag für Sozialwissenschaften, Wiesbaden.

Föll, K. (2017): Consumer Insight, Deutscher Universitätsverlag.

Foerderand.de (2019): Kundenkarten – WinWin für beide Seiten, in: https://www.foerderland.de/managen/marketing/news/kundenkarten/, abgerufen am 03.03.2022.

Foerster, B. (2016): Gruppendiskussion, in: https://www.marketinginstitut.biz/blog/gruppendiskussion/, abgerufen am 02.02.2022.

Freese, W. (2022): Wissen, was die Menschen wirklich denken (und fühlen), in: https://www.marktforschung.de/dossiers/themendossiers/die-vermessung-der-marke/einzelansicht/wissen-was-die-menschen-wirklich-denken-und-fuehlen/, abgerufen am 22.06.2022.

Fretschner, M. & Lüdtke, J.-P. (2011): Die Liebe zur Marke – Ursprung und der »Return on Love«, in: https://www.marktforschung.de/aktuelles/meinung/marktforschung/die-liebe-zur-marke-ursprung-und-der-return-on-love/, abgerufen am 10.04.2022.

Fuchs, W. T. (2015): Warum das Gehirn Geschichten liebt: mit Storytelling Menschen gewinnen und überzeugen, Haufe Verlag.

Gartenschläfer, L. & Wolff, J. (2022): Aus »Die Mannschaft« könnte wieder die »Nationalmannschaft« werden, in: https://www.welt.de/sport/fussball/plus239118607/Umstrittener-Name-Aus-Die-Mannschaft-koennte-wieder-die-Nationalmannschaft-werden.html, abgerufen am 23.06.2022.

Gabriel, R. & Röhrs, H.-P. (2017): Social Media, Springer.

Gatterer, H. (2022): Der Stoff, aus dem das Marketing von morgen gemacht ist, in: https://www.zukunftsinstitut.de/artikel/marketing/emotionen-marke-der-stoff-aus-dem-das-marketing-von-morgen-gemacht-ist/, abgerufen am 16.06.2022.

Gawlowski, D. (2013): Lebenslange Markenbindung – Bedingungen der Entstehung von Brand Attachment durch Konsumentensozialisation, S. 44 ff.

Geißler, H. (2015): Saubere Übergabe bei HARIBO, in: https://www.wiwo.de/unternehmen/industrie/brandindex-saubere-uebergabe-bei-HARIBO/11209684.html, abgerufen am 18.05.2022.

Geml, R. & Lauer, H. (2008): Marketing- und Verkaufslexikon, Schäffer-Poeschel.

Glenister, G. (2021): Influencer Marketing, Kogan.

Gottschalk, A. (2011): Menschen lieben solche Marken, in: https://www.manager-magazin.de/unternehmen/artikel/a-749890.html, abgerufen am 18.05.2022.

Grosch, A. (2008): Marken belohnen, in: https://neuromarket.wordpress.com/2008/05/24/marken-belohnen/, abgerufen am 09.05.2022.

Grunert, G. (2019): Methodisches Content Marketing, Springer.

GWA (2022): Effie Awards Germany, in: https://www.gwa.de/effiegermany/, abgerufen am 26.06.2022.

Hallmann, M. & Böttcher, C. (2017): Innovationskraft treibt den Markeneinfluss, in: https://www.ipsos.com/de-de/innovationskraft-treibt-den-markeneinfluss, abgerufen am 10.05.2022.

Handelsblatt.de (2015): Managemententscheidungen: Messen Sie noch oder steuern Sie schon?, in: https://www.absatzwirtschaft.de/managemententscheidungen-messen-sie-noch-oder-steuern-sie-schon-208445/, abgerufen am 11.05.2022.

Haribo.com (07.09.2020): Goldbären zeigen Herz: HARIBO startet »Ein Herz für Kinder«-Spendenaktion, https://www.haribo.com/de-de/presse/pressemitteilungen/ein-herz-fuer-kinder-spendenaktion, abgerufen am 29.08.2022.

Heller, D. (2019): Marketingideen 2019: Der Kampf um die Aufmerksamkeit, in: https://business.trustedshops.de/blog/marketingideen-e-commerce/, abgerufen am 23.03.2022.

Hemmer, P. (2021): Marken zu gestalten heißt, Menschen zu verstehen, in: https://www.absatzwirtschaft.de/marken-zu-gestalten-heißt-menschen-zu-verstehen-228713/, abgerufen am 21.02.2022.

Herkner, W. (2001): Lehrbuch Sozialpsychologie. Huber, Bern.

Hieronimus, F. (2004): Persönlichkeitsorientiertes Markenmanagement – Eine empirische Untersuchung zur Messung, Wahrnehmung und Wirkung der Markenpersönlichkeit (erscheint demnächst).

Hirn, W. & Sucher, J. (2006): HARIBO – Der alte Mann und der Bär, in: https://www.manager-magazin.de/magazin/artikel/a-433202.html, abgerufen am 15.05.2022.

Homburg, C. (2016): Markenmanagement, Springer Gabler, S. 39–40.

Homburg, C. (2020): Grundlagen des Markenmanagements, Springer Gabler, S. 15–47.

Horizont.net (2012): Generierung von Consumer Insights, in: https://www.horizont.net/planung-analyse/nachrichten/10-Praxis-Tipps-Generierung-von-Consumer-Insights-151649, abgerufen am 12.04.2022.

Jahnke, M. (2018): Influencer Marketing, Springer.

Jansen, J., Jung, S. & Salminen, J. (2022): Making better decisions with big data personas, in: https://www.technologyreview.com/2021/03/11/1020207/making-better-decisions-with-big-data-personas/, abgerufen am 28.06.2022.

Jaritz, S. (2008): Kundenbindung und Involvement, Gabler, S. 70 ff.

Kahlus, A. (2020): Ziele der Werbung in Wirtschaft und Politik, in: https://praxistipps.focus.de/ziele-der-werbung-in-wirtschaft-und-politik-definition-und-erklaerung_124984, abgerufen am 13.04.2022.

Kalafat, H. (2016): Die zehn beliebtesten Bilder von Miss Instagram, in: https://www.handelsblatt.com/arts_und_style/aus-aller-welt/pamela-reif-die-zehn-beliebtesten-bilder-von-miss-instagram/13429570.html, abgerufen am 14.05.2022.

Keller, B. & Ott, C. S. (2017): Touchpoint Management, Haufe.

Keller, A. (2021): Diese 10 Marken bieten das beste Preis-Leistungs-Verhältnis, in: https://www.basicthinking.de/blog/2021/02/21/bestes-preis-leistungs-verhaeltnis-deutschland/, abgerufen am 07.06.2022.

Literaturverzeichnis

Kilian, K. & Kreutzer, R. T. (2022): Content Marketing, in: Digitale Markenführung, Springer, S. 153–182.

Klimt, C. & Rosset, M. (2020): Das Elaboration-Likelihood-Modell, 2. Auflage, Nomos.

Kotler, P., Kartajaya, H. & Setiawan, I. (2017): Marketing 4.0: Der Leitfaden für das Marketing der Zukunft, Campus.

Kotler, P., Armstrong, G., Harris, L. C. & Piercy, N. (2019): Grundlagen des Marketing, 7. Auflage, Pearson.

Kreutzer, R. T. (2018): Social-Media-Marketing kompakt, Springer.

Kuhlmann-Rhinow, I. (2015): Werbung und Psychologie: So manipulieren Marken unser Unterbewusstsein, in: https://blog.hubspot.de/marketing/wie-marken-uns-manipulieren, abgerufen am 07.06.2022.

Langer, T. & Kühn, J. (2010): Markenliebe: Vom Wesen der intensivsten aller Markenbeziehungen, S. 590, in: Baumann, W. et al. (Hrsg.): Innovation und Internationalisierung, Springer, 2010.

Leberecht, T. (2017): Teile oder stirb! Warum wir wirklich so viele unserer Daten freiwillig preisgeben, in: https://t3n.de/news/teile-oder-stirb-daten-833419/, abgerufen am 17.05.2022.

Leitherer, J. (2020): Emotionen beflügeln das Konsumerlebnis, in: https://www.springerprofessional.de/markenfuehrung/markenstrategie/emotionen-befluegeln-das-konsumerlebnis/17600762, abgerufen am 23.03.2022.

Lexware.de (2022): Cookies, in: https://www.lexware.de/digitalisierung/online-marketing/cookies/, abgerufen am 24.06.2022.

Magnetmarke.de (2022): Wie Du Involvement im Marketing nutzt, in: https://magnetmarke.de/involvement-im-marketing/, abgerufen am 27.06.2022.

Mahrdt, N. (2021): Fallstudie zur Digitalen Transformation von Douglas, in: Media Economics Institut (Hrsg.): Cross Science (2020). Wissenschaftsblog für Digitales & Marketing. Weblink: https://media-economics.de/cross-science/fallstudie-zur-digitalen-transformation-von-douglas/, abgerufen am 24.04.2022.

Mai, J. (2021): Kognitive Dissonanz: Was ist das?, in: https://karrierebibel.de/kognitive-dissonanz/, abgerufen am 25.04.2022.

Marketing.com (2011): Werbung – Manipulation oder Verführung?, in: https://makkketing.wordpress.com/2011/04/22/werbung-manipulation-oder-verfuhrung/, abgerufen am 06.04.2022.

Marketing.ch (2021). Consumer Insights, in: https://marketing.ch/lexikon/consumer-insight/, abgerufen am 17.04.2022.

Marketinginstitut.biz (2021): Markenbotschafter als Teil einer Influencer Marketing-Strategie, in: https://www.marketinginstitut.biz/blog/markenbotschafter/, abgerufen am 24.05.2022.

Mashup-communications.de (2020): Kampagnen-Check: #whatsyourname von Starbucks, in: https://www.mashup-communications.de/en/2020/03/kampagnencheck-whatsyourname-starbucks/, abgerufen am 25.05.2022.

Matzler, K. (1997): Kundenzufriedenheit und Involvement, Wiesbaden.

Mediamanual.at (2022): Sexy Manipulation, in: https://www.mediamanual.at/best-practice-2020/sexy-manipulation, abgerufen am 28.06.2022.

Meedia.de (2022): Günther Jauch und die Ulmens werben für Shop Apotheke, in: https://meedia.de/2022/04/01/guenther-jauch-und-die-ulmens-werben-fuer-shop-apotheke/, abgerufen am 15.06.2022.

Michaelidou, N. & Dibb, S. (2008): Consumer Involvement – A New Perspective, in: The Marketing Review, 8. Jg., Heft 1, S. 83–99.

Mittal, B. (1995): A Comparative Analysis of Four Scales of Consumer Involvement, in: Psychology & Marketing, 12. Jg., Heft 7, S. 663–682.

Möller, H. (2009): Verführen, Belügen, Manipulieren, S. 3.

Ndrmedia.de (2021): Soziodemographische Merkmale, https://www.ndrmedia.de/medialexikon/soziodemographische-merkmale/, abgerufen am 11.02.2022.

Nike.com (2022): Our Mission, in: https://about.nike.com/en, abgerufen am 23.06.2022.

Nymphenburg.de (2022): Limbic® Map – Die Welt der Motive und Werte hinter Ihrer Marke auf einen Blick, in: https://nymphenburg.de/limbic-map.html, abgerufen am 17.06.2022.

Ohnemus, R. (2017): Menschen verstehen, Marken gestalten!, in: https://www.absatzwirtschaft.de/marken-zu-gestalten-heißt-menschen-zu-verstehen-228713/, abgerufen am 18.05.2022.

Olsen, S. (2021): Was ist Kundenbindung? 11 Beispiele für Kundenbindungsstrategien, in: https://www.zendesk.de/blog/customer-retention/, abgerufen am 25.03.2022.

OMKB.de (2022): Umsatz mit TikTok verdreißigfacht: Cookie Bros. startet mit Video-App so richtig durch, in: https://omkb.de/tiktok-roundtable-recap-part-1/, abgerufen am 23.06.2022.

Oshikawa, S. (1970): Consumer pre-decision conflict and post-decision dissonance, Behavioral Science, Vol. 15, Issue 2, S. 132–140.

Planet-wissen.de (2020): Jeder manipuliert: Die Macht der Psyche, in: https://www.planet-wissen.de/gesellschaft/psychologie/egoismus/pwiejedermanipuliertdiemachtderpsyche100.html, abgerufen am 09.03.2022.

Praschl, P. (2019): Kate Moss – Das Supermodel der anderen Art, in: https://www.welt.de/kultur/article123903879/Kate-Moss-das-Supermodel-der-anderen-Art.html, abgerufen am 07.03.2022.

PwC (2017): Wie Markentreue entsteht – und was sie gefährdet, in: https://www.pwc.de/de/handel-und-konsumguter/wie-markentreue-entsteht-und-was-sie-gefaehrdet.html, abgerufen am 22.03.2022.

Qualtrics.com (2022): Was ist eine Markenwahrnehmung?, in: https://www.qualtrics.com/de/erlebnismanagement/marke/markenwahrnehmung/, abgerufen am 18.06.2022.

Raab, G. & Unger, F. (2013): Marktpsychologie, Springer.

Raback, B. (2011): Der Einfluss von Emotionen auf das Kaufverhalten am POS, Masterarbeit, Karl-Franzens-Universität Graz.

Ramsenthaler, P. (2022): Marketing in Magenta: 4 Strategien, mit denen die Deutsche Telekom zur wertvollsten Telko-Marke in Europa wurde, in: https://www.marmind.com/de/blog/deutsche-telekom-marketingstrategie/, abgerufen am 21.06.2022.

Literaturverzeichnis

Reiter, M. (2019): Quick Guide Erfolgreiche Marketingtexte, GRIN.

Remsch, T. (2013): Agenda-Setting und Priming, Springer.

RND.de (2022): Check 24 löscht Werbevideos mit Boris Becker, in: https://www.rnd.de/promis/boris-becker-muss-ins-gefaengnis-check24-loescht-werbevideos-PF6 GWYGCYVECVK73P75JOBZEHI.html, abgerufen am 22.06.2022.

Rode, J. (2019): Psychologie der Kaufentscheidung: Warum kauft der Mensch?, in: https://onlinemarketing.de/branding/psychologie-kaufentscheidung-warum-kauft-der-mensch, abgerufen am 05.03.2022.

Rohlwing, T. (2018): Kaufemotionen: Gefühl schlägt Verstand, in: https://www.bei-training.com/kaufemotionen-gefuehl-schlaegt-verstand/, abgerufen am 04.06.2022.

RP.de (2021): Ronaldo und die Cola-Aktie, in: https://rp-online.de/info/consent/, abgerufen am 04.02.2022.

Salesforce.de (2017): Customer Touchpoint Management: Jeder Kontaktpunkt zählt, in: https://www.salesforce.com/de/blog/2016/12/customer-touchpoint-management--jeder-kontaktpunkt-zaehlt.html, abgerufen am 23.03.2022.

Salesforce.de (2021): Marketingstrategie – In 5 Schritten zum Unternehmensziel, in: https://www.salesforce.com/de/blog/2021/04/marketingstrategie.html, abgerufen am 19.03.2022.

Salesmango.de (2022): Wie manipulieren uns Marketer? Die beliebtesten Manipulationstechniken im Marketing und in der Werbung, in: https://blog.salesmanago.de/marketing-automation/wie-manipulieren-uns-marketer-die-beliebtesten-manipulationstechniken-im-marketing-und-in-der-werbung/, abgerufen am 25.06.2022.

Save Society.org (2022): Manipulation, in: https://save-society.org/home/manipulation/?gclid=EAIaIQobChMIot2Ir4Pu-AIVkc3VCh121 gA4EAMYASAAEgKyifD_BwE, abgerufen am 19.06.2022.

Schaper, N.-A. (2012): Motive als Grundlage zur Markengestaltung, Thesis Verwaltungs- und Wirtschaftsakademie und Berufsakademie Göttingen.

Schauer-Bieche, F. (2019): Der Content-Coach, Springer.

Schüller, A. (2006): Durch Emotionales Kaufen zum Erfolg, in: https://www.marketing-boerse.de/fachartikel/details/verkaufen-heißt-heute-emotionsmanagement/3381, abgerufen am 09.04.2022.

Scientific economics.de (2020a): Die Funktionen von Marken – Markenfunktionen einfach erklärt!, in: https://www.scientific-economics.com/die-funktionen-von-marken-markenfunktionen-einfach-erklaert/, abgerufen am 13.04.2022.

Scientific economics.de (2020b): Das Involvement im Marketing, in: https://www.scientific-economics.com/das-involvement-im-marketing/, abgerufen am 13.04.2022.

Schach, A. (2017): Storytelling, Springer.

Schäfer, W. (2015): Die Zukunft gehört den Ueber-Marken, in: https://apgd.de/2015/08/30/die-zukunft-gehoert-den-ueber-marken/, abgerufen am 02.03.2022.

Schiller, T. (2021): Social Media Kampagne: 3 Erfolgsbeispiele unter der Lupe, in: https://suxeedo.de/magazine/social/social-media-kampagne-beispiele/, abgerufen am 16.05.2022.

Schnellinger, J. (2015): Die Theorie der kognitiven Dissonanz und ihre Bedeutung für das Marketing, GRIN.

Schumacher, M. (2014): Die Magie der Marken – warum lassen wir von Logos unser Leben lenken?, in: https://www.kreiszeitung.de/laeuft/magie-der-marken-3451412.html, abgerufen am 13.03.2022.

Seebauer, J. (2020): Die Dos and Don'ts für erfolgreiches Social Media Marketing, in: https://www.leadfactory.com/die-dos-and-donts-fuer-erfolgreiches-social-media-marketing/, abgerufen am 19.05.2022.

Seydack, N. (2019): Wir haben versucht, die Verantwortlichen für Camp David-Pullover zur Rede zu stellen, in: https://www.vice.com/de/article/9kxap3/camp-david-pullover-zahlen-wir-haben-versucht-die-verantwortlichen-zur-rede-zu-stellen, abgerufen am 24.05.2022.

Siegle, D. (2019): Der Wunsch, Dinge zu besitzen, in: https://www.psychologie-heute.de/gesellschaft/artikel-detailansicht/40085-der-wunsch-dinge-zu-besitzen.html, abgerufen am 21.02.2022.

Singh, S. & Sonnenburg, S. (2012): Brand Performances in Social Media, in: Journal of Interactive Marketing, 26(2012)4: 189–197.

Sinus-institut.de (2020): Sinus-Milieus® einfach erklärt, in: https://www.sinus-institut.de/media-center/videos/sinus-milieus-einfach-erklaert, abgerufen am 27.05.2022.

Sinus-institut.de (2021): Deutschland im Umbruch. SINUS-Institut stellt aktuelles Gesellschaftsmodell vor: Die neuen Sinus-Milieus®, in: https://www.sinus-institut.de/media-center/presse/sinus-milieus-2021, abgerufen am 27.05.2022.

Sirgy, M. Joseph (1982): Self-Concept in Consumer Behavior: A Critical Review, in: Journal of Consumer Research, 9 (Dezember), S. 287–300.

Sirgy, M. Joseph (1985):Using Self-Congruity and Ideal Congruity to Predict Purchase Motivation, in: Journal of Business Research, 13, S. 195–206.

Sommer, R. (1998): Psychologie der Marke – Die Marke aus der Sicht des Verbrauchers, Deutscher Fachverlag.

Sommer, R. (2006): Consumer's Mind – Die Psychologie des Verbrauchers, Edition Horizont.

Stern.de (2019): Diese Marken machen das Leben der Konsumenten schöner, in: https://www.stern.de/wirtschaft/diese-marken-machen-das-leben-der-konsumenten-schoener-8622942.html, abgerufen am 13.04.2022.

Schwarz, E. & Miller, J. (2015): Werbepsychologie: Das Unterbewusstsein weiß es besser, in: https://onlinemarketing.de/e-commerce/werbepsychologie-das-unterbewusstsein-weiss-es-besser, abgerufen am 12.02.2022.

Schwarzer, C. (2013): Kaum ein Autokauf ist rein rational, in: https://www.zeit.de/auto/2013-02/autokauf-emotionen?utm_referrer=https%3A%2F%2Fwww.google.de%2F, abgerufen am 10.03.2022.

Spiegel.de (2022): Millionenvertrag für Graf und Agassi, in: https://www.spiegel.de/panorama/werbung-millionenvertrag-fuer-graf-und-agassi-a-192387.html, abgerufen am 22.06.2022.

Süddeutsche.de (2012): So macht Geldausgeben glücklich, in: https://www.sueddeutsche.de/geld/psychologie-und-konsum-so-macht-geldausgeben-gluecklich-1.1510079, abgerufen am 11.04.2022.

Sueddeutsche.de (2018): Cathy Hummels wegen verbotener Werbung vor Gericht, in: https://www.sueddeutsche.de/muenchen/influencer-hummels-prozess-1.4047122, abgerufen am 14.04.2022.

Sueddeutsche.de (2022): Bastiana für alle, in: https://www.sueddeutsche.de/leben/bastian-schweinsteiger-ana-ivanovic-werbung-1.5591253?reduced=true, abgerufen am 24.06.2022.

Teigheder, M. (2005): 5 Sinne entdecken die Marke, in: https://www.handelsblatt.com/unternehmen/handel-konsumgueter/produkte-und-werbung-die-mehr-als-nur-das-auge-ansprechen-binden-die-kunden-staerker-fuenf-sinne-entdecken-die-marke/2531304.html, abgerufen am 19.02.2022.

Terstiege, M. & Bembeneck, S. (2019): Effiziente Marketingkampagnen – Erfolgsfaktoren von Effie-Gewinnern; Springer Gabler.

Theiß, S. (2016): Warum »Tech-Nick« von Saturn als Marke überzeugt, in: https://www.internetworld.de/marketing-praxis/werbung/tech-nick-saturn-marke-ueberzeugt-1079271.html, abgerufen am 15.03.2022.

Theobald, T. (2021): Auf diese Marken wollen die Deutschen in ihrem Leben nicht verzichten, in: https://www.horizont.net/marketing/nachrichten/exklusivstudie-auf-diese-marken-wollen-die-deutschen-in-ihrem-leben-nicht-verzichten-193490?crefresh=1, abgerufen am 12.01.2022.

Thieme, T. (2020): Sixt-Marketingchef: »Unsere Fans nehmen die Motive als Serie war«, in: https://www.absatzwirtschaft.de/sixt-marketingchef-unsere-fans-nehmen-die-motive-als-serie-war-225051/, abgerufen am 23.05.2022.

Tiffert, A. (2019): Customer Experience Management in der Praxis, Springer.

Tonn, L. C. (2020): Impulskauf von abgepacktem Wasser: Soziale und psychologische Aspekte beim Kauf von abgepacktem »Markenwasser«, Bachelorthesis, Hochschule Mittweida.

Uhl, M. (2020): Content Marketing – Ein Definitionsansatz, Springer.

Unternehmer-gesucht.de (2022): Marktforschung – der Grundstein für das Marketing, in: https://www.unternehmer-gesucht.com/ratgeber/marktforschung/, abgerufen am 12.06.2022.

Veigel, C. (2003): Vernunft oder Gefühl, in: https://www.spektrum.de/news/vernunft-oder-gefuehl/619863, abgerufen am 06.07.2022.

Weihser, R. (2015): Die Ausbeulung der Frau, in: https://www.zeit.de/kultur/2015-04/Dove-kampagne-choose-beautiful-ichsagja?utm_referrer=https%3A%2F%2Fwww.google.de%2F, abgerufen am 18.01.2022.

Weis, M. & Huber, F. (2000): Der Wert der Markenpersönlichkeit: das Phänomen der strategischen Positionierung von Marken. Wiesbaden.

Werberat.de (2022): Leitfaden zum Werbekodex des Deutschen Werberats, in: https://werberat.de/content/leitfaden-zum-werbekodex-des-deutschen-werberats, abgerufen am 16.06.2022.

Weßling, K. (2017): Zeig Dich! Was Du gewinnst, wenn Du mehr von Dir preisgibst, in: https://www.stern.de/neon/magazin/zuhause-im-internet--wie-viel-gibst-du-von-dir-preis--7773838.html, abgerufen am 15.02.2022.

Wiedmann, K.-P. & Walsh, G. (2000): Kundenverhalten beim geplanten Kauf von Wohneigentum: Ergebnisse einer empirischen Untersuchung, Springer.

Wieland, T. (2016): George Clooney – what else?, in https://monami.hs-mittweida.de/frontdoor/deliver/index/docId/8685/file/Bachelorarbeit,fertig01.06.16.pdf, abgerufen am 14.05.2022.

Wijaya, B. S. (2012): The Development of Hierarchy of Effects Model in Advertising, International Research Journal of Business Studies, Vol. 5, No. 01.

Wirtschaftswissen.de (2021): Kundengewinnung: Umsatz steigern durch Ihre Stammkunden, in: https://www.wirtschaftswissen.de/marketing-vertrieb/werbung/kundengewinnung-9-ideen-wie-sie-mit-stammkunden-zu-mehr-umsatz-kommen/, abgerufen am 03.05.2022.

Wissenschaft.de (2022a): Werbung und Manipulation, in: https://www.wissenschaft.de/gesellschaft-psychologie/werbung-und-manipulation/, abgerufen am 03.01.2022.

Wissenschaft.de (2022b): Funktionen der Werbung, in: https://www.wissenschaft.de/gesellschaft-psychologie/funktionen-der-werbung/, abgerufen am 03.01.2022.

Wolter, D. (2020): in: Kaufmotive verstehen: Warum Kunden kaufen, in: https://blog.hubspot.de/sales/kaufmotive, abgerufen am 06.07.2022.

Yougov (2022): Die beliebtesten Werbespots: »The cool kids are in town«, in: https://yougov.de/news/2022/05/30/die-beliebtesten-werbespots-cool-kids-are-town/, abgerufen am 29.06.2022.

Zehnplus.de (2020): Touchpoints: Warum jeder Kontaktpunkt zählt, in: https://zehnplus.ch/de/blog/touchpoints-warum-jeder-kontaktpunkt-zaehlt, abgerufen am 18.05.2022.

Zöllner, J. (2021): Kognitive Dissonanz: 5 Tipps, wie Sie Ihren Kunden die Kaufentscheidung erleichtern, in: https://www.berliner-digitalbuero.de/blog/kognitive-dissonanz-5-tipps-wie-sie-ihren-kunden-die-kaufentscheidung-erleichtern/, abgerufen am 12.04.2022.

Stichwortverzeichnis

A
AIDA-Formel 146
Authentizität 196
Avatar 50

B
Bauchgefühl 176
Bauch- und Kopf-Markenmodell 181
Bauch- und Kopf-System 175
Bedürfnisse 149
Behavioral Economics 175
Bewusstsein 33, 44
Bewusstseinssystem 175
— Bauch 176
— Kopf 178
Beziehungsmanagement 159

C
Content 109
— Content Marketing 109
Customer Journey 165

D
Dissonanz, kognitive 133

E
Emotion 71
Employer Branding 195
Employer-Branding-Kommunikation 195

F
Framing 141

G
Gefühle 11
Gruppendiskussion 55

H
Heimat, emotionale 74

I
ICH-Beteiligung 95
Influencer 123
— Influencer Marketing 123
Insights 54
— Consumer Insights 54
Involvement 94
— emotionales 103
— High Involvement 96
— kognitives 103
— Low Involvement 100

K
Kaufentscheidung 150, 174
— extensive 104
— habitualisierte 104
— limitierte 105
Kaufverhalten, habitualisiertes 176
Konsumentenforschung 46

L
Lernen, soziales 40
Limbic®-Map 71
— Balance 72
— Dominanz 73
— Stimulanz 73
Limbisches System 71
Longtime Companion 22

M
Manipulation 11
— Dos and Don'ts 203
— Hand 133
— Herz 71
— Hirn 33
Markenkommunikation 29, 153
Markenmanagement 21, 110, 133
Markenpersönlichkeit 81
Markenverknüpfung 38
Me-and-I-Modell 188

N
Neugier 183
— fünf Dimensionen 185
— Neugier-Kette 185
Normen 85

O
Omnipräsenz-Phänomen 177

P
Persona 51
Persönlichkeitsprofil 75
— Abenteurer 79
— Disziplinierte 76
— Harmonizer 77
— Hedonisten 78
— Offene 78
— Performer 75
— Traditionalisten 76
Planning 183
Priming 139
Problemerkennung 149
Psychologie 33

S
Schnäppchenjäger-Phänomen 177
Selbst
— ideales 85
— wahres 85
Selbstbild 85
Shopper Activation 190
Sinus-Milieus® 49
Social Media 117
Storytelling 113

U
Unterbewusstsein 33, 146

V
Verantwortung 10
Verhaltenskontrolle 161
Vernunft 33
Vorbild 123

Mit digitalen Extras:
Exklusiv für Buchkäufer!

Ihre Arbeitshilfen zum Download:
▶ http://mybook.haufe.de/
▶ **Buchcode:** BSM-2222

HAUFE.

Werden Sie uns weiterempfehlen?

www.haufe.de/feedback-buch